范例导航系列丛书

Illustrator CS6 中文版平面设计与制作

文杰书院　编　著

清华大学出版社
北　京

内 容 简 介

本书是范例导航系列丛书的一个分册，以通俗易懂的语言、精挑细选的实用技巧、翔实生动的操作案例，全面介绍了 Illustrator CS6 中文版平面设计与制作的知识，主要内容包括 Illustrator CS6 基础操作、图形的选择、绘制和编辑、路径的绘制与编辑、编辑与管理图形颜色、图形艺术效果处理、文本的编辑与处理、图表编辑、图层与蒙版的常见应用、滤镜和效果的应用，以及打印与输出等方面的知识、技巧及应用案例。

本书配套一张多媒体全景教学光盘，收录了本书全部知识点的视频教学课程，同时还赠送了多套相关视频教学课程，超低的学习门槛和超大光盘内容含量，可以帮助读者循序渐进地学习、掌握和提高。

本书面向广大图形图像爱好者和职业技术人员，可以作为学习 Illustrator CS6 中文版的自学教程和参考指导书籍，更加适合高等院校计算机辅助设计课程的实训教材，同时还可以作为初、中级平面设计制作培训教材使用。

图书在版编目(CIP)数据

Illustrator CS6 中文版平面设计与制作/文杰书院编著. --北京：清华大学出版社，2014(2019.2 重印)
(范例导航系列丛书)
ISBN 978-7-302-37777-1

Ⅰ. ①I… Ⅱ. ①文… Ⅲ. ①图形软件 Ⅳ. ①TP391.41

中国版本图书馆 CIP 数据核字(2014)第 190221 号

责任编辑：魏　莹
封面设计：杨玉兰
责任校对：李玉萍
责任印制：宋　林

出版发行：清华大学出版社
　　　　　网　　　址：http://www.tup.com.cn, http://www.wqbook.com
　　　　　地　　　址：北京清华大学学研大厦 A 座　　　邮　　编：100084
　　　　　社 总 机：010-62770175　　　　　　　　　　邮　　购：010-62786544
　　　　　投稿与读者服务：010-62776969, c-service@tup.tsinghua.edu.cn
　　　　　质量反馈：010-62772015, zhiliang@tup.tsinghua.edu.cn
　　　　　课件下载：http://www.tup.com.cn, 010-62791865

印 装 者：北京九州迅驰传媒文化有限公司
经　　销：全国新华书店
开　　本：185mm×260mm　　　印　张：25.5　　　字　数：616 千字
　　　　　(附 DVD 1 张)
版　　次：2014 年 10 月第 1 版　　　　　　　　　　印　次：2019 年 2 月第 3 次印刷
定　　价：54.00 元

产品编号：056122-01

致　读　者

　　"范例导航系列丛书"将成为您"快速掌握电脑技能，灵活运用职场工作"的全新学习工具和业务宝典，通过"图书+多媒体视频教学光盘+网上学习指导"等多种方式与渠道，为您奉上丰盛的学习与进阶的盛宴。

　　"范例导航系列丛书"涵盖了电脑基础与办公、图形图像处理、计算机辅助设计等多个领域，本系列丛书汲取目前市面上同类图书作品的成功经验，针对读者最常见的需求来进行精心设计，从而知识更丰富，讲解更清晰，覆盖面更广，是读者首选的电脑入门与应用类学习与参考用书。

　　衷心希望通过我们坚持不懈的努力能够满足读者的需求，不断提高我们的图书编写和技术服务水平，进而达到与读者共同学习，共同提高的目的。

一、轻松易懂的学习模式

　　我们秉承"打造最优秀的图书、制作最优秀的电脑学习软件、提供最完善的学习与工作指导"的原则，在本系列图书的编写过程中，聘请电脑操作与教学经验丰富的老师和来自工作一线的技术骨干倾力合作编写，为您系统化地学习和掌握相关知识与技术奠定扎实的基础。

1. 快速入门、学以致用

　　本套图书特别注重读者学习习惯和实践工作应用，针对图书的内容与知识点，设计了更加贴近读者学习的教学模式，采用"基础知识学习+范例应用与上机指导+课后练习"的教学模式，帮助读者从初步了解到掌握再到实践应用，循序渐进地成为电脑应用高手与行业精英。

2. 版式清晰，条理分明

　　为便于读者学习和阅读本书，我们聘请专业的图书排版与设计师，根据读者的阅读习

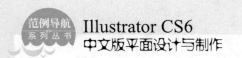

惯，精心设计了赏心悦目的版式，全书图案精美、布局美观，读者可以轻松完成整个学习过程，进而在轻松愉快的阅读氛围中，快速学习、逐步提高。

3. 结合实践，注重职业化应用

本套图书在内容安排方面，尽量摒弃枯燥无味的基础理论，精选了更适合实际生活与工作的知识点，每个知识点均采用"**基础知识+范例应用**"的模式编写，其中"**基础知识**"操作部分偏重在知识的学习与灵活运用，"**范例应用**"主要讲解该知识点在实际工作和生活中的综合应用。除此之外，每一章的最后都安排了"**课后练习**"，帮助读者综合应用本章的知识制作实例并进行自我练习。

二、轻松实用的编写体例

本套图书在编写过程中，注重内容起点低，操作上手快，讲解言简意赅，读者不需要复杂的思考，即可快速掌握所学的知识与内容。同时针对知识点及各个知识板块的衔接，科学地划分章节，知识点分布由浅入深，符合读者循序渐进与逐步提高的学习习惯，从而使学习达到事半功倍的效果。

- **本章要点**：在每章的章首页，我们以言简意赅的语言，清晰地表述了本章即将介绍的知识点，读者可以有目的地学习与掌握相关知识。

- **操作步骤**：对于需要实践操作的内容，全部采用分步骤、分要点的讲解方式，图文并茂，使读者不但可以动手操作，还可以在大量实践案例的练习中，不断地积累经验、提高操作技能。

- **知识精讲**：对于软件功能和实际操作应用比较复杂的知识，或者难以理解的内容，进行更为详尽的讲解，帮助您拓展、提高与掌握更多的技巧。

- **范例应用与上机操作**：读者通过阅读和学习此部分内容，可以边动手操作，边阅读书中所介绍的实例，一步一步地快速掌握和巩固所学知识。

- **课后练习**：通过此栏目内容，不但可以温习所学知识，还可以通过练习，达到巩固基础、提高操作能力的目的。

三、精心制作的教学光盘

本套丛书配套多媒体视频教学光盘，旨在帮助读者完成"从入门到提高，从实践操作到职业化应用"的一站式学习与辅导过程。配套光盘共分为"基础入门"、"知识拓展"、

"上网交流"和"配套素材"4个模块，每个模块都注重知识点的分配与规划，使光盘功能更加完善。

- **基础入门**：在"基础入门"模块中，为读者提供了本书全部重要知识点的多媒体视频教学全程录像，从而帮助读者在阅读图书的同时，还可以通过观看视频操作快速掌握所学知识。

- **知识拓展**：在"知识拓展"模块中，为读者免费赠送了与本书相关的 4 套多媒体视频教学录像，读者在学习本书视频教学内容的同时，还可以学到更多的相关知识，读者相当于买了一本书，获得了 5 本书的知识与信息量！

- **上网交流**：在"上网交流"模块中，读者可以通过网上访问的形式，与清华大学出版社和本丛书作者远程沟通与交流，有助于读者在学习中有疑问的时候，可以快速解决问题。

- **配套素材**：在"配套素材"模块中，读者可以打开与本书学习内容相关的素材与资料文件夹，在这里读者可以结合图书中的知识点，通过配套素材全景还原知识点的讲解与设计过程。

四、图书产品与读者对象

"范例导航系列丛书"涵盖电脑应用的各个领域，为各类初、中级读者提供了全面的学习与交流平台，适合电脑的初、中级读者，以及对电脑有一定基础、需要进一步学习电脑办公技能的电脑爱好者与工作人员，也可作为大中专院校、各类电脑培训班的教材。本次出版共计 10 本，具体书目如下。

- Office 2010 电脑办公基础与应用（Windows 7+Office 2010 版）
- Dreamweaver CS6 网页设计与制作
- AutoCAD 2014 中文版基础与应用
- Excel 2010 电子表格入门与应用
- Flash CS6 中文版动画设计与制作
- CorelDRAW X6 中文版平面设计与制作
- Excel 2010 公式·函数·图表与数据分析
- Illustrator CS6 中文版平面设计与制作

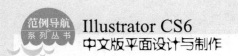

■ UG NX 8.5 中文版入门与应用

■ After Effects CS6 基础入门与应用

五、全程学习与工作指导

　　为了帮助您顺利学习、高效就业，如果您在学习与工作中遇到疑难问题，欢迎您与我们及时地进行交流与沟通，我们将全程免费答疑。希望我们的工作能够让您更加满意，希望我们的指导能够为您带来更大的收获，希望我们可以成为志同道合的朋友！

　　您可以通过以下方式与我们取得联系：

QQ 号码：12119840

读者服务 QQ 交流群号：128780298

电子邮箱：itmingjian@163.com

文杰书院网站：www.itbook.net.cn

　　最后，感谢您对本系列图书的支持，我们将再接再厉，努力为读者奉献更加优秀的图书。衷心地祝愿您能早日成为电脑高手！

编　者

前　　言

Illustrator CS6 是由 Adobe 公司推出的基于矢量的图形制作软件。其功能强大、易学易用，深受图形图像处理爱好者和平面设计人员的喜爱，已成为这一领域最流行的软件之一。为了帮助读者尽快学习和掌握 Illustrator CS6 在工作中的应用，我们编写了本书。

本书在编写过程中根据图形设计软件初学者的学习习惯，采用由浅入深、由易到难的方式进行讲解，读者还可以通过随书赠送的多媒体视频教学进行学习。全书结构清晰、内容丰富，主要内容包括以下 6 个方面。

1. 基础知识与辅助功能应用

本书第 1~2 章，介绍了 Illustrator CS6 的基础知识及辅助功能应用方面的知识，包括 Illustrator CS6 基本操作、图形的置入与输出，还介绍了图像的显示效果、查看图形、设置显示状态，以及标尺、参考线和网格的使用方法。

2. 绘制与编辑图形与路径

本书第 3~6 章，介绍了绘制与编辑图形与路径的相关知识，包括图形的选择、绘制和编辑图形、路径的绘制与编辑，以及编辑与管理图形等相关操作方法。

3. 颜色填充与艺术处理

本书第 7~8 章，介绍了图形的颜色填充与艺术处理的相关操作，包括颜色、渐变和图案的填充，渐变网格填充和编辑描边，以及画笔工具和有关应用符号的操作方法。

4. 文本图表和图层、蒙版的应用

本书第 9~11 章，介绍了文本和图表的编辑，以及图层和蒙版的应用，包括创建和编辑文本、设置字符格式，以及图表的创建与编辑、图层的使用与编辑、制作图像和文本蒙版等相关操作方法与使用技巧。

5. 混合、封套和滤镜效果的应用

本书第 12~13 章，介绍了混合与封套效果，以及滤镜和效果的应用方法，包括混合和封套效果、滤镜和效果的应用、矢量图和位图的效果方面的知识。

6. 打印与输出

本书第 14 章介绍了打印与输出的相关知识，包括文件的打印、输出为 Web 图形和脚本的应用等相关知识及操作方法。

本书由文杰书院组织编写，参与本书编写工作的有李军、袁帅、王超、徐伟、李强、许媛媛、贾亮、安国英、冯臣、高桂华、贾丽艳、李统才、李伟、蔺丹、沈书慧、蔺影、宋艳辉、张艳玲、安国华、高金环、贾万学、蔺寿江、贾亚军、沈嵘、刘义等。

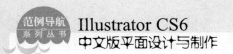

我们真切希望读者在阅读本书之后，可以开阔视野，增长实践操作技能，并从中学习和总结操作的经验和规律，达到灵活运用的水平。鉴于编者水平有限，书中纰漏和考虑不周之处在所难免，热忱欢迎读者予以批评、指正，以便我们日后能为您编写更好的图书。

如果您在使用本书时遇到问题，可以访问网站 http://www.itbook.net.cn 或发邮件至 itmingjian@163.com 与我们交流和沟通。

编　者

目 录

目录

目录

XI

第**1**章

Illustrator CS6 中文版快速入门

本章主要介绍了 Illustrator CS6 的工作界面、矢量图和位图、图像的色彩和文件的基本操作方面的知识与技巧,同时还讲解了图形的置入与输出的操作方法与技巧。通过本章的学习,读者可以掌握 Illustrator CS6 中文版快速入门操作方面的知识,为深入学习 Illustrator CS6 中文版平面设计与制作奠定基础。

范 例 导 航

1. Illustrator CS6 的工作界面
2. 矢量图和位图
3. 图像的色彩
4. 文件的基本操作
5. 图形的置入与输出

1.1　Illustrator CS6 的工作界面

Illustrator CS6 的工作界面性能增强，呈现出更整洁的界面，为用户提供了更好的体验。此外，工作界面和工作流程中新增了一些重要内容并对某些部分进行了修改，从而提高用户在使用 Illustrator 时的效率。

1.1.1　Illustrator CS6 窗口外观

Illustrator CS6 的工作界面主要由标题栏、菜单栏、工具箱、工具属性栏、控制面板、页面区域、滚动条和状态栏等部分组成，如图 1-1 所示。

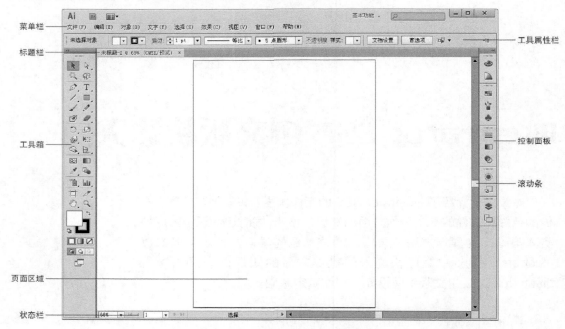

图 1-1

- 标题栏：标题栏左侧是当前运行程序的名称，右侧是控制窗口的按钮。
- 菜单栏：菜单栏包括 Illustrator CS6 中所有的操作命令，主要包括 10 个主菜单，每一个主菜单又包括各自的子菜单，通过选择这些子菜单命令可以完成基本操作。
- 工具箱：工具箱包括 Illustrator CS6 中所有的工具，大部分工具还有其展开式工具栏，其中包括与该工具箱相类似的工具，可以更方便、快捷地进行绘图与编辑。
- 工具属性栏：当选择工具箱中的一个工具后，会在 Illustrator CS6 的工作界面中出现该工具的属性栏。
- 控制面板：使用控制面板可以快速调出许多设置数值和调节功能的对话框，它是 Illustrator CS6 中最重要的组件之一。控制面板是可以折叠的，还可根据需要分离或组合，非常灵活。

- 页面区域：指在工作界面的中间以黑色实线表示的矩形区域，这个区域的大小就是用户设置的页面大小。
- 滚动条：当屏幕内不能完全显示出整个文档的时候，通过对滚动条的拖曳来实现对整个文档的全部浏览。
- 状态栏：显示当前文档视图的显示比例，当前正使用的工具、时间和日期等信息。

1.1.2 菜单栏及其快捷键

在 Illustrator CS6 中，菜单栏是功能最强大、命令集成度最高的组件。熟练地使用菜单栏及其快捷键能够快速有效地绘制和编辑图像，下面将分别予以详细介绍。

1. 菜单栏

Illustrator CS6 菜单栏中包含【文件】、【编辑】、【对象】、【文字】、【选择】、【效果】、【视图】、【窗口】和【帮助】共 9 个菜单，如图 1-2 所示。

| 文件(F) 编辑(E) 对象(O) 文字(T) 选择(S) 效果(C) 视图(V) 窗口(W) 帮助(H) |

图 1-2

2. 文件操作快捷键

文件操作有很多种，包括新建文件、打开文件、关闭文件、文件存盘、另存为等操作。下面介绍几种常见的文件操作快捷方式，如表 1-1 所示。

表 1-1　文件操作快捷键

操作名称	快捷键
新建文件	Ctrl+N
打开文件	Ctrl+O
关闭文件	Ctrl+W
文件存盘	Ctrl+S
另存为	Ctrl+Alt+S
恢复到上一步	Ctrl+Z
打印文件	Ctrl+P
退出 Illustrator	Ctrl+Q

3. 编辑操作快捷键

编辑文件的操作包含粘贴、取消群组、置到最前、联合路径、全部解锁等几种。下面介绍常见的几种编辑操作的快捷方式，如表 1-2 所示。

表 1-2 编辑操作快捷键

操作名称	快捷键
粘贴	Ctrl+V 或 F4
取消群组	Ctrl+Shift+G
置到最前	Ctrl+F
置到最后	Ctrl+B
锁定未选择的物件	Ctrl+Alt+Shift+2
隐藏物体	Ctrl+3
显示所有隐藏物体	Ctrl+Alt+3
全部解锁	Ctrl+Alt+2
锁定	Ctrl+2
联合路径	Ctrl+8

4. 文字处理快捷键

有关文字处理的操作有文字左对齐或顶对齐、显示或隐藏参考线、文字居中对齐等几种。下面介绍几种常见的文字处理快捷方式，如表 1-3 所示。

表 1-3 文字处理快捷键

操作名称	快捷键
文字左对齐或顶对齐	Ctrl+Shift+L
文字右对齐或底对齐	Ctrl+Shift+R
将字体宽高比还原为 1∶1	Ctrl+Shift+X
将图像显示为边框模式(切换)	Ctrl+Y
显示/隐藏路径的控制点	Ctrl+H
显示/隐藏标尺	Ctrl+R
显示/隐藏参考线	Ctrl+;
文字居中对齐	Ctrl+Shift+C
文字分散对齐	Ctrl+Shift+J
将字距设置为 0	Ctrl+Shift+Q
将行距减小 2 像素	Alt+↓
将行距增大 2 像素	Alt+↑
将所选文本的文字增大 2 像素	Ctrl+Shift+>
将所选文本的文字减小 2 像素	Ctrl+Shift+<
将所选文本的文字减小 10 像素	Ctrl+Alt+Shift+<
将所选文本的文字增大 10 像素	Ctrl+Alt+Shift+>
放大到页面大小	Ctrl+0
实际像素显示	Ctrl+1
对所选对象预览(在边框模式中)	Ctrl+Shift+Y

5. 视图操作快捷键

视图的操作包括贴近参考线、捕捉到点、应用敏捷参照、贴近网格等几种。下面将详细介绍几种常见的视图操作快捷方式，如表1-4所示。

表1-4 视图操作快捷键

操作名称	快捷键
锁定/解锁参考线	Ctrl+Alt+;
显示/隐藏【字体】面板	Ctrl+T
显示/隐藏所有命令面板	TAB
显示/隐藏【渐变】面板	F9
显示/隐藏网格	Ctrl+"
显示/隐藏【段落】面板	Ctrl+M
显示/隐藏【画笔】面板	F5
显示/隐藏【颜色】面板	F6
显示/隐藏【图层】面板	F7

1.1.3 工具箱

工具箱内包括了大量具有强大功能的工具，这些工具可以使用户在绘制和编辑图像的过程中制作出更加精彩的效果，如图1-3所示。

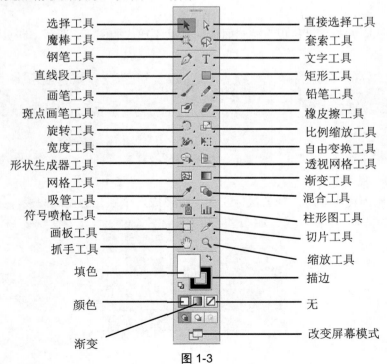

图 1-3

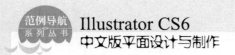

1.1.4 工具属性栏

Illustrator CS6 的工具属性栏可以快捷地应用所选对象的相关选项，它根据所选工具和对象的不同来显示不同的选项，包括画笔、描边、样式等多个控制面板的功能。选择【文字】工具 ^{T} 后，工具属性栏如图 1-4 所示。

图 1-4

1.1.5 控制面板

Illustrator CS6 的控制面板位于工作界面的右侧，它包括许多实用、快捷的工具和命令。随着 Illustrator CS6 功能的不断增强，控制面板也相应地不断改进，使之更加合理，为用户绘制和编辑图像带来了更大的方便。控制面板以组的形式出现，如图 1-5 所示为其中一组控制面板。

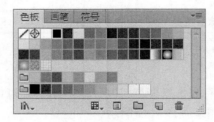

图 1-5

使用鼠标选中并按住"色板"控制面板的标题不放，如图 1-6 所示，向页面中拖曳，如图 1-7 所示。

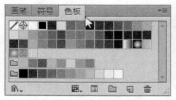　　　　　　　　　　　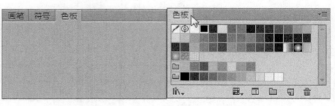

图 1-6　　　　　　　　　　　　　　　　　图 1-7

拖曳到控制面板组外时，释放鼠标左键，将形成一个独立的控制面板，如图 1-8 所示。

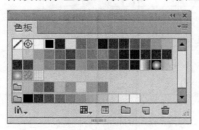

图 1-8

用鼠标单击控制面板右上角的折叠为图标按钮▶▶和展开按钮▶▶来折叠或展开控制面板，效果如图 1-9 所示。控制面板右下角的图标▦用于放大或缩小控制面板，可以用鼠标单击图标▦并按住鼠标左键不放，拖曳进行放大或缩小控制面板的操作。

图 1-9

1.1.6 绘图窗口

绘图窗口是创建和编辑图形的窗口位置，并配合使用工具箱、控制面板等操作来创建和处理文档或文件。绘图窗口如图 1-10 所示。

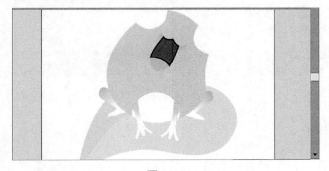

图 1-10

1.1.7 状态栏

在工作界面的最下方就是状态栏，左边的百分比栏显示出当前页面的比例。在数值框中，可输入任意页面的显示比例，即可按照所设置的比例相应地放大或缩小，右边是滚动条，当绘制图片过大不能完全显示时，拖动滚动条即可浏览整个图像。状态栏如图 1-11 所示。

图 1-11

1.2 矢量图和位图

计算机的图像都是以数字的方式进行记录和存储的，可分为矢量式和位图式两种形式的图像。这两种图像类型各有优缺点，在处理编辑图像文件时可以交叉使用。本节将详细介绍矢量图和位图的相关知识。

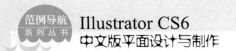
1.2.1 矢量图形

矢量图形也叫向量图形，它是一种基于数学方法的绘图方式。每个矢量对象都有与其外形相对应的路径，可以随意改变对象的位置、形状、大小和颜色而不会产生锯齿模糊的效果。矢量图形适用于设计标志、图案、文字等。矢量图形如图 1-12 所示。

图 1-12

1.2.2 位图图像

位图图像也叫像素图像或栅格图像，它是由许多单独的点组成的，每一个点即一个像素，而每一个像素都有明确的颜色。位图图像的大小和质量取决于图像中像素点的多少，位图图像在表现色彩、色调方面的效果比矢量图优越。位图图像如图 1-13 所示。

图 1-13

1.2.3 位图图像的分辨率

位图图像与分辨率有关，如果在屏幕上以较大的倍数放大显示，或以过低的分辨率打印，位图图像会出现锯齿状的边缘，导致丢失细节。因为位图图像是由许多单独的像素点组成的，因此像素点越多，图像的分辨率越高，图像的文件量也会随之增大。

要隐藏或显示面板、工具箱和控制面板，按 Tab 键；要隐藏或显示工具箱和控制面板以外的所有其他面板，按 Shift+Tab 组合键。可以执行下列操作以暂时显示通过上述方法隐藏的面板：将指针移到应用程序窗口边缘，然后将指针悬停在出现的条带上，工具箱或面板组将自动弹出。

1.3　图像的色彩

在使用 Illustrator CS6 处理图像时，应了解图像的色彩模式和使用色彩工具进行绘制图像的操作。本节将详细介绍有关图像色彩的知识。

1.3.1　色彩模式

Illustrator CS6 中的主要色彩模式包含 RGB(红、绿、蓝)模式，CMYK(青、品红、黄、黑)模式，HSB(色相、饱和度、亮度)模式，灰度模式和 Web 安全 RGB 模式。下面将分别予以详细介绍几种常用色彩模式的特点。

1. RGB 模式

RGB 模式也称加色模式，是由红、绿、蓝 3 个基本颜色组成的。每一种颜色都有 256 种不同的亮度值，可以产生 1670 余万种颜色。当用户绘制的图形只用于屏幕显示时，才可采用此种颜色模式，通过调整 3 种颜色的比例可以获得不同的颜色。

2. CMYK 模式

CMYK 模式是打印中最常用的颜色模式，由青、品红、黄、黑 4 种基本颜色组成。CMYK 颜色模式的取值范围是用百分数来表示的，与 RGB 模式不同的是，当所有颜色的百分比最小时产生的颜色为白色，当所有颜色的百分比最大时产生的颜色为黑色。

3. HSB 模式

HSB 模式是根据色彩的色相、饱和度和亮度来表现色彩的。H 表示色相，指物体固有的颜色；S 表示饱和度，指色彩的饱和度，它的取值范围为 0(灰色)～100%(纯色)；B 代表亮度，指色彩的明暗程度，它的取值范围为 0(黑色)～100%(白色)。

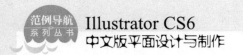
4．灰度模式

灰度模式以黑、白或灰阶层次表现图形，其具有从黑色到白色的 256 种灰度色域的单色图像，只存在颜色的灰度，没有色彩信息。每个灰度级都可使用 0%(白)～100%(黑)百分比来测量。灰度模式可以与 HSB 模式、RGB 模式、CMYK 模式互相转换。

5．Web 安全 RGB 模式

Web 安全 RGB 模式是指可以在网页上安全使用的颜色模式，当所绘图像只用于网页浏览时，可以使用该颜色模式。

1.3.2　在 Illustrator 中的色彩工具

在使用 Illustrator CS6 进行图像绘制时，色彩工具是必不可少的，通常使用【颜色】面板和【色板】面板来设置和编辑颜色。下面将分别予以详细介绍。

1．【颜色】面板

在 Illustrator CS6 中，【颜色】面板是对设置对象进行填充颜色的重要工具。单击【颜色】面板右上方的图标，在弹出的菜单中选择当前取色时使用的颜色模式，如图 1-14 所示。

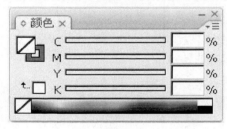

图 1-14

2．【色板】面板

在【色板】面板中单击需要的颜色或样本，可以将其选中，并添加到对象的填充或描边中去，如图 1-15 所示。

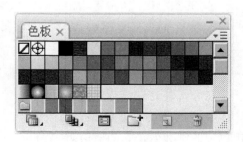

图 1-15

1.3.3　Illustrator 可用的图像存储格式

图像存储格式是指图像文件中的数据信息的不同存储方式。在 Illustrator CS6 中，用户不仅可以使用软件本身的*.AI 图形文件格式，还可以导入和导出其他的图形文件格式，如*.EPS、*.PDF、*.SVG 等。下面将分别介绍几种常用的文件格式。

1. AI 格式

AI 格式即 Adobe Illustrator 文件，是 Illustrator 原生文件格式，可以同时保存矢量信息和位图信息，是 Illustrator 专有的文件格式。AI 格式能够保存 Illustrator 的图层、蒙版、滤镜效果、混合和透明度等数据信息。AI 格式是在图形软件 FreeHand、CorelDRAW 和 Illustrator 之间进行数据交换的理想格式。

2. EPS 格式

EPS 格式是 Encapsulated PostScript 的缩写，是一种通用的行业标准格式，主要用于存储矢量图形和位图图像。EPS 格式采用 PostScript 语言进行描述，并且可以保存其他类型的信息，大多数绘图软件和排版软件都支持 EPS 格式。EPS 格式可以在各软件之间相互交换，用于印刷、输出 Illustrator 文件的格式，将所选路径以外的区域应用为透明状态。

3. PDF 格式

PDF 是一种通用的文件格式，这种文件格式保留在各种应用程序和平台上创建的字体、图像和版面。PDF 格式是一种跨平台的文件格式，Adobe Illustrator 和 Adobe Photoshop 都可以直接将文件存储为 PDF 格式。PDF 格式的文件可用于在 Acrobat Reader 在 Windows、Mac OS、UNIX、DOS 环境中进行浏览。

4. SVG 格式

SVG 格式的英文全称为 Scalable Vector Graphics，原意为可缩放的矢量图形，是一种用来描述图像的形状、路径文本和滤镜效果的矢量格式，可以任意放大显示而不会丢失细节。该图形格式的优点是非常紧凑，并能提供可以在网上发布或打印的高质量图形。

1.4　文件的基本操作

在了解了 Illustrator CS6 的界面等相关知识后，用户还需要掌握一些基础的文件操作方法。如新建、打开、置入、存储、导出和关闭等操作，这些基本操作对于以后的进一步学习是非常重要的。

1.4.1 新建文件

用户可能经常使用到 Word 文档，它启动之后就是一个新的文件。但是 Illustrator CS6 需要使用一些菜单命令来创建一个新的文件。下面将详细介绍新建文件的操作方法。

 在 Illustrator CS6 的菜单栏中，① 选择【文件】主菜单，② 选择【新建】菜单项，如图 1-16 所示。

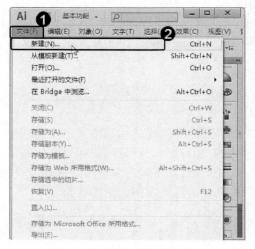

图 1-16

 通过以上方法即可完成新建文件的操作，效果如图 1-18 所示。

图 1-18

 弹出【新建文档】对话框，①设置文件名称、大小、单位和颜色模式等，② 单击【确定】按钮，如图 1-17 所示。

图 1-17

智慧锦囊

在 Illustrator CS6 中，新建一个文件时，按 Ctrl+Alt+N 组合键可新建文件，而不会打开【新建文档】对话框，并且其文件属性与上一个相同。

考考您

请您根据上述方法新建一个文件，测试一下您的学习效果。

1.4.2 打开一个已存在的文件

用户有时候会需要打开一个已经制作好的或者一个还没有完成的文件，下面将详细介绍打开一个已存在的文件的操作方法。

step 1 在 Illustrator CS6 的菜单栏中，① 选择【文件】主菜单，② 选择【打开】菜单项，如图 1-19 所示。

step 2 弹出【打开】对话框，① 选择需要打开的已存文件，② 单击【打开】按钮，即可完成打开已存文件的操作，如图 1-20 所示。

图 1-19

图 1-20

1.4.3 保存文件

当完成工作后，用户需要把完成的文件保存起来，方便以后再次使用该文件。下面将详细介绍保存文件的操作方法。

step 1 第一次保存绘制完成的图像，① 选择【文件】菜单，② 选择【存储】菜单项，如图 1-21 所示。

step 2 弹出【存储为】对话框，① 设置文件名称和存储类型，② 单击【保存】按钮即可完成保存文件的操作，如图 1-22 所示。

图 1-21

图 1-22

第一章 Illustrator CS6 中文版快速入门

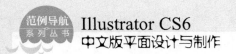
1.4.4 关闭文件

在 Illustrator CS6 中，完成绘制图形或者编辑图像并保存后，用户将需要学习如何关闭文件，下面将详细介绍其操作方法。

在菜单栏中：① 选择【文件】菜单，② 选择【关闭】菜单项，也可直接单击文件窗口右上方的【关闭】按钮 ✕ ，这样即可完成关闭文件的操作，如图 1-23 所示。

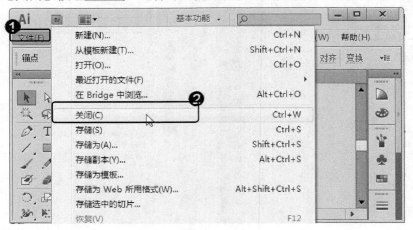

图 1-23

1.4.5 使用模板

在 Illustrator CS6 中内置的模板有很多种，用户也可上网下载各种模板以供使用。使用模板可以提高工作效率，下面将详细介绍其操作方法。

step 1 在 Illustrator CS6 的菜单栏中，① 选择【文件】菜单，② 选择【从模板新建】菜单项，如图 1-24 所示。

step 2 弹出【从模板新建】对话框，① 选择需要的模板，② 单击【新建】按钮，如图 1-25 所示。

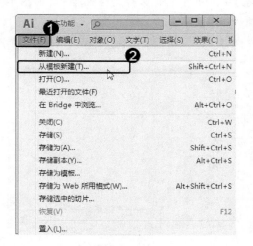

图 1-24

图 1-25

step 3　通过以上方法即可完成使用模板的操作，效果如图 1-26 所示。

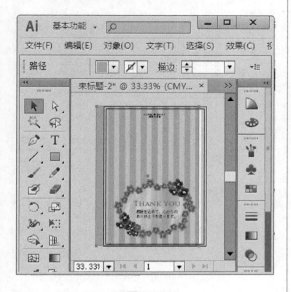

图 1-26

 智慧锦囊

如果要保存自己的模板，那么用户可以进行以下操作：在菜单栏中选择【文件】→【存储为模板】菜单项，将会打开【存储为】对话框，新建一个文件夹，然后单击【保存】按钮即可。

考考您

请您根据上述方法使用模板创建一个文件，测试一下您的学习效果。

 知识精讲　在 Illustrator CS6 中，如果用户想打开最近使用的文件，需要选择【文件】菜单，再选择【打开最近的文件】菜单项，这里包含了用户最近在 Illustrator 中使用过的 10 个文件，单击其中一个文件的名称。通过以上方法即可直接打开最近使用的文件。设置文件名称时，最好修改为自定义名称，方便日后查找。

1.5　图形的置入与输出

在使用 Illustrator CS6 进行设计时，当其内置图形无法满足需要时，用户将需要学习如何使用图形的置入与输出的功能。本节将详细介绍图形的置入与输出的相关知识及操作方法。

1.5.1　置入文件

在 Illustrator CS6 中，置入文件是为了把其他应用程序中的文件输入到 Illustrator CS6 当前编辑的文件中。置入的文件可以嵌入到 Illustrator CS6 的文件中，成为当前文件的一部分。下面将详细介绍置入文件的操作方法。

 step 1　第一次保存绘制完成的图像，① 选择【文件】菜单，② 选择【置入】菜单项，如图 1-27 所示。

 step 2　弹出【置入】对话框，① 选择需要置入的文件，② 单击【置入】按钮，如图 1-28 所示。

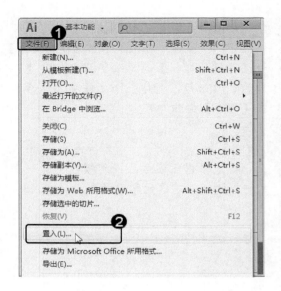

图 1-27

图 1-28

 3 弹出【置入 PDF】对话框，在其中单击【确定】按钮，如图 1-29 所示。

 4 通过以上步骤即可完成置入文件的操作，如图 1-30 所示。

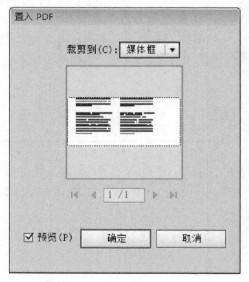

图 1-29

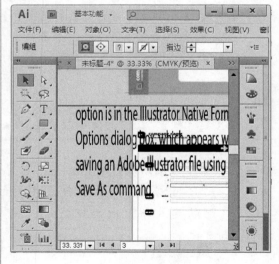

图 1-30

1.5.2 输出文件

当有些应用程序不能打开 Illustrator 文件时，这种情况下可以把文件输出为其他应用程序支持的格式，这样就可以打开文件了。下面介绍输出文件的操作方法。

第一次保存绘制完成的图像，① 选择【文件】菜单，② 选择【导出】菜单项，如图 1-31 所示。

弹出【导出】对话框，① 选择需要导出的位置，② 设置文件名称和存储类型，③ 单击【保存】按钮即可完成输出文件的操作，如图 1-32 所示。

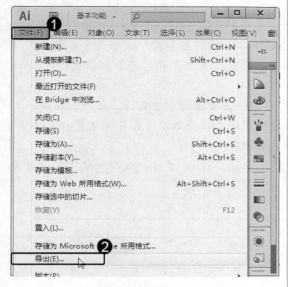

图 1-31

图 1-32

1.6 课后练习

一、填空题

1. Illustrator CS6 的工作界面主要由标题栏、菜单栏、_____、工具属性栏、_____、页面区域、滚动条和状态栏等部分组成。

2. Illustrator CS6 的_____可以快捷地应用所选对象的相关选项，它根据所选工具和对象的不同来显示不同的选项，包括画笔、描边、样式等多个控制面板的功能。

3. _____是创建和编辑图形的窗口位置，并配合使用工具箱、控制面板等操作来创建和处理文档和文件。

4. 在 Illustrator CS6 中，_____文件是为了把其他应用程序中的文件输入到 Illustrator CS6 当前编辑的文件中。

二、判断题

1. 在 Illustrator CS6 中，菜单栏是功能最强大、命令集成度最高的组件。 （ ）
2. Illustrator CS6 的控制面板位于工作界面的右侧，它包括许多实用、快捷的工具和命

第一章 Illustrator CS6 中文版快速入门

17

令。随着 Illustrator CS6 功能的不断增强，控制面板也相应地不断改进，使之更加合理，为用户绘制和编辑图像带来了更大的方便。控制面板以组合的形式出现。　　　　　（　　）

3. 在工作界面的最下方就是状态栏，左边的百分比栏显示出当前页面的比例。在数值框中，可输入任意页面的显示比例，即可按照所设置的比例相应地放大或缩小，右边是滚动条，当绘制图片过大不能完全显示时，拖动滚动条即可浏览整个图像。　　　　　（　　）

4. 矢量图形也叫像素图像，它是一种基于数学方法的绘图方式。每个矢量对象都有与其外形相对应的路径，可以随意改变对象的位置、形状、大小和颜色而不会产生锯齿模糊的效果。　　　　　（　　）

5. 位图图像也叫向量图像或栅格图像，它是由许多单独的点组成的，每一个点即一个像素，而每一个像素都有明确的颜色。位图图像的大小和质量取决于图像中像素点的多少，位图图像在表现色彩、色调方面的效果比矢量图优越。　　　　　（　　）

6. 在 Illustrator CS6 中，有些应用程序不能打开 Illustrator 文件，这种情况下可以把文件输出为其他应用程序支持的格式，这样就可以打开文件了。　　　　　（　　）

三、思考题

1. 如何新建一个文件？
2. 如何使用模板？
3. 如何输出文件？

第2章

Illustrator CS6 辅助功能应用

　　本章主要介绍了图像的显示效果、查看图形、设置显示状态和自定义 Illustrator CS6 方面的知识与技巧，同时还讲解了标尺、参考线和网格的使用方法与技巧。通过本章的学习，读者可以熟练地掌握 Illustrator CS6 辅助功能应用基础操作方面的知识，为深入学习 Illustrator CS6 中文版平面设计与制作奠定基础。

范例导航

1. 图像的显示效果
2. 查看图形
3. 自定义 Illustrator CS6
4. 设置显示状态
5. 标尺、参考线和网格的使用

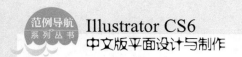
 # 2.1 图像的显示效果

在使用 Illustrator CS6 绘制图像的过程中，用户可以根据需要随时调整图像显示的比例和模式，从而方便用户在使用 Illustrator 绘制图像时进行观察和操作。本节将介绍有关图像显示效果的操作。

2.1.1 选择视图模式

启动 Illustrator CS6，在菜单栏中选择【视图】菜单，其中包括预览、轮廓、叠印预览、像素预览 4 种视图模式，在绘制图像时可以根据不同需求选择不同的视图模式。下面将分别予以介绍这 4 种视图模式。

1. 预览模式

预览模式是系统默认的模式，如果运用其他模式后想返回最初的预览模式，可在菜单栏中选择【视图】菜单，再选择【预览】菜单项即可。在预览模式下会显示图形或图像的大部分细节，但占用内存较大，显示和刷新速度较慢。预览模式如图 2-1 所示。

2 轮廓模式

轮廓模式隐藏了图像的颜色信息，图像仅显示出其轮廓。在菜单栏中选择【视图】菜单，再选择【轮廓】菜单项即可将图像以轮廓线方式显示。这种显示模式的显示速度和屏幕刷新率比较快，适合查看比较复杂的图像，如图 2-2 所示。

图 2-1

图 2-2

3. 叠印预览模式

叠印预览模式可以显示接近油墨混合且透明的效果，在菜单栏中选择【视图】菜单，再选择【叠印预览】菜单项，图像即显示为叠印预览模式，如图 2-3 所示。

4. 像素预览模式

像素预览模式可以将矢量图像转换为位图图像而显示出来，这样可以有效地控制图像的精确度和尺寸。在菜单栏中选择【视图】菜单，再选择【像素预览】菜单项即可转换为像素预览模式，如图 2-4 所示。

图 2-3

图 2-4

知识精讲

4 种视图模式的快捷键操作：如需快速切换轮廓模式，在键盘上按 Ctrl+Y 组合键；如需快速切换叠印预览模式，在键盘上按 Ctrl+Alt+Shift+Y 组合键；如需快速切换像素预览模式，在键盘上按 Ctrl+Alt+Y 组合键。这样即可方便用户利用视图模式的快捷键更加方便快捷地绘制图像。

2.1.2 适合窗口与实际大小显示图像

在 Illustrator CS6 中绘制图像时，用户需要运用到适合窗口大小显示图像和显示图像的实际大小的操作方法，熟练地使用其操作方法能够帮助用户快速有效地绘制图像。下面将详细介绍适合窗口与实际大小显示图像的操作。

1. 适合窗口大小显示的图像

在 Illustrator CS6 中，用户选择适合窗口大小显示的图像，可以最大限度地使图像在工作界面中保持其完整性。下面将详细介绍其操作方法。

step 1 在 Illustrator CS6 的菜单栏中，① 选择【视图】菜单，② 选择【画板适合窗口大小】菜单项，如图 2-5 所示。

step 2 通过以上操作即可完成显示适合窗口大小的图像的操作，如图 2-6 所示。

图 2-5

图 2-6

2. 显示图像的实际大小

在 Illustrator CS6 中，用户选择显示实际大小的图像，可将图像按百分百的比例效果显示，用户可以在此状态下对图像进行更精确的编辑。下面将介绍其操作方法。

step 1 在 Illustrator CS6 的菜单栏中，① 选择【视图】菜单，② 选择【实际大小】菜单项，如图 2-7 所示。

step 2 通过以上操作即可完成显示实际图像大小的操作，如图 2-8 所示。

图 2-8

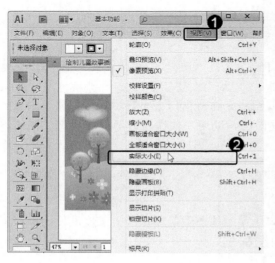

图 2-7

2.1.3 全屏与窗口显示图像

Illustrator CS6 中，为满足用户的工作需求，而提供了多种屏幕模式。在打开多个图像窗口时，也可将其按要求摆放。下面将分别介绍全屏与窗口显示图像的操作。

1. 全屏显示图像

Illustrator CS6 中提供的 3 种全屏显示图像屏幕模式分别是正常屏幕模式、带有菜单栏的全屏模式、全屏模式。单击工具箱下方的【平面模式转换】按钮，可以在 3 种模式之间相互转换；反复按 F 键也可以切换平面显示模式。

- 正常屏幕模式：这种屏幕模式包含有标题栏、菜单栏、工具箱、工具属性栏、控制面板、状态栏和打开文件的标题栏。
- 带有菜单栏的全屏模式：这种屏幕模式包含有菜单栏、工具箱、工具属性栏、控制面板。
- 全屏模式：这种屏幕模式包含有工具箱、工具属性栏、控制面板。

2. 窗口显示图像

在 Illustrator CS6 中，打开多个文件时，屏幕会显示出多个窗口，用户可根据实际需求摆放和布置窗口。下面将详细介绍其操作方法。

step 1 在 Illustrator CS6 的菜单栏，① 选择【窗口】菜单，② 选择【排列】菜单项，③ 再根据实际需要选择窗口的显示效果，这里选择【平铺】子菜单项，如图 2-9 所示。

step 2 通过以上操作即可完成窗口显示图像的操作，如图 2-10 所示。

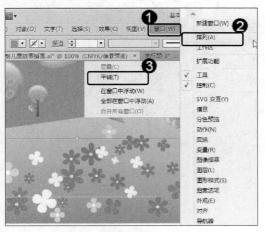

图 2-9

图 2-10

知识精讲

按 Ctrl+组合键，鼠标会变成放大镜，在页面中想要放大的位置处单击，图形就会按照一定的比例放大。相反，按 Ctrl+空格+Alt 组合键，则鼠标变成缩小镜。

第 2 章 Illustrator CS6 辅助功能应用

2.2　查看图形

在使用 Illustrator CS6 绘制和编辑图形的过程中，用户可以巧妙地使用一些工具和技巧来详细查看用户所需要观察的各种视图的图形。本节将详细介绍有关查看图形的相关知识及操作方法。

2.2.1　放大与缩小显示图像

在 Illustrator CS6 中，用户可以通过【视图】菜单中的【放大】与【缩小】菜单项显示绘制的图像。也可以选择【工具】面板中的【缩放】工具，进行视图显示比例的调整。下面将分别予以介绍放大与缩小显示图像的操作。

1.　放大显示图像

在 Illustrator CS6 中，用户可根据实际需要放大显示图像，以便于更好地绘制图像。下面将详细介绍其操作方法。

step 1 在 Illustrator CS6 的菜单栏中，① 选择【视图】菜单，② 选择【放大】菜单项，每选择一次【放大】菜单项，页面内的图像就会放大一级，如图 2-11 所示。

step 2 通过以上操作即可放大显示图像，效果如图 2-12 所示。

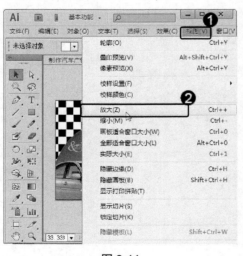

图 2-11

图 2-12

2.　缩小显示图像

在 Illustrator CS6 中，用户可以缩小显示的图像，在此状态下可以方便地对图像进行查看与编辑。下面将介绍其操作方法。

step 1 在 Illustrator CS6 的菜单栏中，① 选择【视图】菜单，② 选择【缩小】菜单项，每选择一次【缩小】菜单项，页面内的图像就会缩小一级，如图 2-13 所示。

图 2-13

step 2 通过以上操作即可缩小显示图像，效果如图 2-14 所示。

图 2-14

2.2.2 抓手工具

抓手工具是用来平移图像的工具，可以纵向或横向移动，还可以使图像向任意方向移动。用户如需放大显示工作区域进行观察图像时，单击工具箱下方的【抓手】工具，然后在工作区中单击并拖动鼠标，即可移动视图画面，如图 2-15 所示。

图 2-15

2.2.3 【导航器】面板

在 Illustrator CS6 中，通过【导航器】面板，不仅可以方便地对工作区中所显示的图像进行移动观察，还可以对视图显示的比例进行缩放调节。下面将详细介绍开启【导航器】

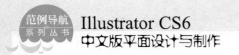
面板的操作方法。

 在 Illustrator CS6 的菜单栏中，① 选择【窗口】菜单，② 选择【导航器】菜单项，如图 2-16 所示。

 通过以上操作即可开启【导航器】面板，效果如图 2-17 所示。

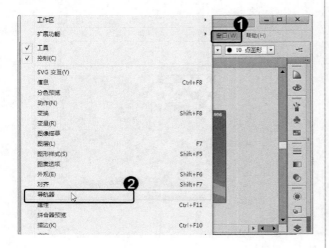

图 2-16

图 2-17

2.2.4 切换屏幕显示模式

在 Illustrator CS6 中，为用户提供有 3 种屏幕显示模式，在绘制图像时，如需切换屏幕显示模式，可以单击工具箱最下方的【更改屏幕模式】按钮，如图 2-18 所示。或者反复按键盘上的 F 键即可切换屏幕显示模式。如果想隐藏其他控制面板，只显示屏幕模式，可以按键盘上的 Tab 键，即可关闭其他面板。

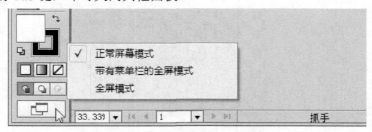

图 2-18

2.3 自定义 Illustrator CS6

在使用 Illustrator CS6 进行设计工作时，一般使用默认的系统设置来进行设计工作。用户可以根据实际需求预先进行一些特殊的设置，包括常规预置、选择和锚点显示预置、文字预置、单位预制等。本节将详细介绍自定义 Illustrator CS6 的操作方法。

2.3.1　常规预置

常规预置也就是一些一般性的设置，用户可根据个人情况和实际需求进行常规预置。在菜单栏中，选择【编辑】→【首选项】→【常规】菜单命令即可打开【首选项】对话框并进行常规预置，如图 2-19 所示。

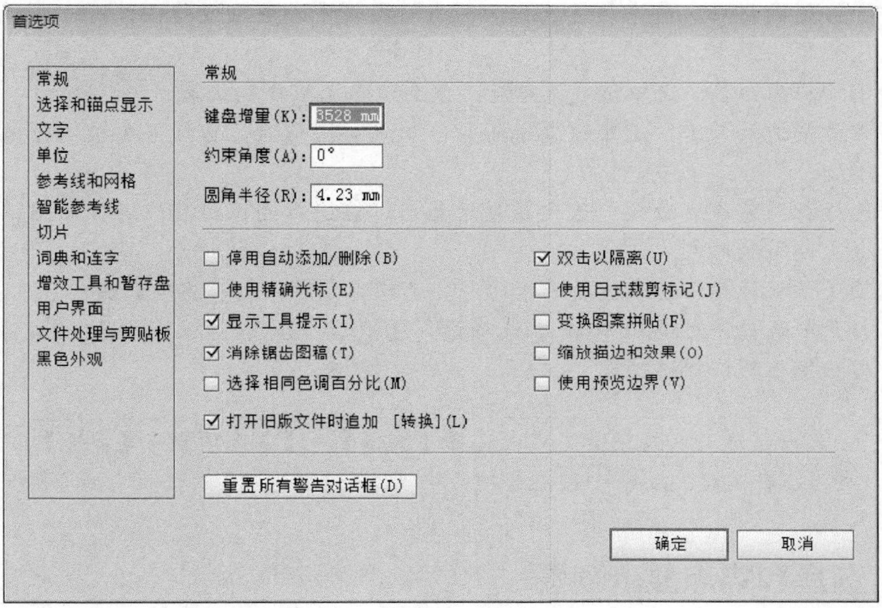

图 2-19

1. 键盘的操作设置

在常规预置中，键盘的操作设置包括键盘增量、约束角度、圆角半径。下面将分别予以详细介绍。

- 键盘增量：用于设置使用键盘方向键移动对象时的距离大小，当绘制的图像需要精确移动时，即可使用键盘上的方向键将其移动。
- 约束角度：用于设置页面工作区中所创建图形的角度，默认数值为 0°，如改成 90°，绘制的图像也将会旋转 90°。
- 圆角半径：用于设置工具箱中的圆角半径大小。

2. 常规选项设置

在常规预置中，常规选项设置包括停用自动添加/删除、双击以隔离、使用精确光标、显示工具提示、变换图案拼贴等。下面将分别予以详细介绍。

- 停用自动添加/删除：选中该复选框后，将鼠标指针放在路径上，钢笔工具将不能

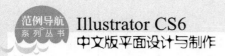

自动变换为添加锚点或删除锚点工具。

- 双击以隔离：选中该复选框后，通过在图像上双击即可把该图像隔离起来。
- 使用精确光标：选中该复选框后，在使用工具箱中的工具时，其光标将变成十字框，这样有助于绘制操作的精确定位。
- 使用日式裁剪标记：选中该复选框后，将会产生日式裁切线。
- 显示工具提示：选中该复选框后，把鼠标指针放在工具按钮上，将显示出该工具的简单介绍。
- 变换图案拼贴：选中该复选框后，当对图样中的图形进行操作时，图样会执行相同的操作。
- 消除锯齿图稿：选中该复选框后，将会消除图稿中的锯齿。
- 缩放描边和效果：选中该复选框后，当调整图形时，边线也会被同样地调整，如缩小。
- 选择相同色调百分比：选中该复选框后，在选择图像时可以选择出图像中色调百分比相同的对象。
- 使用预览边界：选中该复选框后，当选择对象时，边框将包括线的宽度。
- 打开旧版文件时追加[转换]：选择该复选框后，如果打开以前版本的文件，则会启用转换为新格式的功能。

若想进行常规设置，可以选择【编辑】→【首选项】→【常规】菜单命令，也可以在键盘上按 Ctrl+K 组合键，即可打开【首选项】对话框中的【常规】选项。

2.3.2　选择和锚点显示预置

在 Illustrator CS6 中，选择和锚点显示预置是用于设置选择的容差和锚点的显示效果，用户可根据实际需求进行选择和锚点显示预置。在菜单栏中，选择【编辑】→【首选项】→【选择和锚点显示】菜单命令即可打开【首选项】对话框并进行设置，如图 2-20 所示。

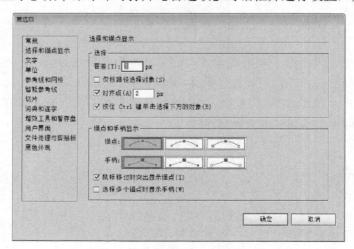

图 2-20

1. 选择和锚点显示设置

在选择和锚点显示设置中，容差、仅按路径选择对象、对齐点等是选择和锚点显示中的基础设置，用户可根据个人情况进行设置。

2. 锚点和手柄显示设置

在锚点和手柄显示设置中的选项用于设置锚点的显示状态和效果，包括【鼠标移过时突出显示锚点】和【选择多个锚点时显示手柄】复选框。下面将分别予以详细介绍。

- 鼠标移过时突出显示锚点：选中该复选框后，当鼠标移动经过锚点时，锚点将在图像中突出显示。
- 选择多个锚点时显示手柄：选中该复选框后，在多个锚点后将会显示出手柄。

2.3.3 文字预置

在 Illustrator CS6 中，文字预置用于设置文字效果，用户可根据实际需求进行文字预置。在菜单栏中，选择【编辑】→【首选项】→【文字】菜单命令即可打开【首选项】对话框并进行设置，如图 2-21 所示。

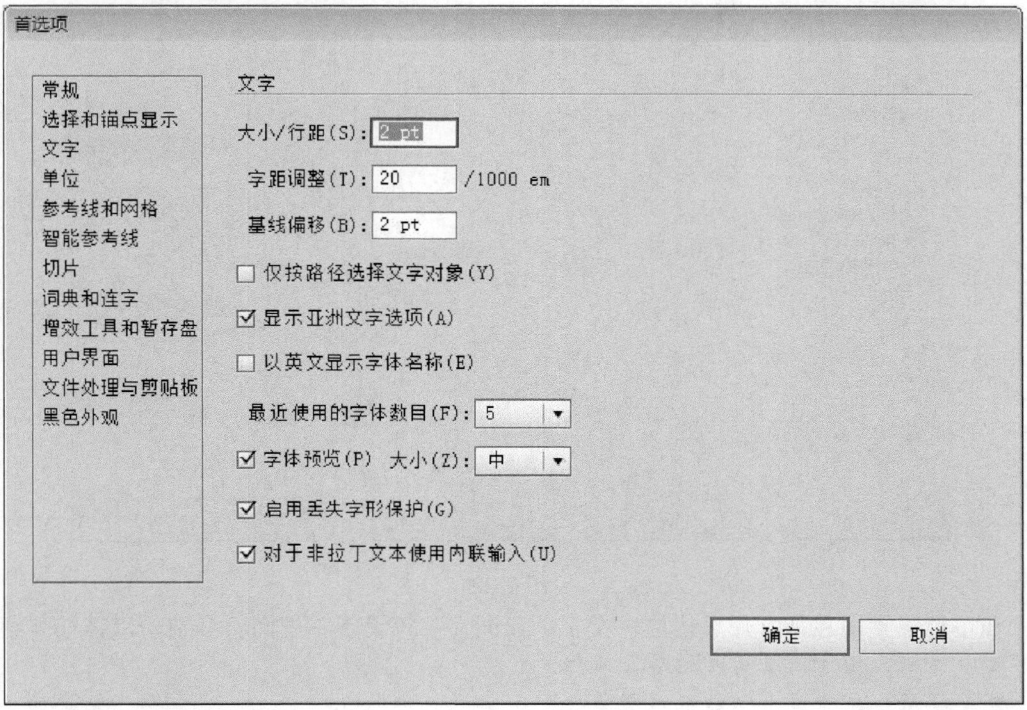

图 2-21

在文字设置中包括大小/行距、仅按路径选择文字对象、显示亚洲文字选项、以英文显示字体名称等。下面将分别予以详细介绍。

- 大小/行距：用于设置文字的大小及行距。
- 字距调整：用于调整文字的字间距。
- 基线偏移：用于设置文字的基线位置。
- 仅按路径选择文字对象：选中该复选框后，需要单击文字的路径才可以选中。
- 显示亚洲文字选项：选中该复选框后，系统将显示亚洲国家的文字。
- 以英文显示字体名称：选中该复选框后，字体下拉列表框中的文字名称将以英文显示。
- 最近使用的字体数目：在下拉列表框中可以选择显示最近使用过的字体数目。
- 字体预览：用于设置预览字体的大小。
- 启用丢失字形保护：选中该复选框后，将启用丢失字形保护。
- 对于非拉丁文本使用内联输入：选中该复选框，将启用非拉丁文本使用内联输入。

2.3.4 单位预置

在 Illustrator CS6 中，单位预置用于设置图像的显示单位，用户可根据个人情况和实际需求进行单位预置。在菜单栏中，选择【编辑】→【首选项】→【单位】菜单命令即可打开【首选项】对话框并进行设置，如图 2-22 所示。

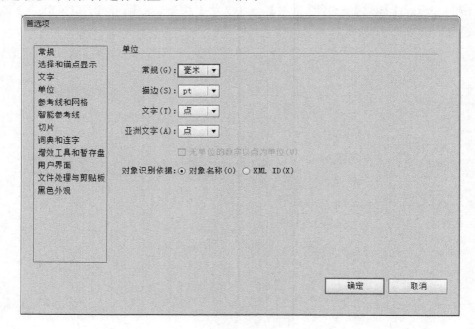

图 2-22

在单位设置中包括常规、描边、文字、亚洲文字等设置。下面将分别予以详细介绍。

- 常规：用于设置标尺的度量单位。
- 描边：用于设置边线的度量单位。
- 文字：用于设置文字的度量单位。
- 亚洲文字：用于设置亚洲文字的度量单位。

2.3.5　参考线和网格预置

在 Illustrator CS6 中，参考线和网格预置用于设置参考线和网格的颜色和样式，用户可根据个人情况进行参考线和网格预置。在菜单栏中，选择【编辑】→【首选项】→【参考线和网格】菜单命令即可打开【首选项】对话框并进行设置，如图 2-23 所示。

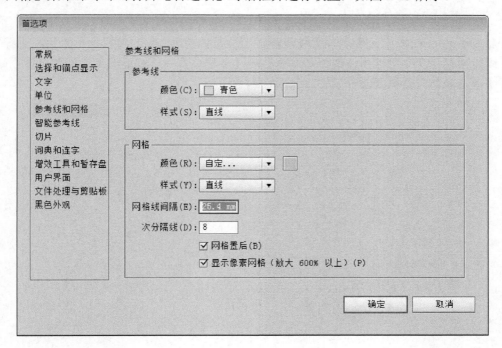

图 2-23

1. 参考线

参考线的设置包括颜色、样式等。下面将分别予以详细介绍。
- 颜色：用于设置参考线的颜色，也可通过右侧的颜色框进行设置颜色。
- 样式：用于设置参考线的类型，包括实现和虚线两种。

2. 网格

网格设置包括颜色、样式、网格线间隔、次分隔线等。下面将分别予以详细介绍。
- 颜色：用于设置网格线的颜色，也可通过右侧的颜色框选取需要的颜色。
- 样式：用于设置网格线的类型，包含实现和虚线两种。
- 网格线间隔：用于设置网格线的间隔距离。
- 次分隔线：用于设置网格线的数量。
- 网格置后：选中该复选框后，网格线将位于图像的后面。
- 显示像素网格：用于设置显示像素网格。

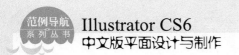

知识精讲 　　在绘制图像时，用户根据实际需要可以改变参考线的颜色。参考线的颜色设置是：在【颜色】下拉列表框中，用户可以选择预设的参考线颜色，也可以通过双击其选项右侧的色块，在打开的【颜色】对话框中设置参考线的颜色。在【样式】下拉列表框中，用户可以将参考线设置为线或点。

2.3.6　智能参考线预置

在 Illustrator CS6 中，智能参考线预置用于设置参考线，用户可根据个人情况进行智能参考线的预置。在菜单栏中，选择【编辑】→【首选项】→【智能参考线】菜单命令即可打开【首选项】对话框并进行设置，如图 2-24 所示。

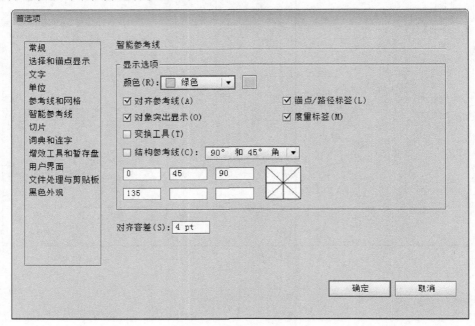

图 2-24

智能参考线的设置包含对齐参考线、对象突出显示、度量标签等。下面将分别予以详细介绍。

- ■　对齐参考线：选中该复选框后，将会使参考线和图像对齐。
- ■　对象突出显示：选中该复选框后，在编辑图像时光标所在的图像将以高光显示。
- ■　度量标签：选中该复选框后，将在图像中显示出度量标签。
- ■　变换工具：选中该复选框后，执行旋转、移动图像时，将显示其基准点的参考信息。
- ■　锚点/路径标签：选中该复选框后，将显示出锚点和路径标签。

2.3.7　切片预置

在 Illustrator CS6 中，切片预置用于设置切片，用户可根据个人情况进行切片的预置。在菜单栏中，选择【编辑】→【首选项】→【切片】菜单命令即可打开【首选项】对话框并进行切片设置，如图 2-25 所示。

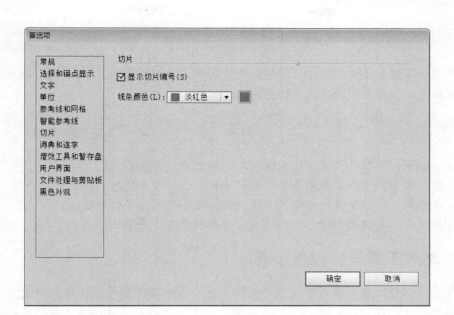

图 2-25

切片的设置包含显示切片编号、线条颜色等。下面将予以详细介绍。

■ 显示切片编号：选中该复选框后，系统将显示切片的编号。

■ 线条颜色：用于设置切片线条的颜色，单击右侧的颜色样本框也可以选择颜色。

2.3.8 词典和连字预置

在 Illustrator CS6 中，词典和连字预置用于设置词典和连字预置。在菜单栏中，选择【编辑】→【首选项】→【词典和连字】菜单命令即可打开【首选项】对话框，如图 2-26 所示。

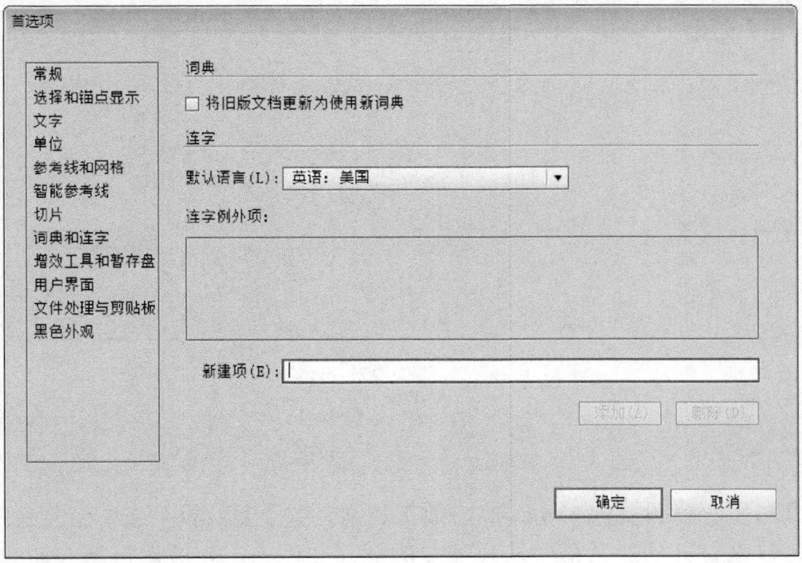

图 2-26

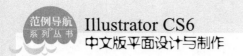
1. 词典

词典的设置包含【将旧版本文档更新为使用新词典】复选框。选中该复选框后，用户在使用词典时，系统将旧版本的文档更新为新词典。

2. 连字

连字的设置包括默认语言、连字例外项、新建项。下面将详细介绍。
- ■ 默认语言：可以在默认语言下拉列表框中选择需要使用的语言。
- ■ 连字例外项：在该列表框中，根据实际需要填写连字的例外项。
- ■ 新建项：在该文本框中可以输入需要添加的连字符单词。

2.3.9 增效工具与暂存盘预置

增效工具与暂存盘预置用于设置使系统更加有效率以及文件的暂存盘，用户可根据实际情况进行预置。在菜单栏中，选择【编辑】→【首选项】→【增效工具与暂存盘】菜单命令即可打开【首选项】对话框并进行设置，如图 2-27 所示。

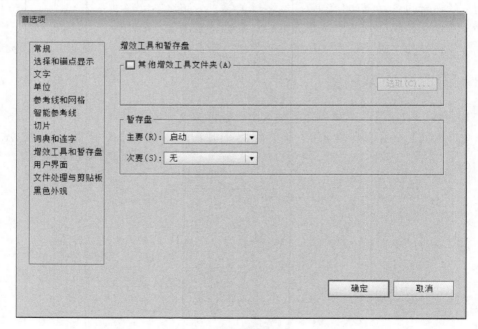

图 2-27

1. 增效工具与暂存盘

增效工具与暂存盘设置包括【其他增效工具文件夹】复选框。选中该复选框并单击【选取】按钮，可以从打开的对话框中选择需要的插件文件夹，完成后重新启动即可生效。

2. 暂存盘

在 Illustrator CS6 中，暂存盘是用于设置软件运行所需要的空间，只有在硬盘空间足够大的情况下软件才能够正常运行。如果其他磁盘中有足够的空间，可以把【次要】下拉列表框设置为有大量空间的磁盘，这样就能保证软件更顺畅地运行。

2.3.10　用户界面预置

在 Illustrator CS6 中，用户界面预置用于设置用户界面的颜色深浅，用户可根据个人喜好进行预置。在菜单栏中，选择【编辑】→【首选项】→【用户界面】菜单命令即可打开【首选项】对话框并进行用户界面设置，如图 2-28 所示。

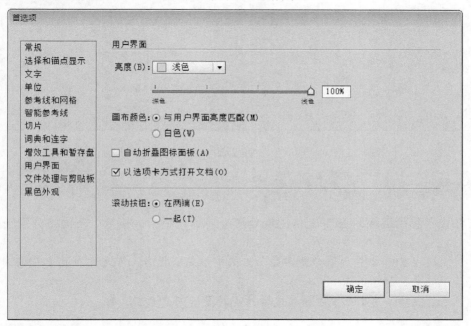

图 2-28

用户界面设置包括亮度、画布颜色、自动折叠图标图板、滚动按钮等。下面将分别予以详细介绍。

- 亮度：可拖动亮度下方的滑块调整用户界面颜色的深浅。
- 画布颜色：可根据实际需要选中【与用户界面亮度匹配】或【白色】单选按钮。
- 滚动按钮：在用户界面中使用鼠标进行滚动时，可选中【在两端】或【一起】单选按钮。

2.3.11　文件处理与剪切板预置

在 Illustrator CS6 中，文字处理与剪切板预置是用于设置文字与剪切板的处理方式，用户可根据实际情况进行预置。在菜单栏中，选择【编辑】→【首选项】→【文字处理和剪切板】菜单命令即可打开【首选项】对话框并进行设置，如图 2-29 所示。

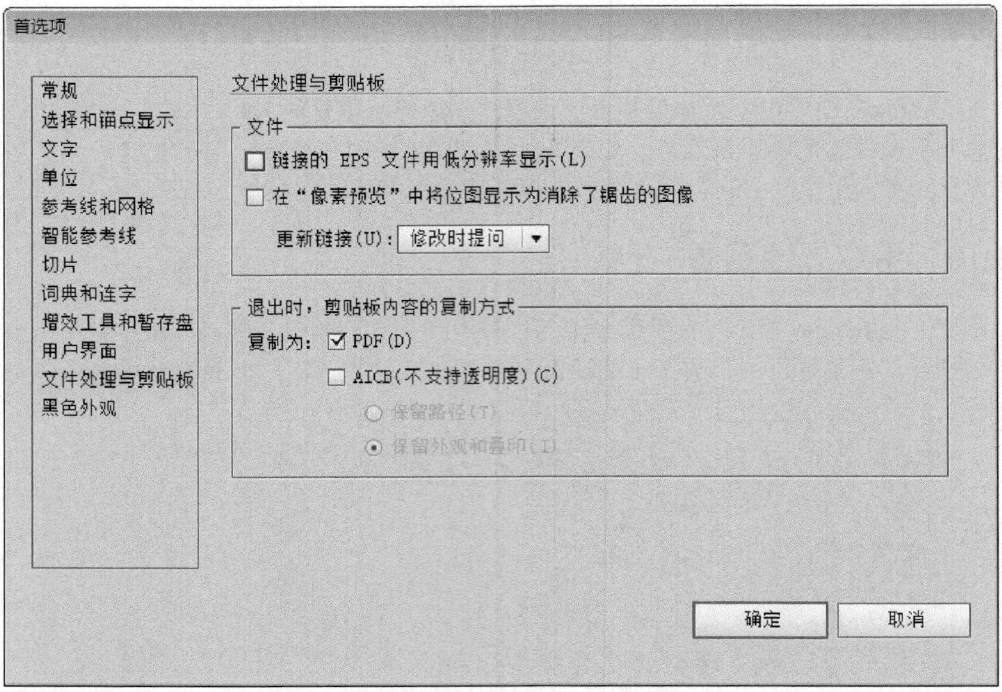

图 2-29

1. 文件

文件设置包括链接的 EPS 文件用低分辨率显示、更新链接等。下面将分别予以详细介绍。

■ 链接的 EPS 文件用低分辨率显示：选中该复选框后，可允许在链接 EPS 时使用低分辨率显示。

■ 更新链接：用于设置在链接文件改变时是否同意更新文件。

2. 退出时，剪贴板内容的复制方式

"退出时，剪贴板内容的复制方式"包括复制为 PDF 或 AICB 选项。下面将详细介绍。

■ PDF：选中该复选框后，将允许在剪贴板中使用 PDF 格式的文件。

■ AICB：选中该复选框后，将允许在剪贴板中使用 AICB 格式的文件。

2.3.12 黑色外观预置

在 Illustrator CS6 中，黑色外观预置是用于把工作界面中所有黑色外观显示为复色黑，用户可根据实际情况进行预置。在菜单栏中，选择【编辑】→【首选项】→【黑色外观】菜单命令即可打开【首选项】对话框并进行设置，如图 2-30 所示。

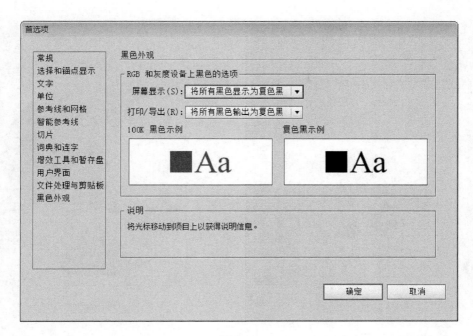

图 2-30

黑色外观设置包括屏幕显示、打印/导出等。下面将分别予以详细介绍。

- 屏幕显示：选择【将所有黑色显示为复色黑】选项，屏幕上所有黑色外观将变为复色黑。复色黑是比黑色更浓更暗的颜色。
- 打印/导出：用于设置将所有黑色输出为复色黑。

2.4 设置显示状态

当用户在 Illustrator 中工作的时候，可以改变图形的显示尺寸，也可以改变图形的显示区域，还可以改变图形的显示模式，以便于用户的设计工作。本节将详细介绍设置显示状态的相关知识及操作方法。

2.4.1 改变显示大小

Illustrator CS6 中有多种改变图像显示大小的方法，用户可以通过图像的显示比例改变图像的显示大小。下面将详细介绍改变显示大小的操作方法。

在工具箱中，① 单击【缩放工具】，② 在需要放大的图像中单击，如图 2-31 所示。

这样即可放大显示图像，如图 2-32 所示。每单击一次，图像就会放大一次。如需缩小图像，再次选择缩放工具并按住 Alt 键单击图像即可。

图 2-31

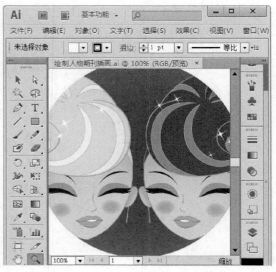

图 2-32

2.4.2　改变显示区域

在绘制图像时，把图像放大或满屏时，用户如需查看不同的区域，又不需要缩小图像，可以使用抓手工具移动至图像的不同区域。下面将详细介绍其操作方法。

step 1　在工具箱中，① 单击【抓手工具】🖐，② 在图像中使用抓手拖动需要显示的区域图像，如图 2-33 所示。

step 2　通过以上操作即可改变图像的显示区域，效果如图 2-34 所示。

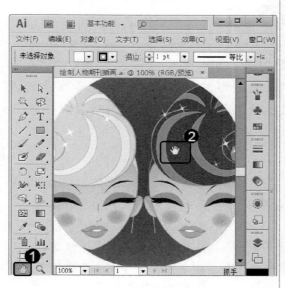

图 2-33

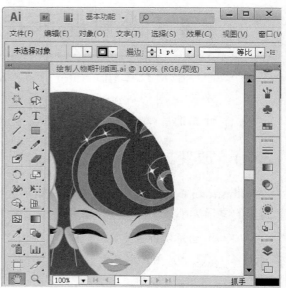

图 2-34

2.4.3 改变显示模式

在 Illustrator CS6 中，图像有两种显示模式，包括预览显示模式和轮廓显示模式。在预览显示模式下，图像会显示出全部构成的元素信息，而在轮廓显示模式下，图像只表现出轮廓形式的状态，下面将详细介绍其操作方法。

step 1 在 Illustrator CS6 的菜单栏中，① 选择【视图】菜单，② 选择【轮廓】菜单项，如图 2-35 所示。

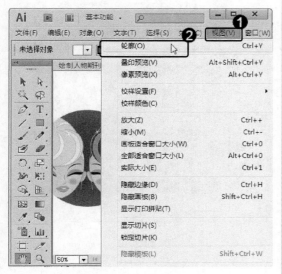

图 2-35

step 2 这样即可改变图像的显示模式。如需改变为预览模式，再次选择【视图】菜单中的【预览】菜单项即可，效果如图 2-36 所示。

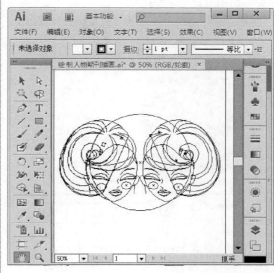

图 2-36

知识精讲

在预览显示模式下，由于显示的图像信息较多，所占用的内存空间也比较大。文件越大，则显示速度越慢，这种情况下可以将图像更改为轮廓模式即可。

2.5　标尺、参考线和网格的使用

Illustrator CS6 中提供了多种辅助绘图工具，这些工具对绘制图形不做任何修改，只在绘制过程中起到参考作用。利用这些工具可以测量和定位图像，提高用户的工作效率。本节将详细介绍标尺、参考线和网格的相关知识及使用方法。

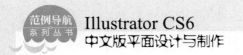
2.5.1 标尺

标尺由水平标尺和垂直标尺两部分组成。使用标尺可以很方便地测量出图像的大小与位置，还可以结合从标尺中拖动出的参考线准确地创建和编辑图像。在默认情况下，Illustrator 中的标尺不会显示出来。下面将详细介绍标尺的使用方法。

Step 1 在 Illustrator CS6 的菜单栏中，① 选择【视图】菜单，② 选择【标尺】菜单项，③ 选择【显示标尺】子菜单项。如需隐藏标尺，选择【隐藏标尺】菜单项即可，如图 2-37 所示。

Step 2 这样即可完成显示标尺的操作，效果如图 2-38 所示。

图 2-37

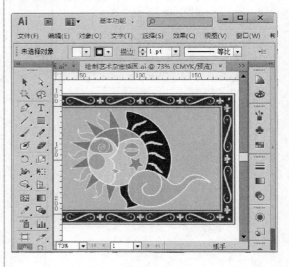

图 2-38

知识精讲

如果要改变标尺的原点位置，可将鼠标放置在垂直和水平标尺的交汇点，拖动出十字线至合适的位置，释放鼠标，拖至的位置就是标尺的原点。

2.5.2 参考线

在工作中，为了更好地确定对象的方位，用户可以借助于 Illustrator CS6 中的参考线。参考线是一种辅助创建和编辑图形的垂直和水平直线，分为普通参考线和智能参考线两种。参考线可以任意移动位置、更改颜色，在不需要的时候还可以将其删除。下面将介绍显示参考线的操作方法。

Step 1 在 Illustrator CS6 的菜单栏中，① 选择【视图】菜单，② 选择【参考线】菜单项，③ 选择【显示参考线】子菜单项。如需隐藏参考线，选择【隐藏参考线】菜单项即可，如图 2-39 所示。

Step 2 这样即可完成显示参考线的操作，效果如图 2-40 所示。

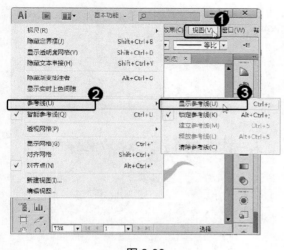

图 2-39

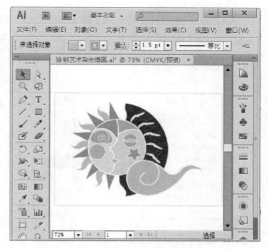

图 2-40

2.5.3 网格

在 Illustrator CS6 中，用户在绘制图像时，需用到使用网格的操作，网格对图像的放置和排版非常有用。下面将详细介绍网格的操作方法。

step 1　在 Illustrator CS6 的菜单栏中，① 选择【视图】菜单，② 选择【显示网格】菜单项。如需隐藏网格，选择【隐藏网格】菜单项即可，如图 2-41 所示。

step 2　这样即可完成显示网格的操作，效果如图 2-42 所示。

图 2-41

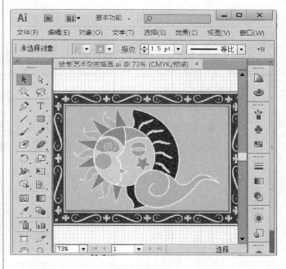

图 2-42

2.5.4 智能参考线

智能参考线不同于普通参考线，它可以根据当前的操作以及操作的状态显示相应的提示信息。下面将详细介绍智能参考线的操作。

step 1 在 Illustrator CS6 的菜单栏中，① 选择【视图】菜单，② 选择【智能参考线】菜单项，如图 2-43 所示。

step 2 这样即可完成显示智能参考线的操作，效果如图 2-44 所示。

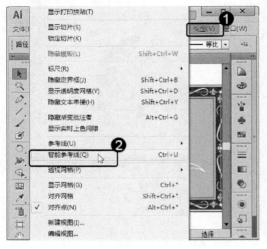

图 2-43

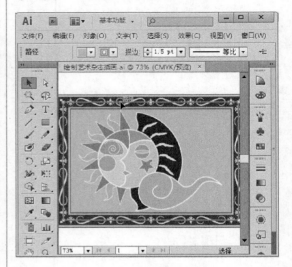

图 2-44

 选择菜单栏中的【对齐网格】命令，当在编辑图像时，能够自动对齐网格，以实现操作的准确性。想要取消对齐网格的效果，只需再次选择【对齐网格】命令即可。

2.6 范例应用与上机操作

通过本章的学习，读者基本可以掌握 Illustrator CS6 辅助功能应用的基本知识以及一些常见的操作方法。下面通过练习操作两个实践案例，以达到巩固学习、拓展提高的目的。

2.6.1 缩小显示图像

在 Illustrator CS6 绘制图像时，可以缩小显示图像使绘制工作更加方便快捷。下面将详细介绍缩小显示图像的方法。

 素材文件 第 2 章\素材文件\矢量插画.a

效果文件 第 2 章\效果文件\缩小显示图像.ai

 step 1 打开素材文件，在 Illustrator CS6 的菜单栏中，① 选择【窗口】菜单，② 选择【导航器】菜单项，如图 2-45 所示。

 step 2 在弹出的【导航器】面板中，直接向左拖动缩放滑块或单击【缩小】按钮，如图 2-46 所示。

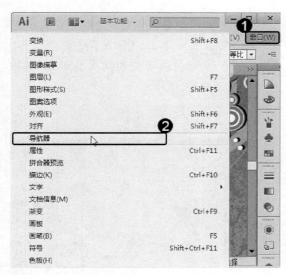

图 2-45

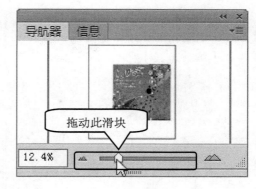

图 2-46

 通过以上方法即可缩小显示图像，效果如图 2-47 所示。

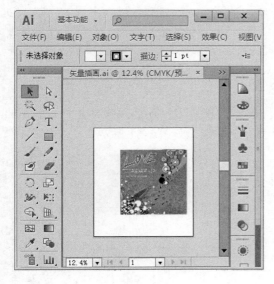

图 2-47

智慧锦囊

在绘制图像时，用户根据实际需要改变显示图像的大小时，可以使用快捷键使绘制工作提高效率。使用键盘上的快捷键放大或缩小图像的方法是，在键盘上按住 Ctrl++组合键，可以放大图像，每按一次，放大一点图像，在键盘上按住 Ctrl+-组合键，可以缩小图像，每按一次，缩小一点图像。

考考您

请您根据上述方法进行缩小显示图像的操作，测试一下您的学习效果。

2.6.2 在对象之间复制属性

在 Illustrator CS6 中绘制图像时，如需把一个对象的属性复制到另一个对象上，会提高用户的工作效率。下面将详细介绍如何在对象之间复制属性。

 素材文件※ 第 2 章\素材文件\在对象之间复制属性素材.ai

效果文件※ 第 2 章\效果文件\在对象之间复制属性.ai

step 1　打开素材文件,在工具箱中,① 用鼠标选中需要复制属性的对象,②单击【缩放工具】🔍,如图 2-48 所示。

图 2-48

step 3　在工具箱中,① 单击【选择工具】▷,② 单击需要被复制属性的对象,如图 2-50 所示。

图 2-50

step 2　在图像区域,① 在需要放大的图像区域单击,② 选择【抓手工具】🖐,将图像拖动到需要的位置,如图 2-49 所示。

图 2-49

step 4　在工具箱中,① 单击【吸管工具】🖋,② 再单击需要复制其属性的另一个对象,如图 2-51 所示。

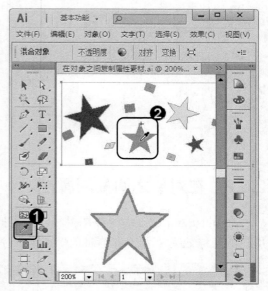

图 2-51

通过以上步骤即可完成在对象之间复制属性，效果如图 2-52 所示。

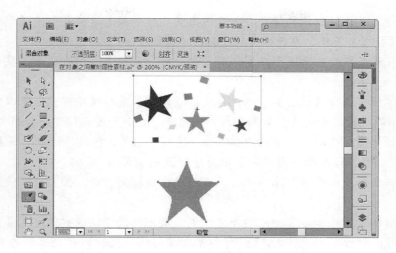

图 2-52

 2.7　课后练习

2.7.1　思考与练习

一、填空题

1. 启动 Illustrator CS6，在菜单栏中选择【视图】菜单，其中包括_____、轮廓、_____、像素预览 4 种视图模式，在绘制图像时可以根据不同需求选择不同的视图模式。

2. _____模式隐藏了图像的颜色信息，图像仅显示出其轮廓。

3. _____模式可以将矢量图像转换为位图图像而显示出来，这样可以有效地控制图像的精确度和尺寸。

4. 参考线是一种辅助创建和编辑图形的垂直和水平直线，分为_____和_____两种。

5. _____不同于普通参考线，它可以根据当前的操作以及操作的状态显示相应的提示信息。

6. 在绘制图像时，把图像放大或满屏时，用户如需查看不同的区域，又不需要缩小图像时，可以使用_____移动至图像的不同区域。

7. 在 Illustrator CS6 中，通过_____面板，不仅可以方便地对工作区中所显示的图像进行移动观察，还可以对视图显示的比例进行缩放调节。

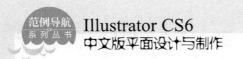

二、判断题

1. 预览模式是系统默认的模式，如果运用其他模式后想返回最初的预览模式，可在菜单栏中选择【视图】菜单，再选择【预览】菜单项即可。 （　　）

2. 在预览模式下会显示图形或图像的大部分细节，但占用内存较大，显示和刷新速度较慢。 （　　）

3. 在菜单栏中选择【视图】菜单，再选择【轮廓】菜单项即可将图像以轮廓线方式显示。这种显示模式的显示速度和屏幕刷新率比较慢，适合查看比较复杂的图像。 （　　）

4. 叠印预览模式可以显示接近油墨混合且透明的效果，在菜单栏中选择【视图】菜单，再选择【叠印预览】菜单项，图像即显示为叠印预览模式。 （　　）

5. 抓手工具是用来平移图像的工具，可以纵向或横向移动，但不可以使图像向任意方向移动。 （　　）

6. 标尺由水平标尺和垂直标尺两部分组成。使用标尺可以很方便地测量出图像的大小与位置，还可以结合从标尺中拖动出的参考线准确地创建和编辑图像。在默认情况下，Illustrator 中的标尺不会显示出来。 （　　）

7. 参考线可以任意移动位置、更改颜色，在不需要的时候还可以将其删除。 （　　）

三、思考题

1. 如何改变显示大小？
2. 如何改变显示模式？

2.7.2 上机操作

1. 启动 Illustrator CS6 软件，使用椭圆工具、钢笔工具、符号库命令、修剪命令和外发光命令绘制闹钟。效果文件可参考 "配套素材\第 2 章\效果文件\绘制闹钟.ai"。

2. 启动 Illustrator CS6 软件，使用矩形工具、钢笔工具、混合工具、镜像工具和剪切蒙版命令制作一个请柬。效果文件可参考 "配套素材\第 2 章\效果文件\制作请柬.ai"。

第**3**章

图形的选择

本章主要介绍了使用选择工具、编组选择工具、魔棒与套索工具方面的知识与技巧，同时还讲解了使用菜单命令选择对象的操作方法与技巧。通过本章的学习，读者可以掌握图形的选择操作方面的知识，为深入学习 Illustrator CS6 中文版平面设计与制作奠定基础。

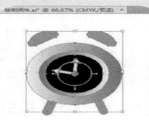

范 例 导 航

1. 使用选择工具
2. 编组选择工具
3. 魔棒与套索工具
4. 使用菜单命令选择对象

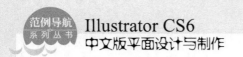

3.1 使用选择工具

在使用 Illustrator CS6 绘制图像的过程中,选择对象是经常需要执行的操作。Illustrator CS6 有多种选择对象的方法,用户可以使用选择工具进行图像的选择与移动、复制对象、调整对象等操作。本节将详细介绍使用选择工具的相关知识及操作方法。

3.1.1 选择工具选项

在 Illustrator CS6 的工具箱中,包含了 3 种选择工具:直接选择工具、选择工具和编组选择工具,在绘制图像时可以根据不同需求选择不同的选择工具。下面将分别予以介绍 3 种选择工具。

1. 选择工具

使用【选择工具】 ▶ 在路径或图形的任意处单击鼠标,将会把整个路径或图形选中。使用选择工具选择路径或图形时,可以使用鼠标单击图形将图形选中,也可以拖动鼠标显示出一个矩形框框选部分图形或将图形全部选中。

2. 直接选择工具

使用【直接选择工具】 ▶ 可以选取一组对象中的一个对象,也可以选取路径上任何一个单独的锚点或者某一路径上的线段。使用直接选择工具修改图像的形状非常有效和便捷。使用直接选择工具选取图像时,可以使用鼠标单击锚点或路径将其选中,也可以使用鼠标拖动出一个矩形框框选部分图形将其选中。

3. 编组选择工具

在 Illustrator CS6 中绘制图像时,为了方便会把几个图形选择编组,如需移动这一组图形,只需使用选择工具单击即可将这一组图形都选中。如果用户需要选择其中一个图形,就需要使用【编组选择工具】 ▶ 进行选择。使用编组选择工具单击就可选中其中一个图形,用鼠标双击就可选中一组图形。

3.1.2 选择与移动对象

在使用 Illustrator CS6 绘制图像时,使用【选择工具】 ▶ 进行选择和移动图像,可以帮助用户方便快捷地绘制图像。下面将详细介绍其操作方法。

step 1 在 Illustrator CS6 的工具箱中，① 单击
【选择工具】，② 单击需要选中的
图形，这样即可选择图像，如图 3-1 所示。

step 2 选中图形后，拖动鼠标即可进行
图像的移动，如图 3-2 所示。

图 3-1

图 3-2

3.1.3　复制对象

在使用 Illustrator CS6 绘制图像时，使用选择工具进行选择再复制，可以帮助用户快捷
地绘制图像。下面将详细介绍其操作方法。

step 1 使用选择工具，① 鼠标选中需要
复制的对象，并单击鼠标右键，
② 在弹出的快捷菜单中选择【变换】菜单项，
③ 【对称】子菜单项，如图 3-3 所示。

step 2 弹出【镜像】对话框，① 选中【垂
直】单选按钮，② 单击【复制】
按钮，如图 3-4 所示。

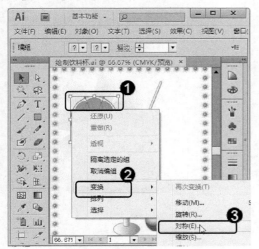

图 3-3

step 3 在选择的需要复制的对象处，单击
并拖动鼠标，拖出一个复制出来
的对象，如图 3-5 所示。

图 3-4

step 4 通过以上步骤即可完成复制对象的
操作，效果如图 3-6 所示。

第 3 章　图形的选择

图 3-5

图 3-6

3.1.4 调整对象

在 Illustrator CS6 中绘制图像时，用户可根据实际需求调整图像并进行绘制。下面将详细介绍使用选择工具调整对象的操作方法。

step 1 在使用选择工具选中图像后，① 将鼠标指针移动到图像的边角处，② 当鼠标指针变为双箭头 或弧状 时，单击并拖动鼠标，如图 3-7 所示。

step 2 通过以上步骤即可完成调整对象的操作，效果如图 3-8 所示。

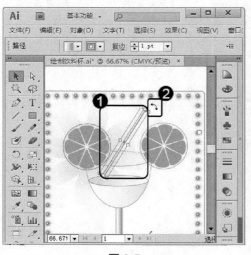

图 3-7

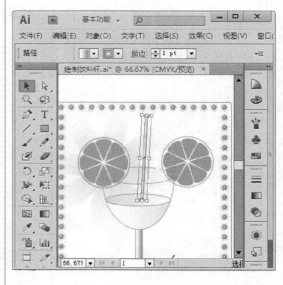

图 3-8

3.1.5 直接选择工具

在 Illustrator CS6 中，直接选择工具不仅具有选择的功能，还具有移动对象和改变绘制图像形状的功能。下面将详细介绍使用直接选择工具改变图像形状的操作方法。

step 1 在工具箱中，① 选择【直接选择工具】，② 选中需要改变形状的图像，在图像边缘显示带有锚点的蓝色线条，如图 3-9 所示。

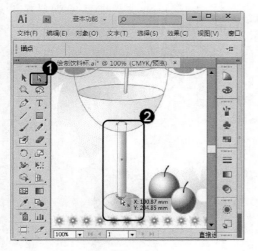

图 3-9

step 3 通过以上步骤即可完成改变图像形状的操作，效果如图 3-11 所示。

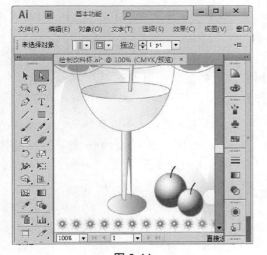

图 3-11

step 2 根据需要选择任意锚点并拖动，如图 3-10 所示。

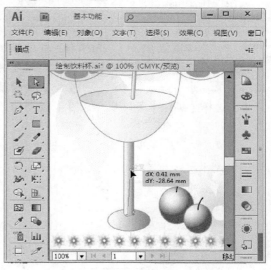

图 3-10

智慧锦囊

在绘制图像时，如需选择多个对象，在工具箱中选中【直接选择工具】，可以在需要选择的对象上单击鼠标并拖动至出现方框，即可选择多个对象，也可以按住键盘上的 Shift 键，逐个进行选择。在改变图形形状时，选中其中一点，拖动鼠标即可。如果要删除对象，可以使用选择工具选中对象，在键盘上按 Delete 键即可。

 考考您

请您根据上述方法使用直接选择工具改变图像形状，测试一下您的学习效果。

3.2　编组选择工具

在 Illustrator CS6 中，编组选择工具用于选择群组对象、嵌套群组中的对象或者路径。本节将详细介绍编组选择工具的相关知识及操作。

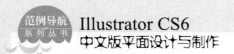
3.2.1 创建组

在使用 Illustrator CS6 绘制多个图像时，创建编组是必不可少的操作步骤，方便用户移动和选择图像。下面将详细介绍创建编组的操作方法。

step 1 在工具箱中，① 选择【直接选择工具】，② 将鼠标框选需要编组的所有对象，并单击鼠标右键，③在弹出的快捷菜单中选择【编组】菜单项，如图 3-12 所示。

step 2 通过以上步骤即可完成创建编组的操作，效果如图 3-13 所示。

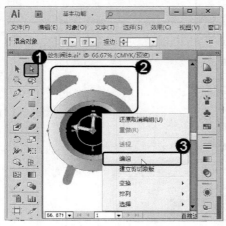

图 3-12

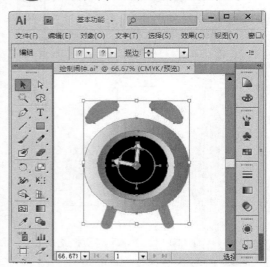

图 3-13

3.2.2 使用编组选择工具

使用选择工具会选中所有成组对象，而使用编组选择工具则可以选中其中一个或多个对象。下面将详细介绍使用编组选择工具的操作方法。

step 1 在工具箱中，① 用鼠标按住【直接选择工具】，② 弹出下拉菜单并选择【编组选择工具】菜单项，如图 3-14 所示。

step 2 选中图像，并用鼠标右击已编组的图像，在弹出的快捷菜单中选择【隔离选定的组】菜单项，如图 3-15 所示。

图 3-14

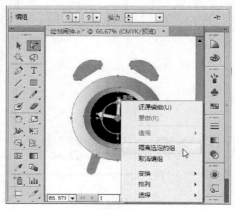

图 3-15

这样即可完成使用编组选择工具的操作，效果如图3-16所示。

图 3-16

智慧锦囊

在绘制图像时，用户可以根据实际需要把多个对象进行编组，如需移动这一组图形，只需单击【选择工具】，即可将这一组图形都选中。如需选择其中的一个图形，需要使用群组选择工具。如果图形属于多重成组图形，那么每多单击一次鼠标，就可选择一组图形。

考考您

请您根据上述方法使用编组选择工具，进行隔离选定的组的操作，测试一下您的学习效果。

 # 3.3　魔棒与套索工具

在 Illustrator CS6 中，魔棒与套索工具可以选择相似属性的对象和其部分锚点。本节将详细介绍魔棒与套索工具的相关知识及操作方法。

3.3.1　魔棒工具

在 Illustrator CS6 中，使用魔棒工具可以选中具有相同或近似属性的对象，在绘制图像时，如果图像中的对象很多且需选择具有相同属性的对象，那么即可使用魔棒工具。

在工具箱中，单击【魔棒工具】 ，然后单击需要使用魔棒工具的对象，这样即可选中具有相同属性的对象，如图 3-17 所示。

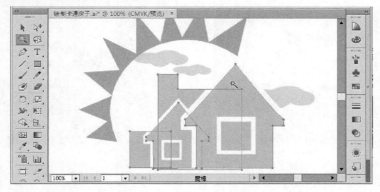

图 3-17

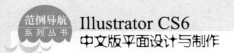

为了进行更精确的选择，用户可以在属性栏中设置魔棒的选择属性。在工具箱中双击【魔棒】工具，会打开【魔棒】面板，在该面板中可以设置画笔颜色及大小等，如图 3-18 所示。

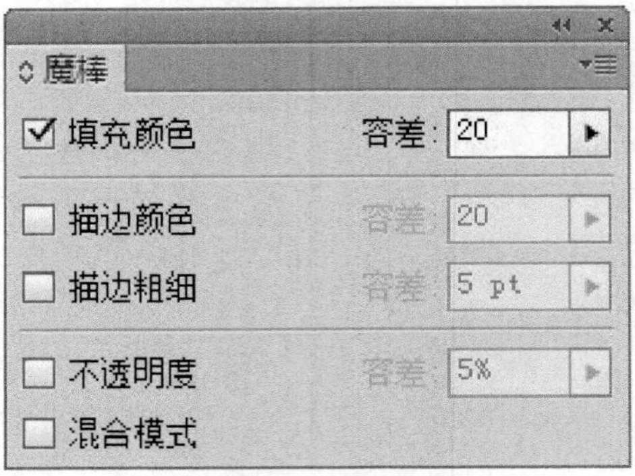

图 3-18

下面将详细介绍【魔棒】面板中的参数说明。

- 填充颜色：选择具有相同或者相近填充色的对象。
- 描边颜色：选择具有相同或者相近线条色的对象。
- 描边粗细：选择具有相同或者相近笔画宽度的对象。
- 不透明度：选择具有相同或者相近透明度的对象。
- 混合模式：选择具有相同或者相近混合模式的对象。

3.3.2 套索工具

在 Illustrator CS6 中，使用套索工具既可以选择对象，也可以选择路径中的部分锚点。下面将详细介绍套索工具的使用方法。

step 1 在工具箱中，① 单击【套索工具】，② 单击并拖动鼠标，框选出需要使用套索工具的图像，如图 3-19 所示。

step 2 通过以上步骤即可完成使用套索工具的操作，效果如图 3-20 所示。

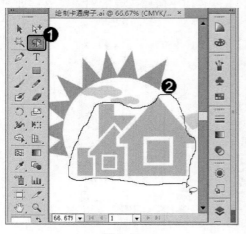

图 3-19

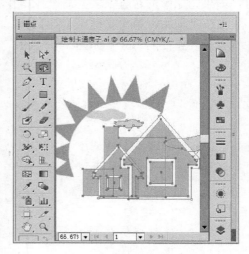

图 3-20

3.4 使用菜单命令选择对象

在 Illustrator CS6 中绘制图像时,用户可以使用菜单命令进行选择和取消选择、选择相同属性的对象以及存储选择的操作,使绘制图像更加方便和快捷。本节将详细介绍使用菜单命令选择对象的操作。

3.4.1 选择和取消选择

在 Illustrator CS6 中,用户可以使用菜单命令进行选择和取消选择的操作,使绘制图像更加方便和快捷。下面将详细介绍使用选择和取消选择的操作方法。

1. 选择

在 Illustrator CS6 的菜单栏中,可以使用菜单对绘制图像进行选择。下面将详细介绍选择的使用方法。

step 1 在 Illustrator CS6 的菜单栏中,① 选择【选择】菜单,② 选择【全部】菜单项,如图 3-21 所示。

step 2 这样即可完成选择全部对象的操作,效果如图 3-22 所示。

图 3-21

图 3-22

2. 取消选择

在 Illustrator CS6 的菜单栏中全部选择图像后,用户可以使用菜单项中的【取消选择】来取消选择的图像。下面将详细介绍取消选择的使用方法。

step 1　在 Illustrator CS6 的菜单栏中，① 选择【选择】菜单，② 选择【取消选择】菜单项，如图 3-23 所示。

step 2　这样即可完成取消选择对象的操作，效果如图 3-24 所示。

图 3-23

图 3-24

3.4.2　选择相同属性的对象

在 Illustrator CS6 的菜单栏中，可以使用【选择】菜单中的选择相同属性的对象命令，对绘制图像进行选择。下面将详细介绍选择相同属性对象的操作。

step 1　在 Illustrator CS6 的菜单栏中，① 选择【选择】菜单，② 选择【相同】菜单项，③ 根据实际需求进行选择，这里选择【描边粗细】子菜单项，如图 3-25 所示。

step 2　这样即可完成选择相同属性对象的操作，效果如图 3-26 所示。

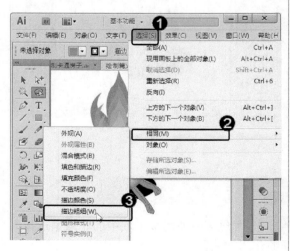

图 3-25

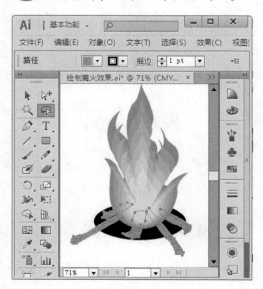

图 3-26

3.4.3 存储选择

在 Illustrator CS6 的菜单栏中，可以使用【选择】菜单中的存储选择某些经常使用的固定对象操作，即使这些对象的填充、属性等发生变化，依然可以方便地一次性选择好。下面将详细介绍存储选择对象的操作。

 step 1 选中需要存储的对象，在菜单栏中，① 选择【选择】菜单，② 选择【存储所选对象】菜单项，如图 3-27 所示。

step 2 弹出【存储所选对象】对话框，① 根据实际需求更改对象的名称，② 单击【确定】按钮，这样即可存储选择的对象，如图 3-28 所示。

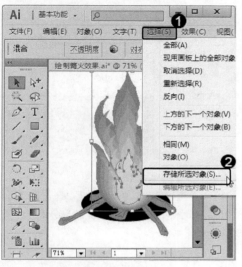

图 3-27

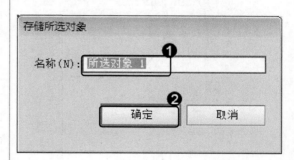

图 3-28

3.5 范例应用与上机操作

通过本章的学习，读者基本可以掌握图形选择的基本知识，以及一些常见的操作方法，下面通过练习操作两个实践案例，以达到巩固学习、拓展提高的目的。

3.5.1 改变编组中同样属性图形的大小

在 Illustrator CS6 中绘制图像时，用户将图像编组后，将会遇到改变对象中图形大小的问题。下面将详细介绍如何改变编组中同样属性图形的大小。

素材文件 第 3 章\素材文件\太阳插画.ai
效果文件 第 3 章\效果文件\改变编组中同样属性图形的大小.ai

第 3 章 图形的选择

57

step 1 打开配套的素材文件，① 拖动鼠标并框选出需要编组的对象，② 右击选中的对象，在弹出的快捷菜单中选择【编组】菜单项，如图 3-29 所示。

step 2 编组图像后，在菜单栏中，① 选择【选择】菜单项，② 选择【相同】菜单项，③ 选择【外观】子菜单项，如图 3-30 所示。

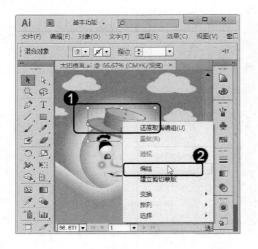

图 3-29

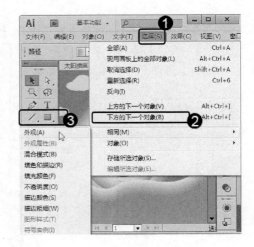

图 3-30

step 3 选中相同属性的图形后，① 将鼠标指针移动到图像的边角处，② 当鼠标指针变为双箭头 时，单击并拖动鼠标，如图 3-31 所示。

step 4 通过以上步骤即可完成改变编组中同样图形大小的操作，效果如图 3-32 所示。

图 3-31

图 3-32

3.5.2 使用直接选择工具修改图像

在 Illustrator CS6 中绘制图像时，如需修改图像的边缘形状，可以使用直接选择工具快速地修改图像。下面将详细介绍使用直接选择工具修改图像的方法。

素材文件 第3章\素材文件\帽子.ai

效果文件 第3章\效果文件\直接选择工具修改图像.ai

 打开配套的素材文件，① 选择【直
接选择工具】，② 单击需要修改
的图像路径，如图 3-33 所示。

 选中需要修改的锚点，用鼠标单击
并拖动锚点至需要的形状，如图 3-34
所示。

图 3-33

图 3-34

 通过以上方法即可完成使用直接选择工具修改图像的操作，效果如图 3-35 所示。

图 3-35

3.6　课后练习

3.6.1　思考与练习

一、填空题

1．在 Illustrator CS6 的工具箱中，包含 3 种选择工具：_____、选择工具和_____，在绘制图像时可以根据不同需求选择不同的选择工具。

2．在 Illustrator CS6 中，使用_____工具既可以选择对象，也可以选择路径中的部分锚点。

二、判断题

1．在 Illustrator CS6 中，直接选择工具不仅具有选择的功能，还具有移动对象和改变绘制图像大小的功能。　　　　　　　　　　　　　　　　　　　　（　　）

2．使用选择工具会选中所有成组对象，而使用编组工具则可以选中其中一个或多个对象。　　　　　　　　　　　　　　　　　　　　　　　　　　　　（　　）

3．在 Illustrator CS6 中，使用魔棒工具可以选中具有不相同或近似属性的对象。（　　）

4．在 Illustrator CS6 的菜单栏中，可以使用【选择】菜单中的存储选择某些经常使用的固定对象，即使这些对象的填充、属性等发生变化，依然可以方便地一次性选择好。（　　）

三、思考题

1．如何选择与移动对象？
2．如何创建组？

3.4.2　上机操作

1．启动 Illustrator CS6 软件，使用钢笔工具、椭圆工具、渐变工具和不透明度命令绘制美丽家园插画。效果文件可参考"配套素材\第 3 章\效果文件\绘制美丽家园插画.ai"。

2．启动 Illustrator CS6 软件，使用置入命令置入封面图片。使用文字工具、渐变工具、描边命令、投影命令和对齐命令制作一张杂志封面。效果文件可参考"配套素材\第 3 章\效果文件\制作杂志封面.ai"。

第4章

绘制和编辑图形

　　本章主要介绍绘制线段和网格，以及绘制基本图形方面的知识与
技巧，同时还讲解了编辑图形对象的操作方法与技巧。通过本章的学
习，读者可以掌握绘制和编辑图形操作方面的知识，为深入学习
Illustrator CS6 中文版平面设计与制作奠定基础。

范 例 导 航

1. 绘制线段和网格
2. 绘制基本图形
3. 编辑图形对象

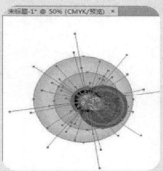

4.1 绘制线段和网格

在平面设计中，直线和弧线是经常使用的线型。对这些基本图形编辑和变形，就可以得到更多复杂的图形对象。在设计制作时，用户还会应用到各种网格，本节将详细介绍绘制线段和网格的相关知识及操作。

4.1.1 绘制直线

在 Illustrator CS6 中，可以使用【直线段工具】 在工作区中绘制出直线，当需要精确的数值时，也可以使用数值方法来绘制直线。下面将分别介绍绘制直线的两种操作方法。

1. 使用鼠标拖动绘制直线

在 Illustrator CS6 中，用户可根据实际需要使用【直线段工具】 利用鼠标拖动方便快捷地在工作区中绘制出直线。下面将详细介绍其操作方法。

step 1　在 Illustrator CS6 的工具箱中，① 单击【直线段工具】 ，② 将鼠标指针移动至工作区中，可见鼠标箭头已变为十字标线 ，如图 4-1 所示。

step 2　在工作区中，① 选择一个起点位置并单击，② 按住鼠标将其拖动至另一终点位置，释放鼠标即可完成绘制直线段的操作，如图 4-2 所示。

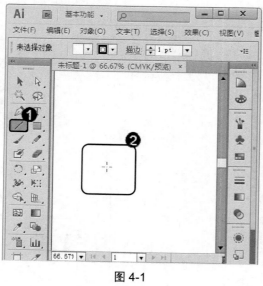

图 4-1

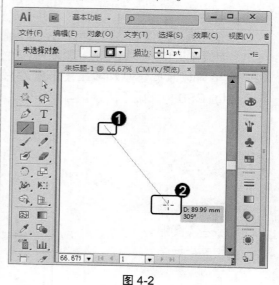

图 4-2

2. 使用数值方法绘制直线

在 Illustrator CS6 中，使用直线段工具绘制直线时，如需精确的数值时，可以使用数值方法来绘制直线段。下面将详细介绍其操作方法。

step 1 在 Illustrator CS6 的工具箱中，① 单击【直线段工具】 后，将鼠标指针移动至工作区中任意位置并单击鼠标，即可弹出【直线段工具选项】对话框，② 根据实际需要输入长度和角度值，③ 单击【确定】按钮，如图 4-3 所示。

图 4-3

step 2 通过以上步骤即可完成使用数值方法绘制直线的操作，效果如图 4-4 所示。

图 4-4

在绘制直线段时，打开【直线段工具选项】对话框，其中有一个【线段填色】复选框。在默认设置下，该复选框处于未选中状态，此时绘制出的线段是以透明色填充的。如果选中此复选框，绘制的线段以当前填充色进行填充。直线段的填充颜色设置包括蓝色、红色和绿色填充效果。

知识精讲

4.1.2 绘制弧线

在 Illustrator CS6 中，可以使用弧形工具在工作区中绘制出弧形线段，当需要精确的数值时，也可以使用数值方法绘制弧形线段。下面将分别介绍这两种操作方法。

1. 使用鼠标拖动绘制弧线

在 Illustrator CS6 中，用户可根据实际需要使用【弧形工具】 利用鼠标拖动，方便快捷地在工作区中绘制出弧线。下面将详细介绍其操作方法。

step 1 在 Illustrator CS6 的工具箱中，① 按住【直线段工具】 ，② 在弹出的下拉菜单中选择【弧形工具】菜单项，③ 将鼠标移动至工作区中，可见鼠标箭头已变为十字标线 ，如图 4-5 所示。

step 2 在工作区中，① 选择一个起点位置并单击鼠标，② 拖动鼠标指针调整出需要的弧度大小，然后释放鼠标即可完成绘制弧线的操作，如图 4-6 所示。

第 4 章　绘制和编辑图形

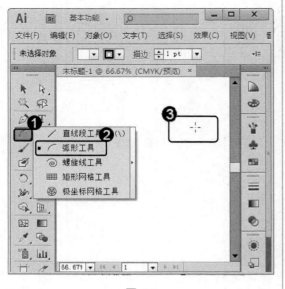

图 4-5

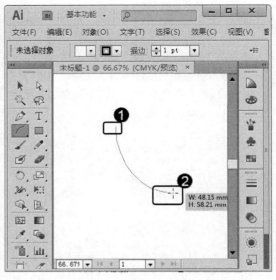

图 4-6

2. 使用数值方法绘制弧线

在 Illustrator CS6 中使用弧形工具绘制弧线，如需精确的数值时，可以使用数值方法绘制弧线段。下面将详细介绍其操作方法。

step 1 在 Illustrator CS6 的工具箱中，① 选择【弧形工具】 ，将鼠标指针移动至工作区中任意位置并单击，弹出【弧线段工具选项】对话框，② 根据实际需要设置每个参数值，③ 单击【确定】按钮，如图 4-7 所示。

step 2 通过以上步骤即可完成使用数值方法绘制弧线的操作，效果如图 4-8 所示。

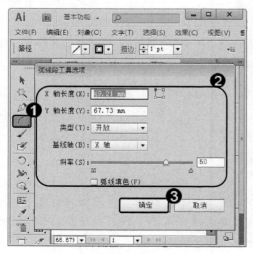

图 4-7

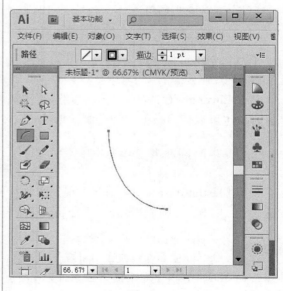

图 4-8

4.1.3 绘制螺旋线

在 Illustrator CS6 中，可以使用螺旋线工具在工作区中绘制出螺旋线，当需要精确的数值时，也可以使用数值方法绘制螺旋线。下面将分别介绍这两种操作方法。

1. 使用鼠标拖动绘制螺旋线

在 Illustrator CS6 中，用户可根据实际需要使用【螺旋线工具】◎利用鼠标拖动方便快捷地在工作区中绘制出螺旋线。下面将详细介绍其操作方法。

step 1 在 Illustrator CS6 的工具箱中，① 按住【直线段工具】╱，② 在弹出的下拉菜单中选择【螺旋线工具】菜单项，③ 将鼠标移动至工作区中，可见鼠标箭头已变为十字标线 ╬，如图 4-9 所示。

step 2 ① 选择一个中心位置并按住鼠标左键不放，② 拖动鼠标指针调整出所需的螺旋线大小，释放鼠标即可完成螺旋线的绘制，效果如图 4-10 所示。

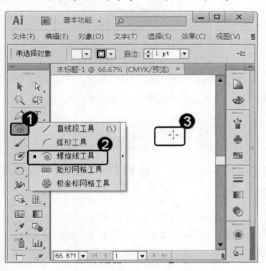

图 4-9

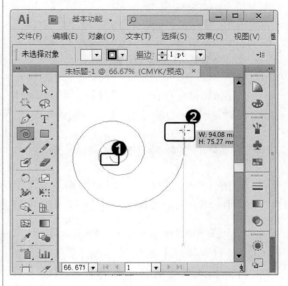

图 4-10

知识精讲

在绘制螺旋线的过程中，用户可以拖动鼠标转动螺旋线。按向上键可以增加螺旋线的圈数，按向下键可以减少螺旋线的圈数，按住 "～" 键可以绘制出更多的螺旋线，按住空格键，将会冻结正在绘制的螺旋线，并可在工作区任意拖动，松开空格键即可继续绘制螺旋线。按 Shift 键可以使螺旋线以 45° 的增量旋转。

2. 使用数值方法绘制螺旋线

在 Illustrator CS6 中，使用螺旋线工具绘制螺旋线时，如需精确的数值时，可以使用数值方法绘制螺旋线。下面将详细介绍其操作方法。

step 1 ① 选择【螺旋线工具】 ，将鼠标指针移动至工作区中任意位置并单击，即可弹出【螺旋线】对话框，② 根据实际需要设置半径、衰减、段数等数值，③ 单击【确定】按钮，如图 4-11 所示。

step 2 通过以上步骤即可完成使用数值方法绘制螺旋线的操作，效果如图 4-12 所示。

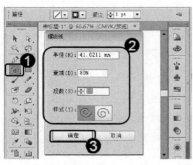

图 4-11

图 4-12

4.1.4 绘制矩形网格

在 Illustrator CS6 中，可以使用矩形网格工具在工作区中绘制出矩形网格，当需要精确的数值时，也可以使用数值方法来绘制矩形网格。下面将分别介绍这两种操作方法。

1. 使用鼠标拖动绘制矩形网格

在 Illustrator CS6 中，用户可根据实际需要使用【矩形网格工具】 ▦，拖动鼠标指针在工作区中绘制出矩形网格。下面将详细介绍其操作方法。

step 1 在 Illustrator CS6 的工具箱中，① 按住【直线段工具】 ∕，② 在弹出的下拉菜单中选择【矩形网格工具】菜单项，③ 将鼠标移动至工作区中，可见鼠标箭头已变为十字标线 ┿，如图 4-13 所示。

step 2 在工作区中，选择一个起点位置并按住鼠标左键，然后拖动鼠标指针调整出需要的网格大小，释放鼠标即可完成矩形网格的绘制，效果如图 4-14 所示。

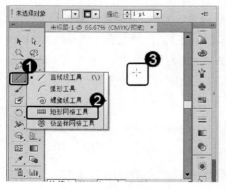

图 4-13

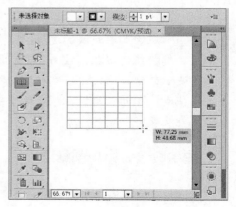

图 4-14

2. 使用数值方法绘制矩形网格

在 Illustrator CS6 中，使用矩形网格工具绘制矩形网格时，如需精确的数值时，可以使用数值方法来绘制矩形网格。下面将详细介绍其操作方法。

 ① 选择【矩形网格工具】，将鼠标指针移动至工作区中任意位置并单击，即可弹出【矩形网格工具选项】对话框，② 根据实际需要设置每个参数值，③ 单击【确定】按钮，如图 4-15 所示。

 通过以上步骤即可完成使用数值方法来绘制矩形网格的操作，效果如图 4-16 所示。

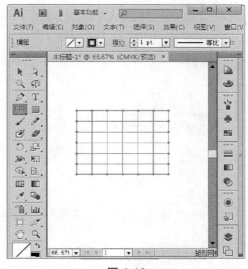

图 4-16

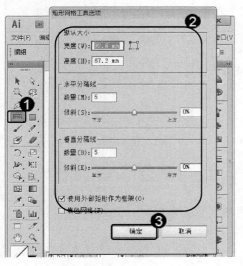

图 4-15

 在使用矩形网格工具绘制矩形网格时，按 Shift 键可以使网格以 45° 的增量旋转，按 Alt 键可以以起点为中心向四周绘制网格。

4.1.5 绘制极坐标网格

在 Illustrator CS6 中，可以使用极坐标网格工具在工作区中绘制出极坐标网格，当需要精确的数值时，也可使用数值方法来绘制极坐标网格。下面将分别介绍这两种操作方法。

1. 使用鼠标拖动绘制极坐标网格

在 Illustrator CS6 中，用户可根据实际需要使用【极坐标网格工具】，拖动鼠标指针在工作区中绘制出极坐标网格。下面将详细介绍其操作方法。

第 4 章　绘制和编辑图形

step 1 在 Illustrator CS6 的工具箱中，① 按住【直线段工具】，② 在弹出的下拉菜单中选择【极坐标网格工具】菜单项，③ 将鼠标指针移动至工作区中，可见鼠标箭头已变为十字标线，如图 4-17 所示。

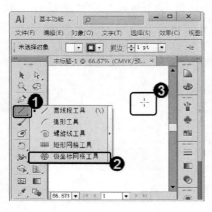

图 4-17

step 2 在工作区中，选择一个起点位置并按住鼠标左键，然后拖动鼠标指针调整出需要的网格大小，释放鼠标即可完成极坐标网格的绘制，效果如图 4-18 所示。

图 4-18

2. 使用数值方法绘制极坐标网格

在 Illustrator CS6 中，使用极坐标网格工具绘制极坐标网格时，如需精确的数值时，可以使用数值方法绘制极坐标网格。下面将详细介绍其操作方法。

step 1 ① 选择【极坐标网格工具】，将鼠标指针移动至工作区中任意位置并单击，弹出【极坐标网格工具选项】对话框，② 根据实际需要设置每个参数值，③ 单击【确定】按钮，如图 4-19 所示。

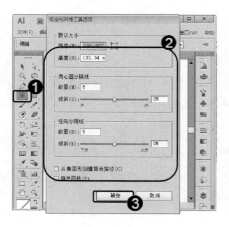

图 4-19

step 2 通过以上步骤即可完成使用数值方法绘制极坐标网格的操作，效果如图 4-20 所示。

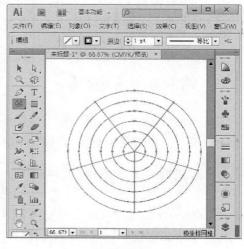

图 4-20

在 Illustrator CS6 中，使用各种线段工具进行绘图时，可以同时按住键盘上的 "～" 键并拖动，即可绘制出连续的图形。

4.2 绘制基本图形

在 Illustrator CS6 中，可以使用工具箱中的基本绘图工具绘制出矩形和圆角矩形、椭圆形和圆形、多边形和星形等基本图形。本节将详细介绍有关绘制基本图形的相关知识及操作方法。

4.2.1 绘制矩形和圆角矩形

在 Illustrator CS6 中绘制图像时，可以使用【矩形工具】▣快速地在工作区中绘制出矩形和圆角矩形，当需要精确的数值时，也可以使用数值方法绘制出矩形。下面将分别详细介绍绘制矩形的操作。

1. 使用鼠标拖动绘制矩形

在 Illustrator CS6 中，用户可根据实际需要使用【矩形工具】▣，拖动鼠标在工作区中绘制出矩形。下面将详细介绍其操作方法。

step 1 在 Illustrator CS6 的工具箱中，① 单击【矩形工具】▣，② 将鼠标指针移动至工作区中，可见鼠标箭头已变为十字标线 ┼，如图 4-21 所示。

step 2 在工作区中，将鼠标指针移动到预设矩形的一角，然后按住鼠标左键拖曳出需要的矩形大小，释放鼠标即可完成绘制矩形的操作，效果如图 4-22 所示。

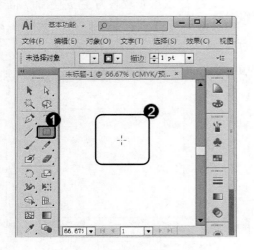

图 4-21

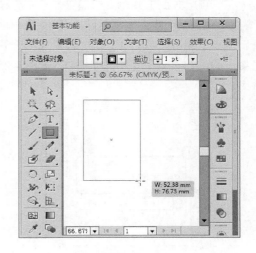

图 4-22

2. 使用鼠标拖动绘制圆角矩形

在 Illustrator CS6 中，用户可根据实际需要使用【圆角矩形工具】 ▢ ，拖动鼠标指针在工作区中绘制出圆角矩形。下面将详细介绍其操作方法。

step 1 在 Illustrator CS6 的工具箱中，① 按住【矩形工具】 ▢ ，② 在弹出的下拉菜单中选择【圆角矩形工具】菜单项，③ 将鼠标指针移动至工作区中，光标已变为十字标线 ╬ ，如图 4-23 所示。

step 2 在工作区中，将鼠标指针移动到预设圆角矩形的一角，然后按住鼠标左键拖曳出需要的矩形大小，释放鼠标即可完成绘制圆角矩形的操作，效果如图 4-24 所示。

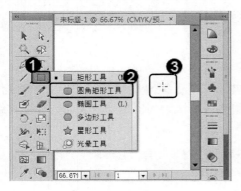

图 4-23

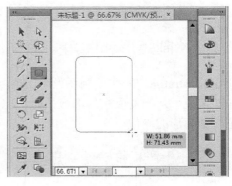

图 4-24

3. 使用数值方法绘制矩形

在 Illustrator CS6 中，使用【矩形工具】 ▢ 绘制矩形时，如需精确的数值，可以使用数值方法绘制出矩形。下面将详细介绍其操作方法。

step 1 ① 单击【矩形工具】 ▢ ，将鼠标指针移动至工作区中任意位置并单击，弹出【矩形】对话框，② 根据需要设置宽度和高度，③ 单击【确定】按钮，如图 4-25 所示。

step 2 通过以上步骤即可完成使用数值方法绘制矩形的操作，效果如图 4-26 所示。

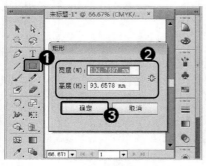

图 4-25

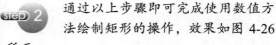

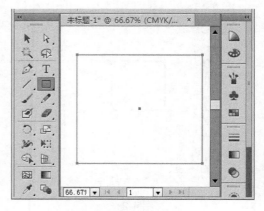

图 4-26

在 Illustrator CS6 中绘制矩形时，拖动鼠标指针并按住 Shift 键，即可绘制出一个正方形。按住 Alt 键即可从中心开始绘制图形。

4.2.2 绘制椭圆形和圆形

在 Illustrator CS6 中绘制图像时，可以使用椭圆工具快速地在工作区中绘制出椭圆形和圆形，当需要精确的数值时，也可以使用数值方法绘制出椭圆形。下面将分别详细介绍绘制椭圆形和圆形的操作。

1. 使用鼠标拖动绘制椭圆形

在 Illustrator CS6 中，用户可根据实际需要使用【椭圆工具】◯，拖动鼠标在工作区中绘制出椭圆形。下面将详细介绍其操作方法。

step 1 在 Illustrator CS6 的工具箱中，① 按住【矩形工具】▢，② 在弹出的下拉菜单中选择【椭圆工具】菜单项，③ 将鼠标指针移动至工作区中，可见光标已变为十字标线 ✛，如图 4-27 所示。

step 2 在工作区中，将鼠标指针移动到预设椭圆形的一角，然后按住鼠标左键拖曳出需要的椭圆形大小，释放鼠标即可完成绘制椭圆形的操作，效果如图 4-28 所示。

图 4-27

图 4-28

2. 使用鼠标拖动绘制圆形

在 Illustrator CS6 中，用户可根据实际需要使用【椭圆工具】◯，拖动鼠标指针在工作区中绘制出圆形。下面将详细介绍其操作方法。

step 1　在 Illustrator CS6 的工具箱中，① 按住【矩形工具】▭，② 在弹出的下拉菜单中选择【椭圆工具】菜单项，③ 将鼠标指针移动至工作区中，可见光标已变为十字标线 ✛，如图 4-29 所示。

step 2　在工作区中，将鼠标指针移动到预设圆形的一角，然后拖动鼠标并按住 Shift 键，释放鼠标即可完成绘制圆形的操作，效果如图 4-30 所示。

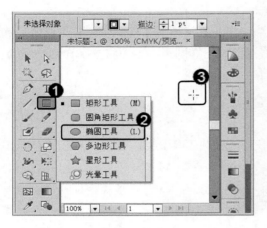

图 4-29

图 4-30

3. 使用数值方法绘制椭圆形

在 Illustrator CS6 中，使用【椭圆工具】◯绘制椭圆形时，如需精确的数值，可以使用数值方法绘制出椭圆形。下面将详细介绍其操作方法。

step 1　在 Illustrator CS6 的工具箱中，① 选择【矩形工具】▭，将鼠标指针移动至工作区中任意位置并单击，即可弹出【椭圆】对话框，② 根据需要设置宽度和高度，③ 单击【确定】按钮，如图 4-31 所示。

step 2　通过以上步骤即可完成使用数值方法绘制椭圆形的操作，效果如图 4-32 所示。

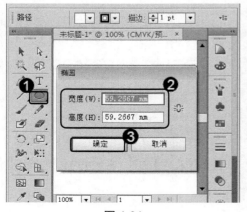

图 4-31

图 4-32

4.2.3 绘制多边形

在 Illustrator CS6 中绘制图像时,可以使用多边形工具快速地在工作区中绘制出多边形,当需要精确的数值时,也可以使用数值方法绘制出多边形。下面将分别详细介绍绘制多边形的操作。

1. 使用鼠标拖动绘制多边形

在 Illustrator CS6 中,用户可根据实际需要使用【多边形工具】 ⬡ ,拖动鼠标在工作区中绘制出多边形。下面将详细介绍其操作方法。

step 1 在 Illustrator CS6 的工具箱中,① 按住【矩形工具】 ▢,② 在弹出的下拉菜单中选择【多边形工具】菜单项,③ 将鼠标指针移动至工作区中,可见光标已变为十字标线 ┿,如图 4-33 所示。

step 2 在工作区中,将鼠标指针移动到预设多边形的中心,然后按住鼠标左键拖拉出需要的多边形大小,释放鼠标即可完成绘制多边形的操作,效果如图 4-34 所示。

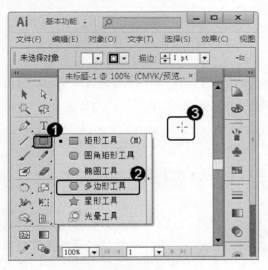

图 4-33

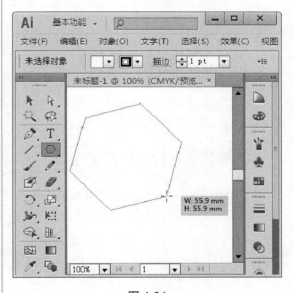

图 4-34

 在绘制多边形时,按住鼠标的同时,按键盘上的向上键可以增加多边形的边数,按键盘上的向下键可以减少多边形的边数。系统默认的多边形为六边形,绘制不同的多边形可以按住键盘上的"～"键即可。按住空格键,将冻结正在绘制的多边形,并可以在工作区中任意拖动,释放空格键后,可以继续绘制多边形。

2. 使用数值方法绘制多边形

在 Illustrator CS6 中,使用【多边形工具】 ⬡ 绘制多边形时,如需精确的数值,可以使用数值方法绘制出需要的多边形。下面将详细介绍其操作方法。

step 1 　在 Illustrator CS6 的工具箱中，① 选择【矩形工具】■，将鼠标移动至工作区中任意位置并单击，弹出【多边形】对话框，② 根据需要设置半径和边数，③ 单击【确定】按钮，如图 4-35 所示。

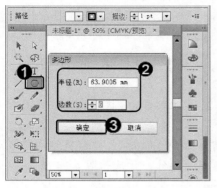

图 4-35

step 2 　通过以上步骤即可完成使用数值方法绘制多边形的操作，效果如图 4-36 所示。

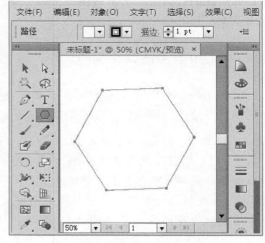

图 4-36

4.2.4　绘制星形

在绘制图像时，可以使用【星形工具】☆快速地在工作区中绘制出星形，当需要精确的数值时，也可以使用数值方法绘制出星形。下面将详细介绍绘制星形的操作方法。

1. 使用鼠标拖动绘制星形

在 Illustrator CS6 中，用户可根据实际需要使用【星形工具】☆，拖动鼠标在工作区中绘制出星形。下面将详细介绍其操作方法。

step 1 　在 Illustrator CS6 的工具箱中，① 按住【矩形工具】■，② 在弹出的下拉菜单中选择【星形工具】菜单项，③ 将鼠标指针移动至工作区中，可见光标已变为十字标线 ╬，如图 4-37 所示。

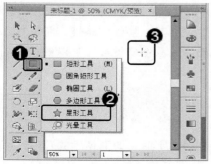

图 4-37

step 2 　在工作区中，将鼠标指针移动到预设星形的中心，然后按住鼠标左键拖曳出需要的星形大小，释放鼠标即可完成绘制星形的操作，效果如图 4-38 所示。

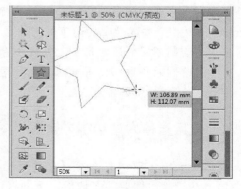

图 4-38

2. 使用数值方法绘制星形

在 Illustrator CS6 中，使用【星形工具】☆绘制星形时，如需精确的数值，可以使用数值方法来绘制出需要的星形。下面将详细介绍其操作方法。

step 1　在 Illustrator CS6 的工具箱中，① 选择【星形工具】☆，将鼠标移动至工作区中任意位置并单击，即可弹出【星形】对话框，② 根据需要设置半径和角点数，③ 单击【确定】按钮，如图 4-39 所示。

step 2　通过以上步骤即可完成使用数值方法绘制星形的操作，效果如图 4-40 所示。

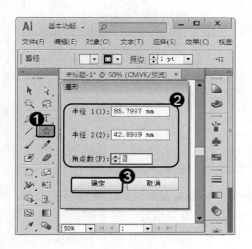

图 4-39

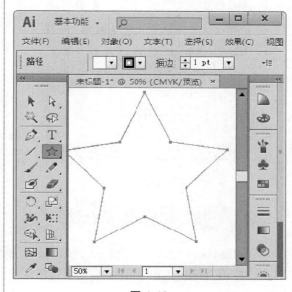

图 4-40

在绘制星形时，拖动鼠标可以转动星形，按键盘上的向上键可以增加星形的边数，按键盘上的向下键可以减少星形的边数。系统默认的星形为五角星，绘制不同的星形可以按住键盘上的"～"键即可。按住空格键，将冻结正在绘制的星形，并可以在工作区中任意拖动，释放空格键后，可以继续绘制星形。

4.2.5　绘制光晕形

在绘制图像时，可以使用【光晕工具】快速地在工作区中绘制出光晕效果的图形，当需要精确的数值时，也可以使用数值方法来绘制出光晕图形。下面将分别予以详细介绍绘制光晕效果图形的操作方法。

1. 使用鼠标拖动绘制光晕形

在 Illustrator CS6 中，用户可根据实际需要使用【光晕工具】，拖动鼠标在工作区中绘制出光晕效果的图形。下面将详细介绍其操作方法。

step 1 在 Illustrator CS6 的工具箱中，① 按住【矩形工具】🔲，② 在弹出的下拉菜单中选择【光晕工具】菜单项，③ 将鼠标指针移动至工作区中，可见光标已变为十字标线 ⊹，如图 4-41 所示。

step 2 在工作区中，将鼠标指针移动到预设光晕效果图形的中心，然后按住鼠标左键拖拉出需要的光晕大小，释放鼠标即可完成绘制光晕图形的操作，效果如图 4-42 所示。

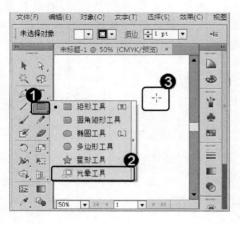

图 4-41

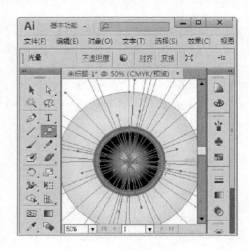

图 4-42

2. 使用数值方法绘制光晕形

在 Illustrator CS6 中，使用【光晕工具】🔘 绘制光晕效果图形时，如需精确的数值，可以使用数值方法来绘制出需要的光晕效果图形。下面将详细介绍其操作方法。

step 1 ① 选择【光晕工具】🔘，将鼠标移动至工作区中任意位置并单击，即可弹出【光晕工具选项】对话框，② 根据实际需要设置直径、亮度、增大、路径和方向等数值，③ 单击【确定】按钮，如图 4-43 所示。

step 2 通过以上步骤即可完成使用数值方法绘制光晕形的操作，效果如图 4-44 所示。

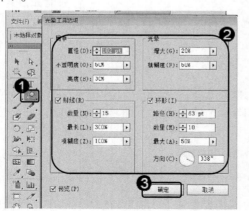

图 4-43

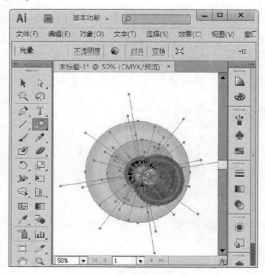

图 4-44

4.3　编辑图形对象

在 Illustrator CS6 中，提供了很多图形对象的编辑功能，其中包括对象的比例缩放和镜像、对象的扭曲变形、复制和删除对象、撤销和恢复对对象的操作等，极大地方便了用户对对象的操作。本节将详细介绍有关编辑图形对象的相关知识及操作方法。

4.3.1　对象的比例缩放、移动和镜像

在 Illustrator CS6 中，用户可以使用【比例缩放工具】、【选择工具】和【镜像工具】进行编辑图形对象，使图像更加丰富多彩。下面将详细介绍有关对象的比例缩放、移动和镜像的操作方法。

1. 对象的比例缩放

在 Illustrator CS6 中，用户可以使用【比例缩放工具】快速准确地按比例缩放对象，使工作更加方便快捷。下面将详细介绍进行比例缩放的操作方法。

step 1　在 Illustrator CS6 的工具箱中，① 单击【比例缩放工具】，② 再单击对象，可见光标已变为十字标线，如图 4-45 所示。

step 2　在工作区中，选择任意一点并拖动鼠标，然后按住鼠标左键拖曳出需要的比例缩放大小，释放鼠标即可完成对象的比例缩放操作，效果如图 4-46 所示。

图 4-45

图 4-46

第4章　绘制和编辑图形

77

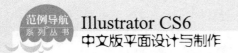

2 对象的移动

在 Illustrator CS6 中，用户可以使用【选择工具】 ![] 快速地进行对象的移动操作，使工作更加方便快捷。下面将详细介绍对对象的移动操作。

step 1 在 Illustrator CS6 的工具箱中，① 单击【选择工具】按钮 ![]，② 再将鼠标光标移动至准备移动的对象上，如图 4-47 所示。

step 2 在工作区中，单击准备移动的对象并进行拖动，直至拖动到用户需要的位置，然后释放鼠标即可，如图 4-48 所示。

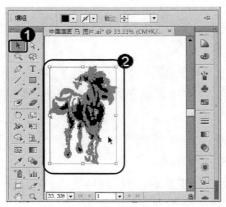

图 4-47

图 4-48

3. 对象的镜像

在 Illustrator CS6 中，用户可以快速准确地镜像需要的对象，使工作更加方便快捷。下面将详细介绍进行镜像的操作方法。

step 1 在 Illustrator CS6 的工具箱中，① 按住【旋转工具】 ![]，② 在弹出的下拉菜单中选择【镜像工具】菜单项，如图 4-49 所示。

step 2 选中需要镜像的对象，选择任意一点并旋转对象，即可完成对象绕自身中心镜像的操作，如图 4-50 所示。

图 4-49

图 4-50

4.3.2 对象的旋转和倾斜变形

在 Illustrator CS6 中，用户还可以使用旋转工具和倾斜工具编辑图形对象，使图像更加丰富多变。下面将分别予以详细介绍对象的旋转和倾斜变形的相关操作。

1. 使用【旋转工具】旋转对象

在 Illustrator 中，旋转工具的作用是旋转选中的对象。可以指定一个固定点或对象的中心点作为对象的旋转中心，使用鼠标拖动的方法旋转对象。

step 1 在 Illustrator CS6 的工具箱中，① 使用选择工具选择需要旋转的对象，② 单击【旋转工具】，如图 4-51 所示。

step 2 将鼠标移动到工作区中，选择旋转中心，按下鼠标左键，然后在选中的对象上拖动鼠标旋转对象，旋转到所需的角度，释放鼠标即可，如图 4-52 所示。

图 4-51　　　　　　　　　　　　　图 4-52

当鼠标光标由十字形变成箭头时，拖动才能旋转对象。

2. 精确旋转

在 Illustrator CS6 中，使用【旋转工具】旋转图形时，如需精确旋转，用户可以使用数值方法来进行精确旋转。下面将详细介绍其操作方法。

在 Illustrator CS6 的工具箱中，① 选择【旋转工具】，将鼠标移动至工作区中任意位置并单击，即可弹出【旋转】对话框，② 根据需要设置角度数值，③ 单击【确定】按钮，如图 4-53 所示。

通过以上步骤即可完成使用数值方法精确旋转的操作，如图 4-54 所示。

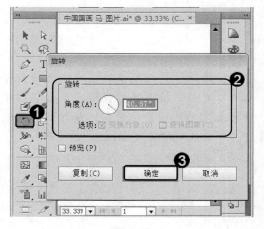

图 4-53

图 4-54

3. 使用【倾斜工具】倾斜对象

在 Illustrator CS6 中，用户可以使用【倾斜工具】快速地进行倾斜对象，使工作更加方便快捷。下面将详细介绍使用【倾斜工具】倾斜对象的操作方法。

在 Illustrator CS6 的工具箱中，① 按住【比例缩放工具】，② 在弹出的下拉菜单中选择【倾斜工具】菜单项，如图 4-55 所示。

使用鼠标拖曳对象，倾斜时对象会出现蓝色的虚线，指示倾斜变形的方向和角度。倾斜到需要的角度后释放鼠标左键即可，如图 4-56 所示。

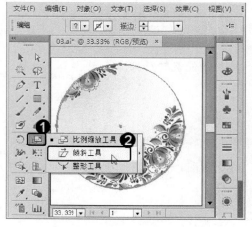

图 4-55

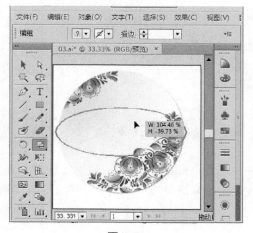

图 4-56

4. 精确倾斜

在 Illustrator CS6 中，使用【倾斜工具】倾斜图形时，如需精确倾斜，用户可以使用数值方法来进行精确倾斜。下面将详细介绍其操作方法。

step 1 在 Illustrator CS6 的工具箱中，① 选择【倾斜工具】，将鼠标移动至工作区中任意位置并单击,即可弹出【倾斜】对话框，② 根据需要设置倾斜角度、轴等参数，③ 单击【确定】按钮，如图 4-57 所示。

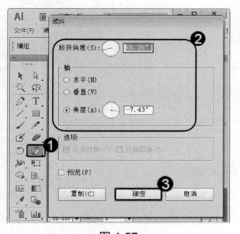

图 4-57

step 2 通过以上步骤即可完成使用数值方法精确倾斜的操作，如图 4-58 所示。

图 4-58

知识精讲

使用【倾斜工具】可以使选择的对象倾斜，还可以产生特殊的效果。例如使用倾斜工具及其窗口中的【复制】命令，在应用【倾斜】命令的同时复制，使对象的副本位于原对象之后，然后使用灰度色的填充就可以创建较为特殊的阴影效果。

4.3.3 对象的扭曲变形

在 Illustrator CS6 中，用户可以使用宽度工具使图像扭曲变形，其中包括变形、旋转扭曲等。下面将详细介绍有关对象扭曲变形的操作方法。

1. 使用变形工具

在 Illustrator CS6 中，用户可以快速准确地使用【变形工具】扭曲对象，使工作更加方便快捷。下面将详细介绍使用变形工具的操作方法。

第4章 绘制和编辑图形

step 1 在工具箱中，① 按住【宽度工具】 ，② 在弹出的下拉菜单中选择【变形工具】菜单项，如图 4-59 所示。

step 2 在工作区中，选择需要变形对象的任意一点并拖动鼠标，如图 4-60 所示。

图 4-59

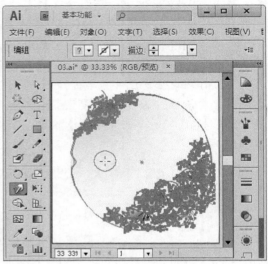

图 4-60

step 3 通过以上步骤即可完成使用变形工具的操作，效果如图 4-61 所示。

图 4-61

智慧锦囊

在使用变形工具扭曲变形时，如果用户还需要对其进行精确的变形，可以双击【变形工具】 ，即可弹出【变形工具选项】对话框，可以在其中详细地设置宽度、高度、角度和强度等参数。

考考您

请您根据上述方法使用变形工具进行扭曲变形操作，测试一下您的学习效果。

2. 使用旋转扭曲工具

在 Illustrator CS6 中，用户可以快速准确地旋转扭曲需要的对象，使图像更加丰富多变。下面将详细介绍使用旋转扭曲工具的操作方法。

step 1 在工具箱中，① 按住【宽度工具】 ② 在弹出的下拉菜单中选择 【旋转扭曲工具】菜单项，如图 4-62 所示。

图 4-62

step 2 选中需要扭曲对象的任意一点，并按住鼠标，如图 4-63 所示。

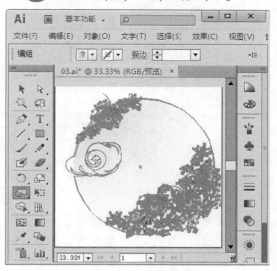

图 4-63

step 3 通过以上步骤即可完成使用旋转扭曲工具的操作，效果如图 4-64 所示。

图 4-64

智慧锦囊

在使用 Illustrator CS6 绘制图像时，可以使用基本绘图工具对对象扭曲变形，其中包括使用宽度工具、变形工具、旋转扭曲工具、缩拢工具、膨胀工具、扇贝工具、晶格化工具、皱褶工具等。使用方法基本相同，选择工具后，取任意一点将鼠标指针在对象上拖动，即可改变扭曲对象的形状。

考考您

请您根据上述方法使用旋转扭曲工具进行扭曲变形操作，测试一下您的学习效果。

4.3.4 复制和删除对象

在 Illustrator CS6 中，用户可以采用多种方法来进行复制和删除对象的操作，下面将分别予以详细介绍。

1. 使用【编辑】菜单命令复制对象

选择要复制的对象，然后在菜单栏中选择【编辑】→【复制】菜单项，对象的副本将

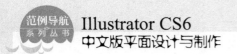

被放置在剪贴板中，如图 4-65 所示。

图 4-65

然后在菜单栏中选择【编辑】→【粘贴】菜单项，对象的副本将被粘贴到要复制对象的旁边，这样即可完成复制操作，如图 4-66 所示。

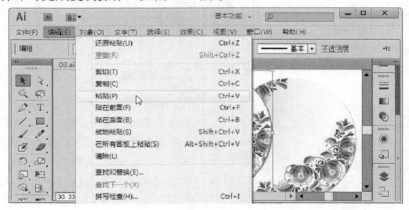

图 4-66

2. 使用鼠标拖曳方式复制对象

选择要复制的对象，然后按住 Alt 键，在对象上拖曳鼠标，出现对象的蓝色虚线效果，移动到需要的位置，释放鼠标左键，即可复制出一个选择的对象，如图 4-67 所示。

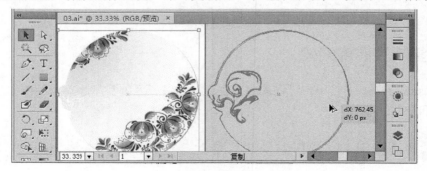

图 4-67

3. 删除对象

在 Illustrator CS6 中，删除对象的方法很简单。选中需要删除的对象，然后在菜单栏中选择【编辑】→【清除】菜单项，就可以将选中的对象删除，如图 4-68 所示。

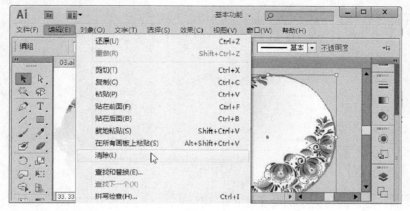

图 4-68

如果想要删除多个或全部对象，首先要选择这些对象，然后再执行【清除】命令即可。

4.3.5 撤消和恢复对对象的操作

在 Illustrator CS6 中进行设计时，可能会出现错误的操作，此时需要撤消或恢复对对象的操作，使工作更加方便快捷。下面将详细介绍撤消和恢复对对象的操作方法。

1. 撤消对对象的操作

在使用 Illustrator CS6 出现错误操作时，如需撤消对对象的操作，可以选择菜单栏中的【编辑】→【还原】菜单项，或者在键盘上按下 Ctrl+Z 组合键，即可还原上一次的操作。连续按该组合键，可以连续还原原来的操作命令。

2. 恢复对对象的操作

在使用 Illustrator CS6 出现错误操作时，如需恢复对对象的操作，可以选择菜单栏中的【编辑】→【重做】菜单项，或者在键盘上按下 Shift+Ctrl+Z 组合键，即可恢复上一次的操作。连续按该组合键，可以连续恢复操作命令。

4.3.6 对象的剪切

选中要剪切的对象，然后在菜单栏中选择【编辑】→【剪切】菜单项，对象即可将从页面中删除并被放置在剪贴板中，如图 4-69 所示。

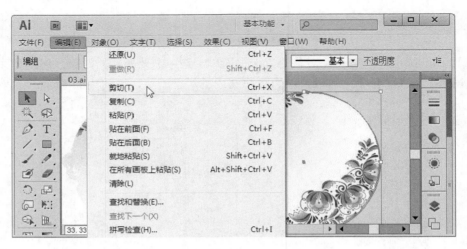

图 4-69

4.3.7　使用【路径查找器】控制面板编辑对象

在 Illustrator CS6 中编辑图形时，【路径查找器】控制面板是最常用的工具之一。它包含了一组功能强大的路径编辑命令。使用【路径查找器】控制面板可以将许多简单的路径经过特定的运算之后形成各种复杂的路径。

在菜单栏中选择【窗口】→【路径查找器】菜单项，即可弹出【路径查找器】控制面板，如图 4-70 所示。

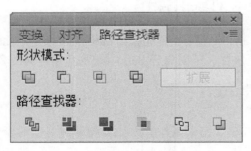

图 4-70

1. 认识【路径查找器】控制面板的按钮

在【路径查找器】控制面板的【形状模式】选项组中有 5 个按钮，从左至右分别是【联集】按钮 、【减去顶层】按钮 、【交集】按钮 、【差集】按钮 和【扩展】按钮。前 4 个按钮可以通过不同的组合方式在多个图形间制作出对应的复合图形，而【扩展】按钮则可以把复合图形转变为复合路径。

在【路径查找器】选项组中有 6 个按钮，从左至右分别是【分割】按钮 、【修边】按钮 、【合并】按钮 、【剪裁】按钮 、【轮廓】按钮 和【减去后方对象】按钮 。这组按钮主要是把对象分解成各个独立的部分，或者删除对象中不需要的部分。

2. 使用【路径查找器】控制面板

下面将分别予以详细介绍【路径查找器】控制面板中各个按钮的使用方法。

(1)【联集】按钮 🔲

在绘图页中绘制两个图形对象，如图 4-71 所示。选中两个对象，单击【联集】按钮 🔲，从而生成新的对象，效果如图 4-72 所示。新对象的填充和描边属性与位于顶部的对象的填充和描边属性相同，取消选择状态后的效果如图 4-73 所示。

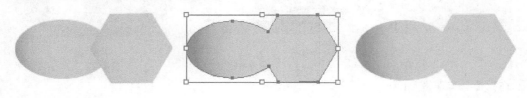

图 4-71   图 4-72   图 4-73

(2)【减去顶层】按钮 🔲

在绘图页中绘制两个图形对象，如图 4-74 所示。选中这两个对象，单击【减去顶层】按钮 🔲，从而生成新对象，效果如图 4-75 所示。与形状区域相减命令可以在最下层对象的基础上，将被上层的对象挡住的部分和上层的所有对象同时删除，只剩下最下层对象的剩余部分。取消选择状态后的效果如图 4-76 所示。

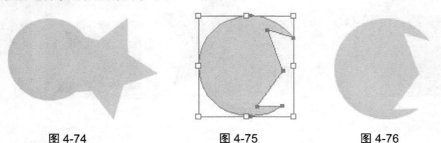

图 4-74   图 4-75   图 4-76

(3)【交集】按钮 🔲

在绘图页面中绘制两个图形对象，如图 4-77 所示。选中这两个对象，单击【交集】按钮 🔲，从而生成新的对象，效果如图 4-78 所示。与形状区域相交命令可以将图形没有重叠的部分删除，而仅仅保留重叠部分。所生成的新对象的填充和描边属性与位于顶部的对象的填充和描边属性相同。取消选择状态后的效果如图 4-79 所示。

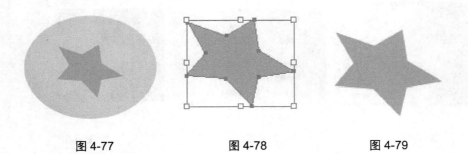

图 4-77   图 4-78   图 4-79

第4章　绘制和编辑图形

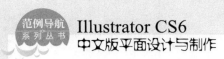
(4) 【差集】按钮

在绘图页面中绘制两个图形对象，如图 4-80 所示。选中这两个对象，单击【差集】按钮，从而生成新的对象，效果如图 4-81 所示。排除重叠形状区域命令可以删除对象间重叠的部分。所生成的新对象的填充和笔画属性与位于顶部的对象的填充和描边属性相同。取消选择状态后的效果如图 4-82 所示。

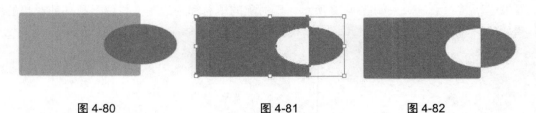

图 4-80   图 4-81   图 4-82

(5) 【分割】按钮

在绘图页面中绘制两个图形对象，如图 4-83 所示。选中这两个对象，单击【分割】按钮，从而生成新的对象，效果如图 4-84 所示。分割命令可以分离相互重叠的图形，而得到多个独立的对象。所生成的新对象的填充和笔画属性与位于顶部的对象的填充和描边属性相同。取消选择状态后的效果如图 4-85 所示。

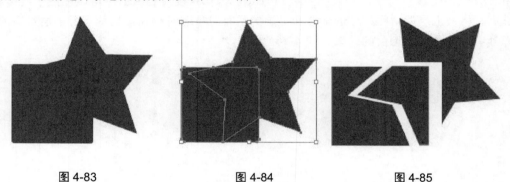

图 4-83   图 4-84   图 4-85

(6) 【修边】按钮

在绘图页面中绘制两个图形对象，如图 4-86 所示。选中这两个对象，单击【修边】按钮，从而生成新的对象，效果如图 4-87 所示。修边命令对于每个单独的对象而言，均被裁剪分成包含有重叠区域的部分和重叠区域之外的部分，新生成的对象保持原来的填充属性，取消选择状态后的效果如图 4-88 所示。

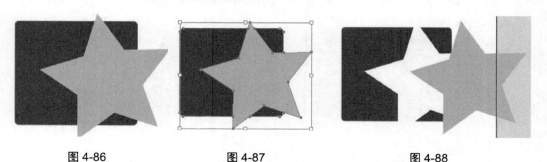

图 4-86   图 4-87   图 4-88

(7) 【合并】按钮█

在绘图页面中绘制两个图形对象，如图 4-89 所示。选中这两个对象，单击【合并】按钮█，从而生成新的对象，效果如图 4-90 所示。如果对象的填充和描边属性都相同，合并命令将把所有的对象组成一个整体后合为一个对象，但对象的描边色将变为没有；如果对象的填充和笔画属性都不相同，则合并命令就相当于【剪裁】按钮█。取消选择状态后的效果如图 4-91 所示。

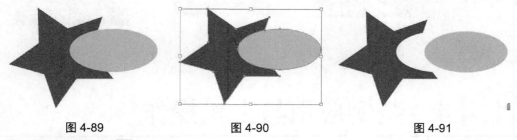

图 4-89   图 4-90   图 4-91

(8) 【剪裁】按钮█

在绘图页面中绘制两个图形对象，如图 4-92 所示。选中这两个对象，单击【剪裁】按钮█，从而生成新的对象，效果如图 4-93 所示。裁剪命令的工作原理和蒙版相似，对重叠的图形来说，修剪命令可以把所有放在最前面对象之外的图形部分修剪掉，同时最前面的对象本身将消失。取消选择状态后的效果如图 4-94 所示。

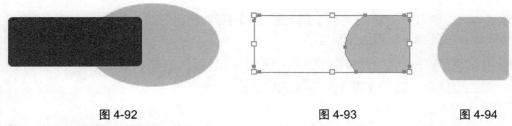

图 4-92   图 4-93   图 4-94

(9) 【轮廓】按钮█

在绘图页面中绘制两个图形对象，如图 4-95 所示。选中这两个对象，单击【轮廓】按钮█，从而生成新的对象，效果如图 4-96 所示。轮廓命令勾勒出所有对象的轮廓。取消选择状态后的效果如图 4-97 所示。

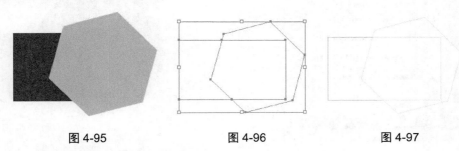

图 4-95   图 4-96   图 4-97

(10) 【减去后方对象】按钮█

在绘图页面中绘制两个图形对象，如图 4-98 所示。选中这两个对象，单击【减去后方

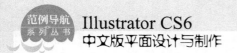

对象】按钮 ，从而生成新的对象，效果如图 4-99 所示。减去后方对象命令可以位于最底层的对象裁剪去位于该对象之上的所有对象。取消选择状态后的效果如图 4-100 所示。

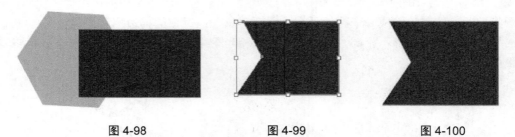

图 4-98 　　　　　　　　　图 4-99 　　　　　　　　　图 4-100

4.4　范例应用与上机操作

通过本章的学习，读者基本可以掌握绘制和编辑图形的基本知识以及一些常见的操作方法，下面通过练习操作 2 个实践案例，以达到巩固学习、拓展提高的目的。

4.4.1　绘制苹果图标

通过本例的学习，用户可以复习【椭圆工具】 的使用方法，并初步学习利用钢笔工具和转换锚点工具绘制图形的操作方法。

素材文件 ❀ 无
效果文件 ❀ 第 4 章\效果文件\苹果图标.ai

step 1 选择【椭圆工具】 ◎ ，按 F6 键，打开【颜色】面板，设置颜色参数，如图 4-101 所示。

step 2 按住 Shift 键，绘制出一个红色的圆形，如图 4-102 所示。

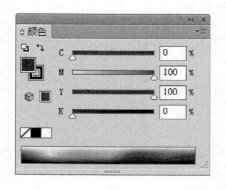

图 4-101

图 4-102

step 3 在【颜色】面板中将填色设置为黑色，如图 4-103 所示。

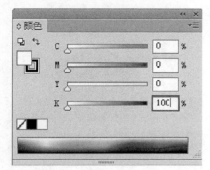

图 4-103

step 5 在工具箱中选择【转换为锚点工具】，然后在图形中的锚点上按下鼠标左键拖曳，出现两条控制柄，如图 4-105 所示。

图 4-105

step 7 在【颜色】面板中给图形设置如图 4-107 所示的深褐色。

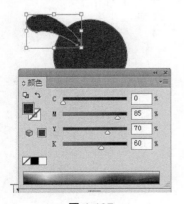

图 4-107

step 4 在工具箱中选择【钢笔工具】，在圆形图形上绘制如图 4-104 所示的图形。

图 4-104

step 6 通过调整每个锚点上控制柄长短和方向，把图形调整成如图 4-106 所示的形状。

图 4-106

step 8 选择【钢笔工具】，再绘制出如图 4-108 所示的图形。

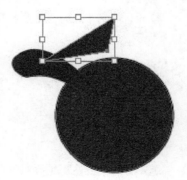

图 4-108

在【颜色】面板中给图形设置如图 4-110 所示的绿色。

利用【转换为锚点】工具 ，把图形调整成如图 4-109 所示的形状。

图 4-109

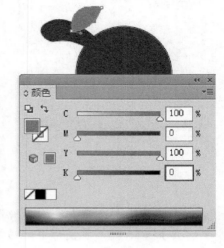

图 4-110

使用相同的颜色设置及图形方法，在圆形图形上再绘制出如图 4-111所示的白色图形。

通过以上步骤即可完成绘制一个漂亮的苹果图标。按下键盘上的 Ctrl+S 组合键，进行保存。

图 4-111

4.4.2　绘制花朵图形

通过本例的学习，用户可以学习利用【星形工具】☆和直接选择工具等调整图形锚点的操作方法。

素材文件 ❋ 无
效果文件 ❋ 第 4 章\效果文件\绘制花朵.ai

选择【星形工具】☆，按 F6 键，打开【颜色】面板，设置颜色参数，如图 4-112 所示。

绘制出一个洋红色的五角星图形，如图 4-113 所示。

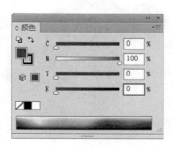

图 4-112

图 4-113

3 选择【直接选择工具】，在五角
星上选择如图 4-114 所示的锚点。

图 4-114

 5 按住键盘上的 Shift 键，分别选择
其他的 4 个锚点，将其选择，如
图 4-116 所示。

图 4-116

 7 再选择其中一个锚点，在锚点两边
出现两条控制柄，拖曳控制柄调整
图形的形状，如图 4-118 所示。

图 4-118

 9 选择【椭圆工具】，在图形中
间位置绘制一个白色的圆形图形，
至此一个简单的花朵图形就绘制完成了，效
果如图 4-120 所示。

图 4-120

 4 在控制栏中单击【将所选锚点转换
为平滑】按钮，将锚点转换为平
滑锚点，如图 4-115 所示。

图 4-115

 6 在控制栏中单击【将所选锚点转换
为平滑】按钮，将这 4 个锚点转
换为平滑锚点，如图 4-117 所示的形状。

图 4-117

 8 分别调整每个锚点两边的控制柄，
将图形调整成如图 4-119 所示的
形状。

图 4-119

 10 至此，花朵图形绘制完成，按下键
盘上的 Ctrl+S 组合键，将文件名命
名为"绘制花朵.ai"存储。

第 4 章 绘制和编辑图形

4.5 课后练习

4.5.1 思考与练习

一、填空题

使用_____控制面板可以将许多简单的路径经过特定的运算之后形成各种复杂的路径。

二、判断题

旋转工具可以指定一个固定点或对象的中心点作为对象的旋转轴，使用鼠标拖动的方法旋转对象。　　　　　　　　　　　　　　　　　（　　）

三、思考题

1. 如何进行对象的剪切？
2. 如何绘制直线？

4.5.2 上机操作

1. 打开"配套素材\第 4 章\素材文件\绘制夜晚海景图.ai"文件，使用椭圆工具、星形工具命令、旋转扭曲工具命令，进行绘制夜晚海景图的操作。效果文件可参考"配套素材\第 4 章\效果文件\绘制夜晚海景图.ai"。

2. 启动 Illustrator CS6 软件，使用直线段工具、矩形工具、多边形工具、圆角矩形工具、弧线工具、椭圆工具和螺旋线工具进行绘制带花园的小房子。效果文件可参考"配套素材\第 4 章\效果文件\绘制带花园的小房子.ai"。

第5章

路径的绘制与编辑

　　本章主要介绍认识路径和锚点、用钢笔工具绘制路径、用铅笔工具绘制任意形状的路径、编辑路径、调整路径工具和描摹图稿方面的知识与技巧，同时还讲解了路径查找器的操作方法与技巧。通过本章的学习，读者可以掌握路径的绘制与编辑操作方面的知识，为深入学习 Illustrator CS6 中文版平面设计与制作奠定基础。

范 例 导 航

1. 认识路径和锚点

2. 使用钢笔工具绘制路径

3. 使用铅笔工具绘制任意形状的路径

4. 编辑路径

5. 调整路径工具

6. 描摹图稿

7. 路径查找器

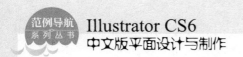

 # 5.1 认识路径和锚点

在 Illustrator CS6 中，用户进行绘制直线、曲线等对象时，需绘制出路径和锚点，绘制路径的工具有很多种，包括钢笔工具、画笔工具、铅笔工具等，锚点连接起来的一条线或多条线段组成了路径。本节将详细介绍路径和锚点的相关知识。

5.1.1 路径

在 Illustrator CS6 中，路径是使用绘图工具创建的直线、曲线等对象，是组成所有线条和图形的基本元素。路径本身没有宽度和颜色，当路径添加描边后，即可显示出描边的相应属性。为满足用户的绘图需要，路径又分为开放路径、闭合路径和复合路径。下面将详细介绍有关路径的知识。

1. 开放路径

在 Illustrator CS6 中，开放路径的两个端点没有连接在一起，在对开放路径进行颜色填充时，系统会假定路径两端已经连接形成闭合路径而将其填充。开放路径是由起点、中间点和终点构成的，也可以只有一个点，如图 5-1 所示。

2. 闭合路径

在 Illustrator CS6 中，闭合路径没有起点和终点，是一条起点和终点重合的连续路径，可对其进行颜色填充或描边，闭合路径是不可以由单点组成的，如图 5-2 所示。

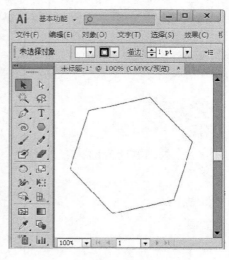

图 5-1   图 5-2

3. 复合路径

在 Illustrator CS6 中，复合路径是将几个开放或者闭合的路径进行组合而形成的路径，其具有开放路径和闭合路径的填充效果，如图 5-3 所示。

4. 路径的组成

在 Illustrator CS6 中，使用某个工具绘制时产生的线条称为路径。路径是由锚点和线段组成的，用户可以通过调整路径上的锚点或线段改变路径的形状，如图 5-4 所示。

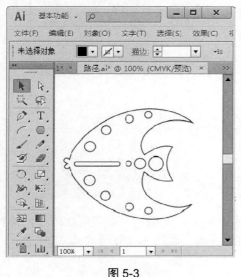

图 5-3

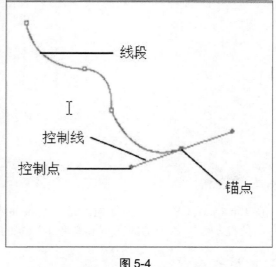

图 5-4

> 在曲线路径上，每一个锚点有一条或两条控制线，在曲线中间的锚点有两条控制线，在曲线端点的锚点有一条控制线。控制线总是与曲线上锚点所在的圆相切。

5.1.2 锚点

在 Illustrator CS6 中，锚点是路径中每条线段的开始点到终点之间的若干点，是构成直线或曲线的基本元素，锚点可以固定路径，并能够在路径上任意添加和删除锚点。通过锚点可以调整路径的形状，也可以通过锚点的转换进行直线与曲线之间的转换。下面将分别予以详细介绍几种锚点的知识。

1. 平滑点

在 Illustrator CS6 中，平滑点是两条平滑曲线连接处的锚点，平滑点可以使两条线段连接成一条平滑的曲线，平滑点可以防止路径突然改变方向，每一个平滑点都有两条相对应

第 5 章 路径的绘制与编辑

的控制线，如图 5-5 所示。

2．直线角点

在 Illustrator CS6 中，角点所处的位置，路径形状都会急剧地改变方向。直线角点是两条直线以一个很明显的角度形成的交点，这种锚点上没有控制线和控制块，如图 5-6 所示。

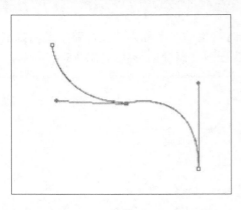

图 5-5   图 5-6

3．曲线角点

在 Illustrator CS6 中，曲线角点是由两条曲线段相交并突然改变方向所在的点，这种锚点有两条控制线，每个曲线角点都有两个独立的控制块，如图 5-7 所示。

4．复合角点

在 Illustrator CS6 中，复合角点是由一条直线段和一条曲线段相交的点，这种锚点只有一条控制线和一个独立的控制块，如图 5-8 所示。

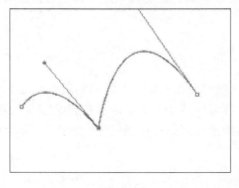
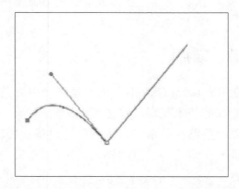

图 5-7   图 5-8

5.2 使用钢笔工具绘制路径

在 Illustrator CS6 中，钢笔工具是一个非常重要的工具。使用钢笔工具可以绘制直线、曲线和任意形状的路径，可以对线段进行精确的调整，使其更加完美。本节将详细介绍使用钢笔工具绘制路径的知识及操作。

5.2.1 绘制直线

在 Illustrator CS6 中，用户可根据实际需要使用钢笔工具绘制出直线和折线，也可以将开放的路径闭合起来，也可以使用精确数值绘制直线。下面将详细介绍其操作方法。

1. 绘制直线

在 Illustrator CS6 中，用户可以使用【钢笔工具】绘制出直线，为绘制复杂的图形打好基础。下面将详细介绍其操作方法。

step 1 在 Illustrator CS6 的工具箱中，① 单击【钢笔工具】，② 将鼠标移动至工作区内，此时光标改变为标识，如图 5-9 所示。

step 2 在绘图区中，单击任意位置为起点，再将鼠标移动至另一位置为终点，此时两点连接组成一条线，这样即可完成使用钢笔工具绘制直线的操作，如图 5-10 所示。

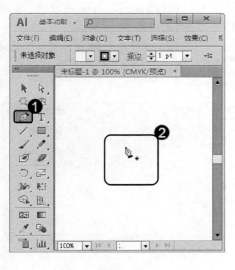

图 5-9

图 5-10

2. 绘制折线

在 Illustrator CS6 中，用户可以使用【钢笔工具】绘制出折线，为绘制复杂的图形打好基础。下面将详细介绍其操作方法。

第 5 章 路径的绘制与编辑

在 Illustrator CS6 的工具箱中，① 单击【钢笔工具】，② 以任意位置为起点，再将鼠标移动至另一位置为终点，如图 5-11 所示。

绘制出一条直线后，然后将鼠标移动至下一个位置并单击，这样即可完成使用钢笔工具绘制折线的操作，效果如图 5-12 所示。

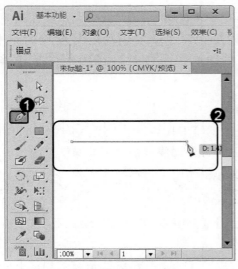

图 5-11

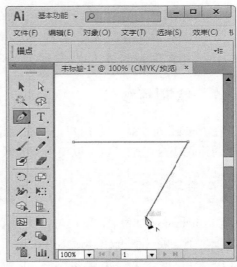

图 5-12

3. 将开放的路径闭合

在 Illustrator CS6 中，在使用【钢笔工具】绘制出开放路径后，可以将开放的路径闭合，从而更好地进行颜色填充。下面将详细介绍其操作方法。

① 在工具箱中，单击【钢笔工具】，② 绘制一条折线，如图 5-13 所示。

移动至折线的起点位置，可见光标变为标识，单击起点位置，如图 5-14 所示。

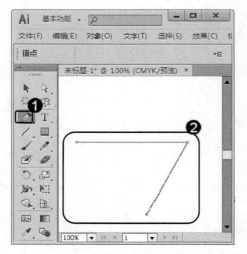

图 5-13

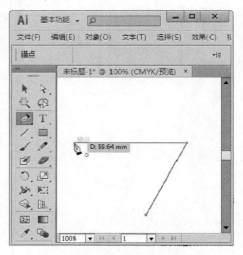

图 5-14

step 3 通过以上步骤即可完成使用钢笔工具将开放路径闭合的操作,效果如图 5-15 所示。

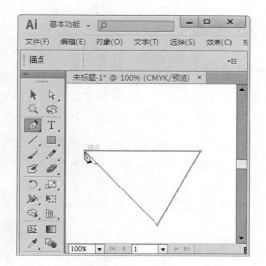

图 5-15

智慧锦囊

在利用【钢笔工具】绘制路径时,如果在单击鼠标左键确定第二个锚点时,同时按住 Shift 键,可以绘制出水平、垂直或 45° 角倍数的直线段。

考考您

请您根据上述方法使用【钢笔工具】 绘制直线,测试一下您的学习效果。

4. 绘制精确长度的直线

在 Illustrator CS6 中,在使用【钢笔工具】 绘制直线时,如需精确的数值信息,可以在【信息】面板中查看并绘制。下面将详细介绍其操作方法。

step 1 在 Illustrator CS6 的工具箱中,① 选择【钢笔工具】 并绘制一条直线,② 在【窗口】菜单中选择【信息】菜单项,如图 5-16 所示。

图 5-16

step 2 查看【信息】面板,显示出鼠标的移动信息和坐标值,这样即可完成绘制精确长度直线的操作,如图 5-17 所示。

图 5-17

第 5 章 路径的绘制与编辑

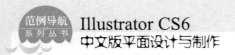

5.2.2 绘制曲线

在 Illustrator CS6 中，曲线上的锚点与直线上的锚点不同，曲线上的锚点称为曲线锚点或曲线点。曲线锚点由三部分组成，包括锚点、方向点和方向线，方向线表示曲线在该锚点位置的切线方向。下面将详细介绍绘制曲线的操作方法。

step 1 在工具箱中，① 选择【钢笔工具】，② 用鼠标单击绘图区任意位置，再将鼠标移动至另一位置，调整控制柄控制曲线的弯度，如图 5-18 所示。

step 2 释放鼠标后，再将鼠标移动至下一位置调整并释放鼠标，重复操作可绘制出波浪线效果，这样即可完成使用钢笔工具绘制曲线的操作，如图 5-19 所示。

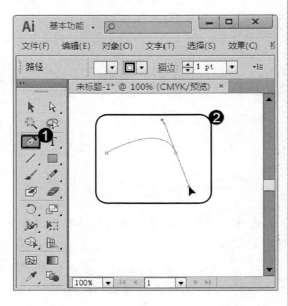

图 5-18

图 5-19

5.2.3 绘制复合路径

在 Illustrator CS6 中，钢笔工具不仅可以绘制出单纯的直线和曲线，也可以绘制出直线和曲线的复合体。复合路径是指由两个或两个以上开放路径或闭合路径所组成的路径，在复合路径时，路径间重叠区域呈透明状态。下面将详细介绍绘制复合路径的操作方法。

1. 绘制复合路径

在 Illustrator CS6 中，用户可以使用快捷菜单使不同路径组合成复合路径，从而帮助用户绘制图像更加方便快捷。下面将详细介绍其操作方法。

step 1 在绘图区中，① 绘制两个图形并用鼠标框选中，② 单击鼠标右键，在弹出的快捷菜单中选择【建立复合路径】菜单项，如图 5-20 所示。

step 2 通过以上步骤即可完成绘制复合路径的操作，如图 5-21 所示。

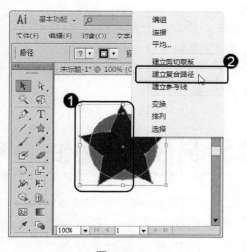

图 5-20

图 5-21

知识精讲

　　制作复合路径时可以使用菜单栏中的命令制作，绘制两个图形并选中，选择【对象】菜单，再选择【复合路径】菜单项，再选择【建立】子菜单项即可创建复合路径。

2. 释放复合路径

　　在 Illustrator CS6 中，用户可以使用快捷菜单命令释放组合的复合路径，从而帮助用户绘制图像更加方便快捷。下面将详细介绍其操作方法。

step 1　　在绘图区中，① 选中被组合的复合路径，② 单击鼠标右键，在弹出的快捷菜单中选择【释放复合路径】菜单项，如图 5-22 所示。

step 2　　通过以上步骤即可完成释放复合路径的操作，如图 5-23 所示。

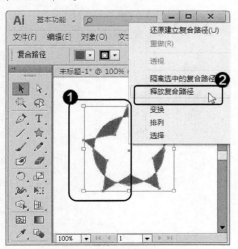

图 5-22

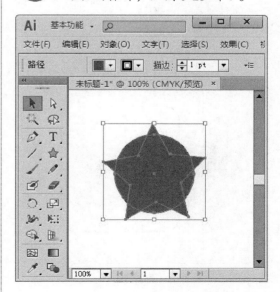

图 5-23

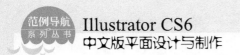

　用户在使用钢笔工具绘制复合路径后，如需释放复合路径，不仅可以使用快捷菜单命令释放复合路径，也可以使用菜单栏中的命令释放路径。选中复合路径，在菜单栏中选择【对象】→【复合路径】→【释放】命令，或者按下键盘上的 Alt+Shift+Ctrl+8 组合键，进行释放路径的操作。

 # 5.3　使用铅笔工具绘制任意形状的路径

在 Illustrator CS6 中，使用铅笔工具可以随意绘制出自由的曲线路径，在绘制过程中系统会自动依据鼠标的轨迹来设定节点而生成路径。本节将详细介绍利用铅笔工具绘制任意形状路径的相关知识及操作。

5.3.1　使用铅笔工具绘制路径

在 Illustrator CS6 中，用户可以使用铅笔工具绘制图像，也可以通过设置铅笔工具参数值帮助用户更好地绘制图像，下面将详细介绍使用铅笔工具绘制路径的操作方法。

1. 使用铅笔工具绘制图像

在 Illustrator CS6 中，用户可以使用【铅笔工具】 方便快捷地勾勒出需要设计的草图构想，从而帮助用户绘制图像更加有效率。下面将详细介绍其操作方法。

step 1　在绘图区中，① 选择【铅笔工具】 ，② 单击绘图区中任意点并拖动鼠标进行绘制，如图 5-24 所示。

step 2　这样即可完成使用铅笔工具绘制图像的操作，如图 5-25 所示。

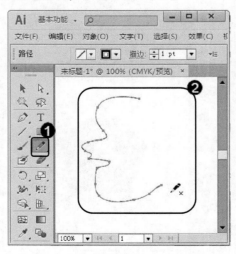

图 5-24

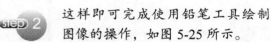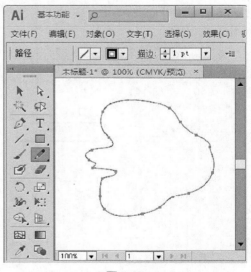

图 5-25

2. 设置铅笔工具的参数值

在 Illustrator CS6 中，用户可以通过设置铅笔路径的参数值，从而帮助用户绘制图像更加方便快捷。下面将详细介绍其操作方法。

step 1 在绘图区中，① 使用鼠标双击【铅笔工具】，② 弹出【铅笔工具选项】对话框，根据实际需要设置相应的参数值，③ 单击【确定】按钮，如图 5-26 所示。

step 2 这样即可完成设置铅笔工具参数值的操作，如图 5-27 所示。

图 5-26

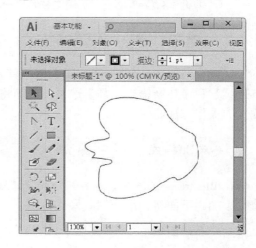

图 5-27

5.3.2 使用铅笔工具绘制封闭路径

在 Illustrator CS6 中，用户可以使用【铅笔工具】随意地勾勒出自由的曲线路径，在绘制过程中，会自动根据鼠标轨迹设定节点而生成路径。下面将详细介绍其操作方法。

step 1 在绘图区中，① 选择【铅笔工具】，② 单击绘图区中任意点并拖动鼠标绘制图像，终点落至起点位置，再释放鼠标，如图 5-28 所示。

step 2 这样即可完成使用铅笔工具绘制封闭路径的操作，如图 5-29 所示。

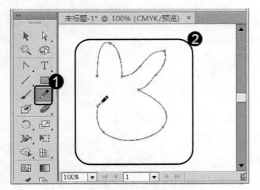

图 5-28

图 5-29

5.4 编辑路径

在 Illustrator CS6 中，工具箱中包含有很多种编辑路径的工具，用户可以应用这些工具对路径进行变形、转换、剪切等编辑操作。本节将详细介绍编辑路径的相关知识及操作方法。

5.4.1 增加、删除和转换锚点

在 Illustrator CS6 中，展开【钢笔工具】组，其中包含有【添加锚点工具】、【删除锚点工具】和【转换锚点工具】选项，下面将分别予以详细介绍添加锚点、删除锚点和转换锚点的操作方法。

1. 添加锚点

在 Illustrator CS6 中，用户可以使用【添加锚点工具】，在绘制出的一段路径上进行修改添加。下面将详细介绍其操作方法。

 在绘图区中，① 按住【钢笔工具】按钮，② 在弹出的下拉菜单中选择【添加锚点工具】菜单项，如图 5-30 所示。

step 2 选择一段路径，单击路径上的任意位置，这样路径上即可增加一个新的锚点，如图 5-31 所示。

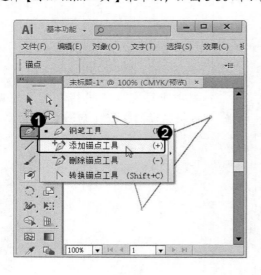

图 5-30

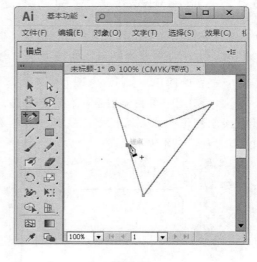

图 5-31

2. 删除锚点

在 Illustrator CS6 中，用户可以使用【删除锚点工具】，修改删除路径上的任意锚点，使图像更加整洁清晰。下面将详细介绍其操作方法。

step 1 在绘图区中，① 按住【钢笔工具】 ，② 在弹出的下拉菜单中选择 【删除锚点工具】菜单项，如图 5-32 所示。

step 2 选择一段路径，单击路径上的任意锚点，这样即可删除路径上的一个锚点，如图 5-33 所示。

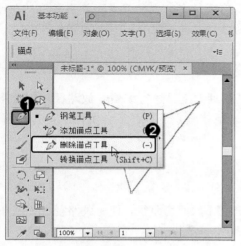

图 5-32

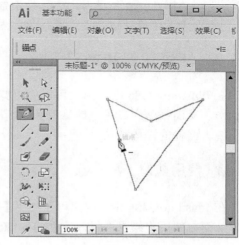

图 5-33

3. 转换锚点

在 Illustrator CS6 中，用户可以使用【转换锚点工具】 进行修改转换路径上的锚点，从而方便用户绘制图像。下面将详细介绍其操作方法。

step 1 在绘图区中，① 按住【钢笔工具】 ，② 在弹出的下拉菜单中选择 【转换锚点工具】菜单项，如图 5-34 所示。

step 2 选择一段闭合路径，单击路径上的任意锚点，按住鼠标左键并拖动锚点可以编辑路径的形状，这样即可完成转换锚点的操作，如图 5-35 所示。

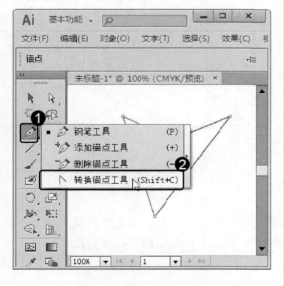

图 5-34

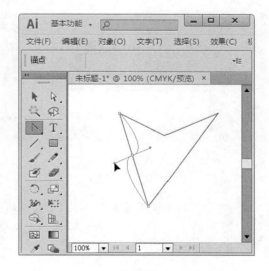

图 5-35

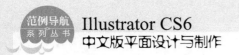

使用转换锚点工具可以转换锚点的属性，使用该工具在曲线点上单击即可变为直线点，在直线点上单击即可变为曲线点。使用直接选择工具选取路径上的锚点，在工具箱中选择转换锚点工具选项，在选中的锚点上单击并拖动即可完成使用转换锚点工具转换锚点属性的操作。

5.4.2 使用剪刀和刻刀工具

在 Illustrator CS6 中，用户可以使用剪刀工具和刻刀工具进行编辑开放路径和闭合路径的操作，从而帮助用户更好地修改和绘制图像。本节将分别予以详细介绍使用剪刀和刻刀工具编辑路径的操作方法。

1. 使用剪刀工具

在 Illustrator CS6 中，用户可以使用【剪刀工具】 剪切路径，使一条路径变为两条路径，从而方便用户绘制图像。下面将详细介绍其操作方法。

step 1 在绘图区中，① 按住【橡皮擦工具】 ，② 在弹出的下拉菜单中选择【剪刀工具】菜单项，如图 5-36 所示。

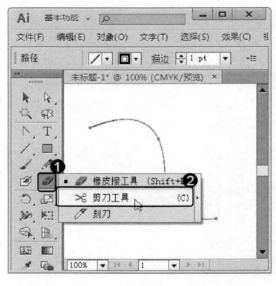

图 5-36

step 2 选择一段路径，单击路径上任意一点，路径将从单击的位置被剪切成两条路径，按方向键可以看见剪切效果，这样即可完成使用剪刀工具的操作，效果如图 5-37 所示。

图 5-37

在使用【剪刀工具】 剪切图像时，单击任意点后，需要用户使用键盘上的上、下、左、右方向键调整到需要的位置，才能看见被剪切后的图像。

2. 使用刻刀工具

在 Illustrator CS6 中，用户可以使用【刻刀工具】 裁剪路径，使一条闭合路径变为两条闭合路径，从而方便用户绘制图像。下面将详细介绍其操作方法。

step 1 在绘图区中，① 按住【橡皮擦工具】 🩹，② 在弹出的下拉菜单中选择【刻刀工具】菜单项，如图 5-38 所示。

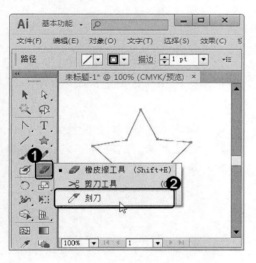

图 5-38

step 2 选择一段闭合路径，单击路径上任意位置，按住鼠标左键从路径的上方至下方拖动出一条线，如图 5-39 所示。

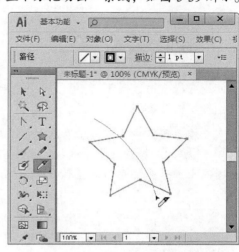

图 5-39

step 3 释放鼠标重新选中图像，并按方向键调整，可以看见一段闭合路径已经被剪裁成两部分，这样即可完成使用刻刀工具剪裁图像的操作，效果如图 5-40 所示。

图 5-40

智慧锦囊

在 Illustrator CS6 中，用户使用刻刀工具可以使一段闭合的路径分开成两段闭合的路径，在使用刻刀工具划过需要分开的闭合路径时，用户不调整将看不出分开的效果，所以在使用刻刀工具后，用户需再次选择闭合路径，这时已变为两条闭合路径，用键盘上的方向键上、下调整至需要的位置即可。

考考您

请您根据上述方法使用刻刀工具和剪刀工具来编辑路径，测试一下您的学习效果。

第 5 章 路径的绘制与编辑

5.5 调整路径工具

在 Illustrator CS6 中，工具箱包含有很多种调整路径的工具，用户可以使用橡皮擦工具、平滑工具、整形工具等进行调整路径的操作，从而帮助用户更加快捷地绘制图像。本节将详细介绍调整路径工具的相关知识及操作方法。

5.5.1 橡皮擦工具

使用【橡皮擦工具】可以轻松删除图像的多余部分，从而方便用户绘制图像。下面将介绍使用橡皮擦工具的方法。

step 1 在绘图区中，① 选择【橡皮擦工具】，② 按住键盘上的 Alt 键并在多余的图像上画一个矩形将其盖住，如图 5-41 所示。

step 2 释放鼠标可以发现被盖住的部分已被删除，这样即可完成使用橡皮擦工具的操作，效果如图 5-42 所示。

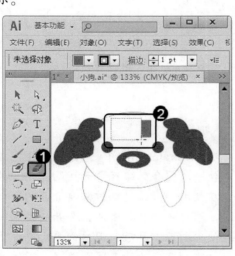

图 5-41

图 5-42

5.5.2 路径橡皮擦工具

在 Illustrator CS6 中，用户可以使用【路径橡皮擦工具】擦除现有路径的全部或一部分，但是【路径橡皮擦工具】不能应用于文本对象和包含有渐变网格的对象。下面将详细介绍使用路径橡皮擦工具的操作方法。

step 1 在绘图区中，① 按住【橡皮擦工具】，② 在弹出的下拉菜单中选择【路径橡皮擦工具】菜单项，如图 5-43 所示。

step 2 选中图像，然后单击需要擦除的路径并拖动鼠标进行擦除，如图 5-44 所示。

图 5-43

图 5-44

Step 3 释放鼠标可以看见路径已被擦除，通过以上步骤即可完成使用路径橡皮擦工具擦除路径的操作，效果如图 5-45 所示。

图 5-45

智慧锦囊

在 Illustrator CS6 中，不仅可以使用【路径橡皮擦工具】从路径的两端擦除，也可以擦除路径中间的一部分，使路径变为两条较短的路径。

考考您

请您根据上述方法使用橡皮擦工具和路径橡皮擦工具来调整路径，测试一下您的学习效果。

5.5.3 平滑工具

在 Illustrator CS6 中，用户可以使用【平滑工具】修饰曲线使之更加平滑，也可通过设置参数值使曲线更加平滑，从而方便用户绘制图像。下面将详细介绍其操作方法。

1. 使用平滑工具

在 Illustrator CS6 中，平滑工具能够在尽可能保持原样不变的前提下，对一条路径的现有区段进行平滑处理，下面将详细介绍其操作方法。

step 1　选择需要平滑处理的路径，① 按住
【铅笔工具】🖊，② 在弹出的菜单
中选择【平滑工具】菜单项，如图 5-46 所示。

step 2　使用平滑工具在需要处理的路径
上拖动鼠标，如图 5-47 所示。

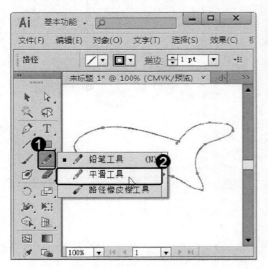

图 5-46

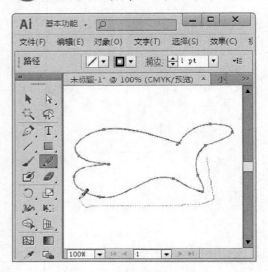

图 5-47

step 3　释放鼠标可以看见处理的路径已变
为平滑。通过以上步骤即可完成使
用平滑工具处理路径的操作，如图 5-48 所示。

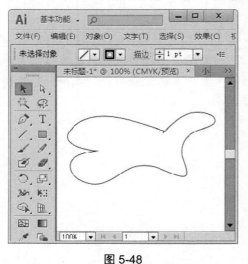

图 5-48

智慧锦囊

　　如果对处理后的效果不满意，用户还可
以继续重复第 2 步的操作，进行平滑处理。

考考您

　　请您根据上述方法使用平滑工具进行平
滑路径的操作，测试一下您的学习效果。

2. 设置平滑工具的参数值

　　在 Illustrator CS6 中，用户可以利用设置平滑工具的参数值更好地修饰路径。下面将详
细介绍设置平滑工具参数值的操作方法。

step 1 在工具箱中，① 双击【平滑工具】，② 弹出【平滑工具选项】对话框，如图 5-49 所示。

step 2 在【平滑工具选项】对话框中，① 根据实际需要设置【保真度】和【平滑度】的参数值，② 单击【确定】按钮，即可完成设置平滑工具参数值的操作，如图 5-50 所示。

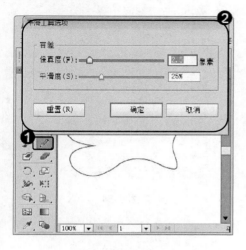

图 5-49

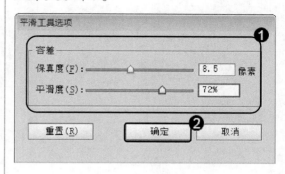

图 5-50

5.5.4 整形工具

在 Illustrator CS6 中，用户可以根据需要选择【整形工具】使路径的一部分或全部进行变形。下面将详细介绍其操作方法。

step 1 选择需要整形的路径，① 按住【比例缩放工具】，② 在弹出的下拉菜单中选择【整形工具】菜单项，如图 5-51 所示。

step 2 使用整形工具单击并框选出需要处理的路径上的锚点，如图 5-52 所示。

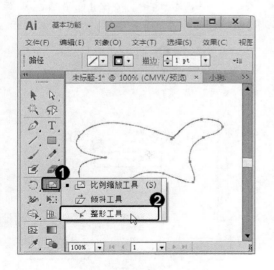

图 5-51

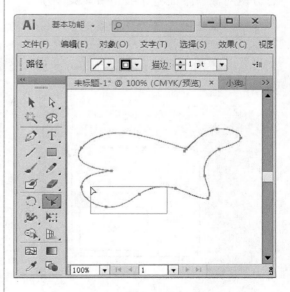

图 5-52

 step 3 拖动选中的锚点至合适的位置，如图 5-53 所示。

 step 4 通过以上步骤即可完成使用整形工具修饰图形的操作，如图 5-54 所示。

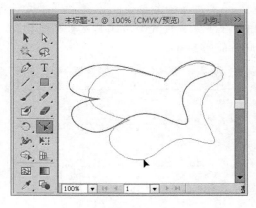

图 5-53

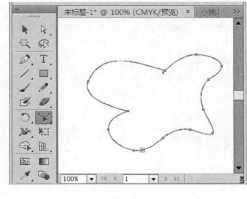

图 5-54

5.5.5 分割路径

在 Illustrator CS6 中，用户可以根据需要使用【分割下方对象】命令使已有的路径切割于下方的封闭路径。下面将分别予以详细介绍使用开放路径分割对象和闭合路径分割对象的操作方法。

1. 用开放路径分割对象

在 Illustrator CS6 中，用户可以根据需要选择【分割下方对象】命令，使用开放路径进行分割对象。下面将详细介绍其操作方法。

step 1 在绘图区中，① 选择需要被分割的对象，② 绘制一个开放路径作为分割对象并将其放在被分割对象之上，如图 5-55 所示。

step 2 在菜单栏中，① 选择【对象】菜单，② 选择【路径】菜单项，③ 选择【分割下方对象】子菜单项，如图 5-56 所示。

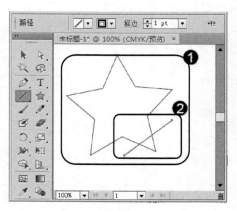

图 5-55

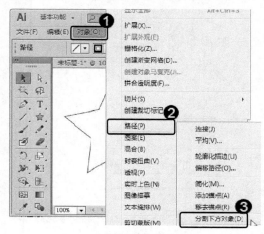

图 5-56

step 3 　分割对象后，按方向键移动对象，即可完成使用开放路径分割对象的操作，效果如图 5-57 所示。

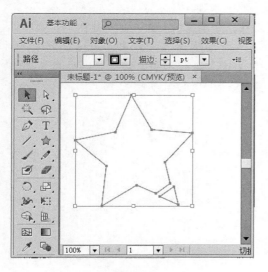

图 5-57

考考您

　　请您根据上述方法使用【分割下方对象】命令进行用开放路径分割对象的操作，测试一下您的学习效果。

2. 用闭合路径分割对象

　　在 Illustrator CS6 中，用户可以根据需要选择【分割下方对象】命令，使用闭合路径进行分割对象。下面将详细介绍其操作方法。

step 1 　在绘图区中，① 选择需要被分割的对象，② 绘制一个闭合路径作为分割对象并将其放在被分割对象之上，如图 5-58 所示。

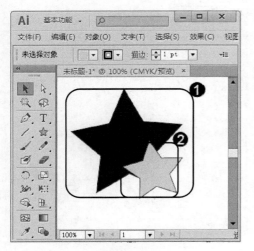

图 5-58

step 2 　在菜单栏中，① 选择【对象】菜单，② 选择【路径】菜单项，③ 选择【分割下方对象】子菜单项，如图 5-59 所示。

图 5-59

Step 3 　分割对象后，重新选中对象并按方
向键移动调整，即可完成使用闭合
路径分割对象的操作，效果如图5-60所示。

请您根据上述方法使用【分割下方对
象】命令进行用闭合路径分割对象的操作，
测试一下您的学习效果。

图 5-60

5.5.6　连接路径

在 Illustrator CS6 中，用户可以使用【连接】命令，将两个开放路径的端点连接起来，
形成新的路径。下面将详细介绍其操作方法。

Step 1 　在工具箱中，① 选择【直接选择工
具】，② 框选中需要连接的两个
路径的端点，如图5-61所示。

Step 2 　在菜单栏中，① 选择【对象】菜
单，② 选择【路径】菜单项；③ 选
择【连接】菜单项，如图5-62所示。

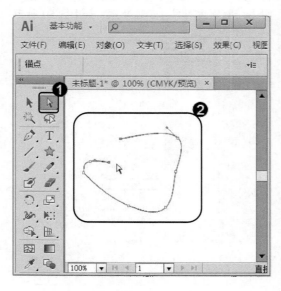

图 5-61

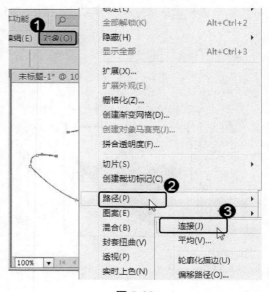

图 5-62

step 3 在两个端点之间出现一条线段将其连接，这样即可完成连接路径的操作，效果如图 5-63 所示。

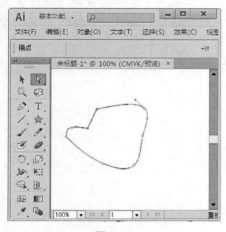

图 5-63

请您根据上述方法使用【连接】命令进行连接路径的操作，测试一下您的学习效果。

5.5.7 简化路径

在 Illustrator CS6 中，对于锚点比较多而且复杂的路径，用户可以使用【简化】命令，删除多余的锚点以达到简化路径的目的。下面将详细介绍其操作方法。

step 1 选择需要简化的对象，在菜单栏中，① 选择【对象】菜单，② 选择【路径】菜单项，③ 选择【简化】子菜单项，如图 5-64 所示。

step 2 弹出【简化】对话框，① 根据实际需要设置【曲线精度】、【角度阈值】等数值选项，② 单击【确定】按钮，如图 5-65 所示。

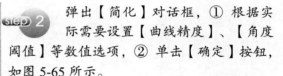

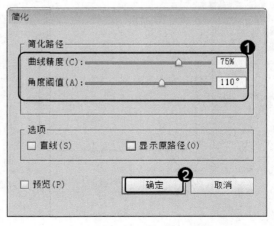

图 5-65

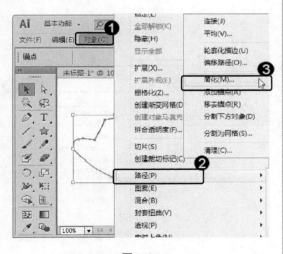

图 5-64

step 3 通过以上步骤即可完成简化路径的操作，效果如图 5-66 所示。

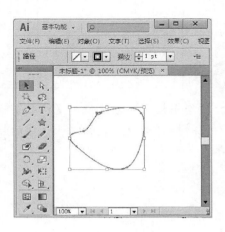

图 5-66

考考您

请您根据上述方法使用【简化】命令进行简化路径的操作，测试一下您的学习效果。

5.5.8　平均锚点

在 Illustrator CS6 中，用户可以使用【平均】命令，将两个或多个锚点移动到较比当前位置平均的一个位置，使绘制图像更加方便快捷。下面将详细介绍其操作方法。

step 1　在工具箱中，① 选择【直接选择工具】，② 框选出需要平均的两个或多个锚点，如图 5-67 所示。

step 2　在菜单栏中，① 选择【对象】菜单，② 【路径】菜单项，③ 【平均】子菜单项，如图 5-68 所示。

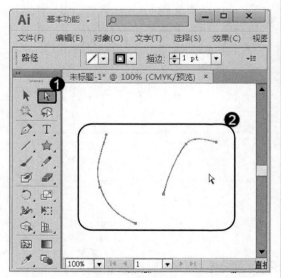

图 5-67

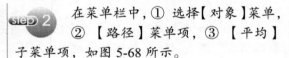

图 5-68

step 3　弹出【平均】对话框，① 根据实际需要选中【水平】、【垂直】或【两者兼有】单选按钮，② 单击【确定】按钮，如图 5-69 所示。

step 4　通过以上步骤即可完成平均锚点的操作，效果如图 5-70 所示。

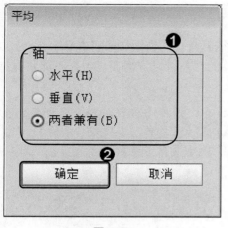

图 5-69

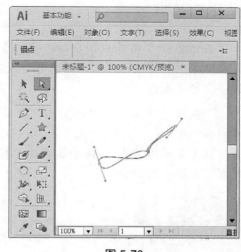

图 5-70

5.5.9　宽度工具

在 Illustrator CS6 中，用户可以使用【宽度工具】，在任何以点对称或沿任意边的方式调整绘制图形的宽度，从而使图形生成非常自然的造型，使绘制图像更加方便快捷。下面将详细介绍使用宽度工具的操作方法。

step 1　在工具箱中，① 选择【宽度工具】，② 将鼠标指针移动至需要变形的适当位置，并拖动鼠标进行宽度调整，如图 5-71 所示。

step 2　释放鼠标，即可完成使用宽度工具变形图像的操作，如图 5-72 所示。

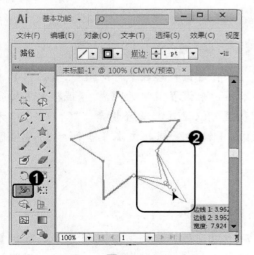

图 5-71

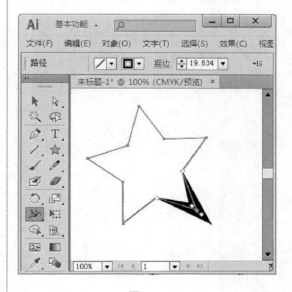

图 5-72

在【宽度工具】上双击，即可弹出【宽度点数编辑】对话框，用户可根据实际需要设置相应的参数值，以便绘制出更加精确的图像。

知识精讲

第 5 章　路径的绘制与编辑

119

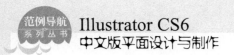
5.5.10　偏移路径

在 Illustrator CS6 中，用户可以使用【偏移路径】命令，使围绕着已有路径的外部或内部勾画出一条新的路径，新路径与原路径之间偏移的距离可以按需要设置。下面将详细介绍偏移路径的操作方法。

step 1 选择需要偏移路径的对象，在菜单栏中，① 选择【对象】菜单，② 选择【路径】菜单项，③ 选择【偏移路径】子菜单项，如图 5-73 所示。

step 2 弹出【偏移路径】对话框，① 根据实际需要设置【位移】、【连接】和【斜接限制】等数值选项，② 单击【确定】按钮，如图 5-74 所示。

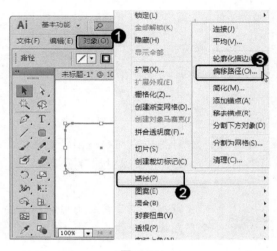

图 5-73

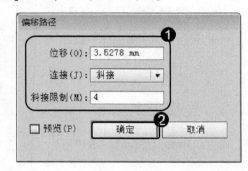

图 5-74

step 3 通过以上步骤即可完成偏移路径的操作，效果如图 5-75 所示。

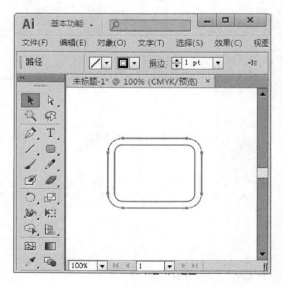

图 5-75

智慧锦囊

在【偏移路径】对话框中，【位移】文本框用来设置偏移的距离。【连接】下拉列表框可以设置新路径拐角上不同的连接方式。【斜接限制】文本框会影响到连接区域的大小。

考考您

请您根据上述方法使用【偏移路径】命令进行偏移路径的操作，测试一下您的学习效果。

5.6　描摹图稿

在 Illustrator CS6 中，还有一种绘制图形的方法，那就是描摹图稿。该方法是基于现有图形(或者图稿)进行描摹。描摹时需要将图形导入Illustrator 中，也可以是扫描的图形或者在其他程序中制作的栅格图形。本节将详细介绍描摹图稿的相关知识及操作方法。

5.6.1　描摹图稿的方式

在 Illustrator CS6 中，用户可以使用两种方法进行描摹图稿，其中包括自动描摹和手动描摹，它们各有各的优点。下面将分别予以详细介绍有关描摹图稿方式的操作方法。

1. 自动描摹

在 Illustrator CS6 中，用户可以使用自动描摹进行描摹图稿。自动描摹是使 Illustrator 自动进行描摹的操作过程。下面将详细介绍自动描摹图稿的操作方法。

step 1　在菜单栏中，① 选择【文件】菜单，② 选择【打开】菜单项或者【置入】菜单项导入图像，如图 5-76 所示。

step 2　弹出【打开】对话框，① 选择需要描摹的图像，② 单击【打开】按钮，如图 5-77 所示。

图 5-76

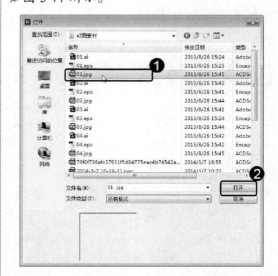

图 5-77

step 3　导入需要描摹的图像并选中，在菜单栏中，① 选择【对象】菜单，② 选择【图像描摹】菜单项，③ 选择【建立】子菜单项，如图 5-78 所示。

step 4　通过以上步骤即可完成自动描摹图像的操作，效果如图 5-79 所示。

第 5 章　路径的绘制与编辑

121

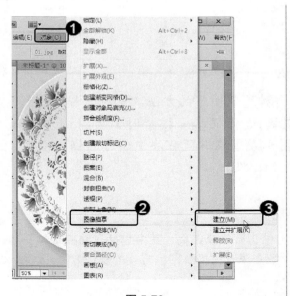

图 5-78

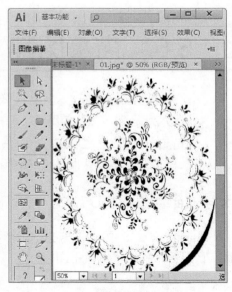

图 5-79

2. 手动描摹

在 Illustrator CS6 中，手动描摹需要借助模板图层实现描摹。模板图层是锁定的非打印图层，用于手动描摹图像。下面将详细介绍手动描摹图稿的操作方法。

step 1　在菜单栏中，① 选择【文件】菜单，② 选择【置入】菜单项，如图 5-80 所示。

step 2　弹出【置入】对话框，① 选择需要作为模板的图形，可以选择 EPS 格式、PDF 格式或者栅格图形，② 选中【模板】复选框，③ 单击【置入】按钮，如图 5-81 所示。

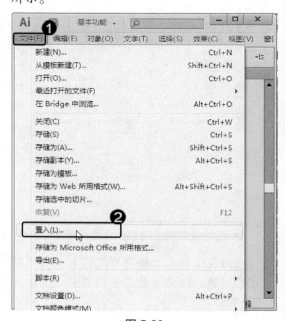

图 5-80

图 5-81

导入需要描摹的图像后，用户即可使用钢笔工具或铅笔工具进行描摹，如图 5-82 所示。

如果需要隐藏模板图层，用户可以在菜单栏中，① 选择【视图】菜单，② 选择【隐藏模板】菜单项，如图 5-83 所示。

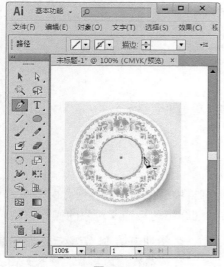

图 5-82

图 5-83

5.6.2 描摹选项简介

在 Illustrator CS6 中，描摹时可以通过设置描摹的选项进行描摹，更加方便用户绘制图像。在属性栏中单击【图像描摹】按钮，即可打开【图像描摹】面板，如图 5-84 所示。

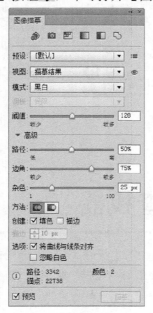

图 5-84

下面将简单地介绍一下【图像描摹】面板中的选项参数。

- 预设：用于指定描摹预设。
- 模式：用于指定描摹结果的颜色模式。
- 阈值：用于指定从原始图像生成黑色描摹结果的值，所有比阈值亮的像素转换为白色，而所有比阈值暗的像素转换为黑色。
- 调板：用于指定从原始图像生成颜色或灰度描摹的调板。
- 杂色：用于指定在描摹结果中创建杂色的程度。
- 填色：用于指定在描摹结果中是否填色。
- 描边：用于在描摹结果中创建描边路径。
- 将曲线与线条对齐：选中该复选框后，将会把曲线和线条对齐。
- 忽略白色：选中该复选框后，将会忽略白色。

5.6.3 转换描摹对象

在 Illustrator CS6 中，当用户完成描摹图像后，可将描摹转换为路径或实时上色对象，转换描摹对象后，可以不再调整描摹选项。下面将详细介绍转换描摹对象的操作方法。

step 1 在菜单栏中，① 选择【对象】菜单，② 选择【图像描摹】菜单项，③ 选择【建立扩展】子菜单项，如图5-85 所示。

step 2 这样即可在保留显示选项的同时将描摹转换为路径，效果如图5-86 所示。

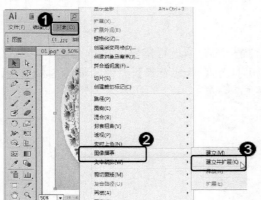

图 5-85

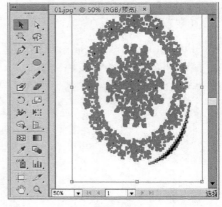

图 5-86

5.7 路径查找器

在 Illustrator CS6 中进行设计时，使用路径查找器很省时间，而且功能强大，路径查找器集合了所有路径的编辑命令。选择【窗口】→【路径查找器】命令，即可打开【路径查找器】面板。在【路径查找器】面板中包含【形状模式】和【路径查找器】两个选项组。本节将详细介绍【形状模式】和【路径查找器】选项组的操作方法。

5.7.1 【形状模式】选项组

在 Illustrator CS6 中，【路径查找器】面板的第一排按钮就是形状模式的按钮，分别有
联集、减去顶层、交集和差集，其共性是能够将选定的多个对象合并生成另一个新的对象。
下面将分别予以详细介绍。

1. 联集

联集是使用频率最高的一个操作，能够将选定的多个对象合并成一个对象。在合并的
过程中，将互相重叠的部分删除，只留下大轮廓。下面将详细介绍其操作方法。

step 1　① 将两个图形叠加并选中，② 打
开【路径查找器】面板，单击【联
集】按钮 ▣，如图 5-87 所示。

step 2　可见两个图形已合并在一起，这样
即可完成使用联集的操作，效果如
图 5-88 所示。

图 5-87

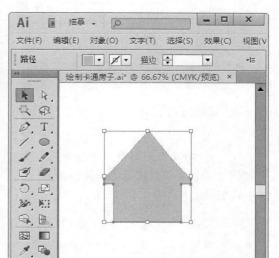

图 5-88

2. 减去顶层

使用路径查找器中的【减去顶层】按钮 ▣，可以在最上面一个对象的基础上，把与后
面对象所有重叠的部分删除，最后显示最上面对象的剩余部分。下面将详细介绍其操作
方法。

step 1　① 将两个图形叠加并选中，② 打
开【路径查找器】面板，单击【减
去顶层】按钮 ▣，如图 5-89 所示。

step 2　通过以上步骤即可完成使用减去顶
层处理图像的操作，效果如图 5-90
所示。

第 5 章　路径的绘制与编辑

125

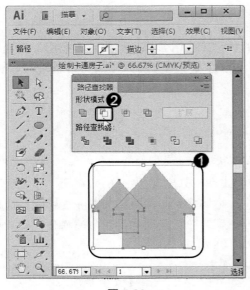

图 5-89

图 5-90

3. 交集

使用路径查找器中的【交集】按钮回，可以对多个互相交叉重叠的图形进行操作，仅保留交叉的部分，没交叉的部分则被删除。下面将详细介绍其操作方法。

step 1 ① 将两个图形叠加并选中；② 打开【路径查找器】面板，单击【交集】按钮回，如图 5-91 所示。

step 2 通过以上步骤即可完成使用交集处理图像的操作，效果如图 5-92 所示。

图 5-91

图 5-92

4. 差集

路径查找器中的【差集】按钮的操作结果与【交集】按钮的操作结果相反。使用【差集】按钮可以删除选定的两个或多个对象的重合部分，排除相交部分。下面将详细介绍其操作方法。

step 1 ① 将两个图形叠加并选中；② 打开【路径查找器】面板，单击【差集】按钮 ，如图 5-93 所示。

step 2 通过以上步骤即可完成使用差集处理图像的操作，效果如图 5-94 所示。

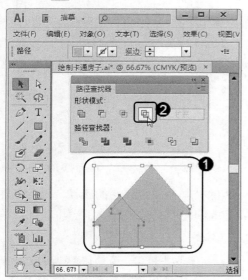

图 5-93

图 5-94

5.7.2 【路径查找器】选项组

在 Illustrator CS6 中，【路径查找器】面板的第二排按钮就是路径查找器的按钮，分别有【分割】、【修边】、【合并】、【裁剪】、【轮廓】、【减去后方对象】，其作用各不相同，但都能生成比较复杂的新图形。下面将分别予以详细介绍。

1. 分割

使用路径查找器中的【分割】按钮 可以将互相重叠交叉的部分分离，从而生成多个独立的部分，但不删除任何部分，使用后可将所有的填充和颜色保留。下面将详细介绍其操作方法。

step 1 ① 将两个图形叠加并选中，② 打开【路径查找器】面板，单击【分割】按钮 ，如图 5-95 所示。

step 2 在工具箱中，选择【直接选择工具】 ，使用键盘上的方向键移动被分割的图形，这样即可完成使用【分割】按钮处理图像的操作，效果如图 5-96 所示。

图 5-95

图 5-96

2. 修边

使用路径查找器中的【修边】按钮 ![按钮] 主要用于删除被其他路径覆盖的路径，仅留下在使用命令前的工作区中能够显示出的路径，所有轮廓线的宽度将被去除。下面将详细介绍其操作方法。

step 1 ① 将两个图形叠加并选中，② 打开【路径查找器】面板，单击【修边】按钮 ![按钮]，如图 5-97 所示。

step 2 在工具箱中，选择【直接选择工具】![工具]，使用键盘上的方向键移动被分割的图形，这样即可完成使用修边处理图像的操作，效果如图 5-98 所示。

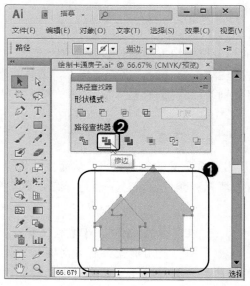

图 5-97

图 5-98

3. 合并

使用路径查找器中的【合并】按钮根据选中对象的填充和轮廓属性的不同而有所不同，如果对象的属性都相同，将会把所有对象组成一个整体。下面将详细介绍其操作方法。

step 1 ① 将两个图形叠加并选中，② 打开【路径查找器】面板，单击【合并】按钮，如图 5-99 所示。

step 2 这样即可完成使用合并处理图像的操作，效果如图 5-100 所示。

图 5-99

图 5-100

4. 裁剪

使用路径查找器中的【裁剪】按钮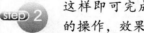对于一些互相重合并被选中的图像，可以把所有落在最前面对象之外的部分裁剪掉。下面将详细介绍其操作方法。

step 1 ① 将两个图形叠加并选中，② 打开【路径查找器】面板，单击【裁剪】按钮，如图 5-101 所示。

step 2 这样即可完成使用裁剪处理图像的操作，效果如图 5-102 所示。

图 5-101

图 5-102

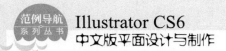

在 Illustrator CS6 中，可以使用【路径查找器】面板中的【裁剪】按钮进行绘制图像，其工作原理与蒙版相似，裁剪操作可使重叠图形最前面的对象消失。

5. 轮廓

使用路径查找器中的【轮廓】按钮可以把所有对象都转换成轮廓，同时将相交路径的相交处断开，使各个对象的轮廓线宽度都自动变为 0。下面将详细介绍其操作方法。

step 1 ① 将两个图形叠加并选中，② 打开【路径查找器】面板，单击【轮廓】按钮，如图 5-103 所示。

step 2 这样即可完成使用轮廓处理图像的操作，效果如图 5-104 所示。

图 5-103

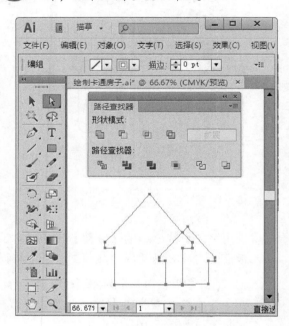

图 5-104

6. 减去后方对象

使用路径查找器中的【减去后方对象】按钮可以在最上面的一个对象的基础上，把与后面所有对象重叠的部分删除，只显示最上面的剩余部分，而且将其组合成一个闭合路径。下面将详细介绍其操作方法。

step 1 ① 将两个图形叠加并选中，② 打开【路径查找器】面板，单击【减去后方对象】按钮，如图 5-105 所示。

step 2 这样即可完成使用减去后方对象处理图像的操作，效果如图 5-106 所示。

图 5-105

图 5-106

　　在 Illustrator CS6 中，用户使用【路径查找器】面板中的按钮修饰图像时，其作用各不相同，都能生成比较复杂的图形。其中【合并】按钮，如果选择对象的属性都相同，就相当于相加操作，如果所选对象属性不相同，则相当于裁剪操作，如果某些对象属性相同，则相当于合集操作。

5.8　范例应用与上机操作

　　通过本章的学习，读者基本可以掌握路径的绘制与编辑的基本知识以及一些常见的操作方法，下面通过练习操作两个实践案例，以达到巩固学习、拓展提高的目的。

5.8.1　绘制可爱猪图标

　　本章学习了路径的绘制与编辑操作的相关知识，本例将详细介绍绘制可爱猪图标，来巩固和提高本章学习的内容。

素材文件　无

效果文件　第 5 章\效果文件\绘制可爱猪图标.ai

step 1 选择【椭圆工具】 ，绘制一个椭圆形，双击【渐变工具】 ，弹出【渐变】控制面板，将渐变色设为从白色到浅粉色(其 C、M、Y、K 的值分别为 0、64、0、0)，选中渐变色带上方的渐变滑块，将【位置】选项设为 61%，其他选项的设置如图 5-107 所示。

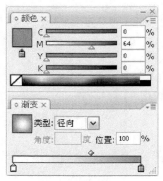

图 5-107

step 3 选择【钢笔工具】 ，绘制一个"眼睛"图形。在【渐变】控制面板中，将渐变色设为从黑色到红色(其 C、M、Y、K 的值分别为 30、100、100、0)，选中渐变色带上方的渐变滑块，将【位置】选项设为 34%，其他选项的设置如图 5-109 所示。

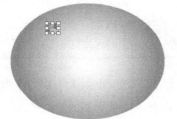

图 5-109

step 2 图形被填充渐变色，然后设置图形的描边颜色为无，效果如图 5-108 所示。

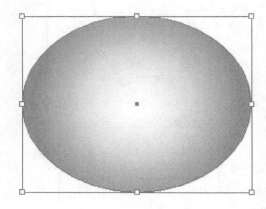

图 5-108

step 4 图形被填充渐变色，然后设置描边颜色为无，并取消选取状态。用相同的方法，再次制作一个眼睛图形，并调整到适当的位置，效果如图 5-110 所示。

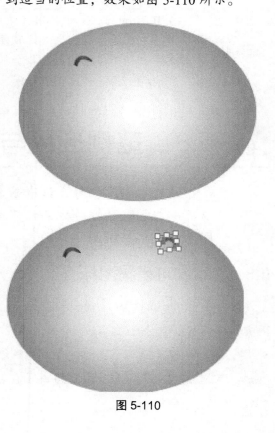

图 5-110

step 5 选择【椭圆工具】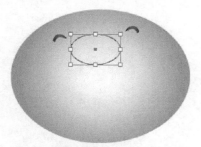，在页面中适当的位置绘制一个椭圆形。在【渐变】控制面板中，将渐变色设为从桃红色(其 C、M、Y、K 的值分别为 10、100、0、0)到浅红色(其 C、M、Y、K 的值分别为 5、32、7、0)，其他选项的设置如图 5-111 所示。

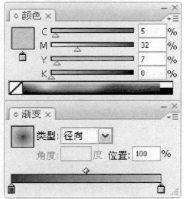

图 5-111

step 7 选择【椭圆工具】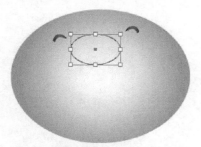，按住 Shift 键的同时，在页面中适当的位置绘制两个圆形，填充图形为黑色，如图 5-113 所示。

图 5-113

step 6 图形被填充渐变色，然后设置图形的描边颜色为无，效果如图 5-112 所示。

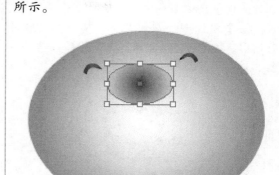

图 5-112

step 8 选择【钢笔工具】，绘制一个"大嘴"图形。设置填充颜色为红色(其 C、M、Y、K 的值分别为 0、100、100、0)，设置描边颜色为无，效果如图 5-114 所示。

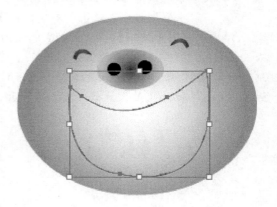

图 5-114

Illustrator CS6
中文版平面设计与制作

step 9 　选择【钢笔工具】，分别绘制两个"牙齿"图形，填充图形为白色，并设置描边颜色为无。选择【选择工具】，按住 Shift 键，单击鼠标，将白色图形同时选取，按 Ctrl+[组合键，将其后移一层，如图 5-115 所示。

图 5-1115

step 11 　选择【钢笔工具】，绘制一个"耳朵"图形。双击【渐变工具】，弹出【渐变】控制面板，将渐变色设为从桃红色(其 C、M、Y、K 的值分别为 6、89、0、0)到红色(其 C、M、Y、K 的值分别为 14、59、0、0)，其他选项的设置如图 5-117 所示。

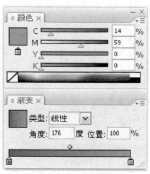

图 5-117

step 10 　选择【选择工具】，选取红色图形，按 Ctrl+C 组合键，复制图形，按 Ctrl+F 组合键，将复制的图形粘贴在前面。按住 Shift 键的同时，选取两个白色图形，按 Ctrl+7 组合键，建立剪切蒙版，效果如图 5-116 所示。

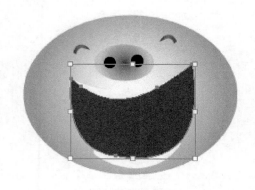

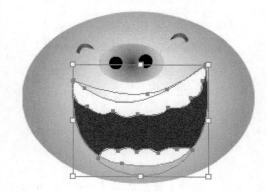

图 5-116

step 12 　图形被填充渐变色，然后设置图形的描边颜色为无，效果如图 5-118 所示。

图 5-118

step13 按 Ctrl+C 组合键，复制图形，按
Ctrl+F 组合键，将复制的图形粘贴
在前面，按住 Shift+Alt 组合键，向内拖曳变
换框的控制手柄，等比例缩小图形，效果如
图 5-119 所示。

图 5-119

step15 选择【选择工具】▶，用圈选的方
法，将耳朵图形同时选取，按
Ctrl+G 组合键，将其编组。按 Ctrl+Shift+[组
合键，将其置于底层，效果如图 5-121 所示。

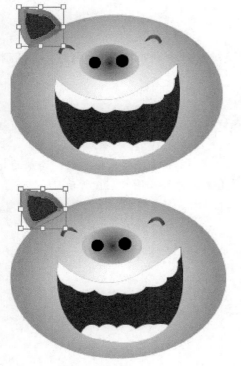

图 5-121

step14 填充图形为桃红色(其 C、M、Y、
K 的值分别为 0、100、0、0)，效
果如图 5-120 所示。

图 5-120

step16 双击【镜像工具】，弹出【镜像】
对话框，设置详细参数，单击【复
制】按钮，并将镜像后的图形向右拖曳到适
当的位置，取消选取状态，效果如图 5-122
所示。

图 5-122

step 17　选择【钢笔工具】 🖊，分别绘制两条曲线。选择【选择工具】 ▶，用圈选的方法将两条曲线同时选取，如图 5-123 所示。

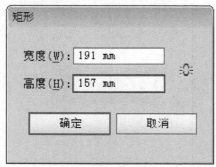

图 5-123

step 18　选择【窗口】→【描边】菜单项，弹出【描边】控制面板，单击【圆头端点】按钮 ⊑，并进行其他选项的详细设置，取消选取状态即可完成最终的效果，如图 5-124 所示。

图 5-124

5.8.2　绘制海滩夜景插画

本章学习了路径的绘制与编辑操作的相关知识，本例将详细介绍绘制海滩夜景插画，来巩固和提高本章学习的内容。

素材文件💿 无
效果文件💿 第 5 章\效果文件\绘制海滩夜景插画.ai

step 1　选择【矩形工具】 ▢，在页面中单击鼠标，在弹出的【矩形】对话框中进行设置，如图 5-125 所示。

矩形

宽度(W)：191 mm

高度(H)：157 mm

确定　　取消

图 5-125

step 2　单击【确定】按钮后，绘制的矩形效果如图 5-126 所示。

图 5-126

step 3　选择【选择工具】，选取图形，填充图形颜色为黑色，并设置描边为红色(其 C、M、Y、K 值分别为 0、96、95、0)，填充描边。选择【窗口】→【描边】菜单项，在弹出的【描边】面板中进行详细的参数设置，如图 5-127 所示。

图 5-127

step 5　双击【渐变工具】，弹出【渐变】控制面板，将渐变色设为从蓝色(其 C、M、Y、K 值分别为 96、42、9、0)到深蓝色(其 C、M、Y、K 值分别为 98、100、68、0),其他选项的详细设置如图 5-129 所示。

图 5-129

step 7　选择【矩形工具】，在页面中单击鼠标，在弹出的【矩形】对话框中进行设置，最后单击【确定】按钮，矩形效果如图 5-131 所示。

step 4　绘制描边后的最终效果如图 5-128 所示。

图 5-128

step 6　设置图形的描边色为无，效果如图 5-130 所示。

图 5-130

step 8　设置图形填充色为蓝色(其 C、M、Y、K 值分别为 0、76、14、60),并设置描边色为无，效果如图 5-132 所示。

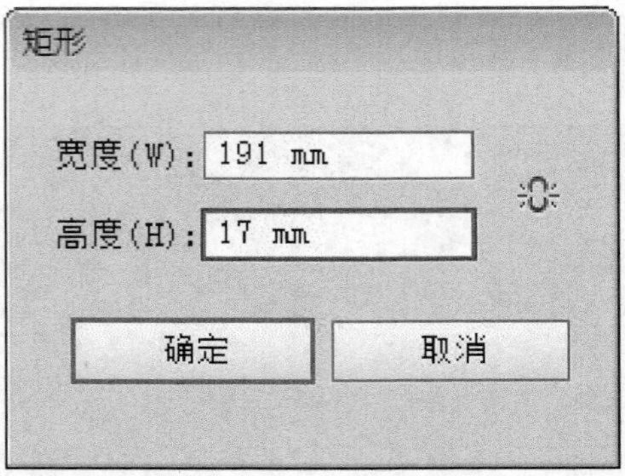

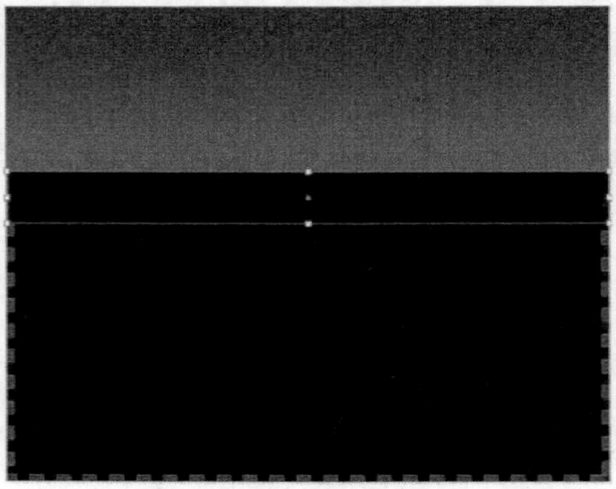

图 5-131

图 5-132

step 9 选择【矩形工具】■，在页面中
单击鼠标，在弹出的【矩形】对话
框中进行设置，最后单击【确定】按钮，如
图 5-133 所示。

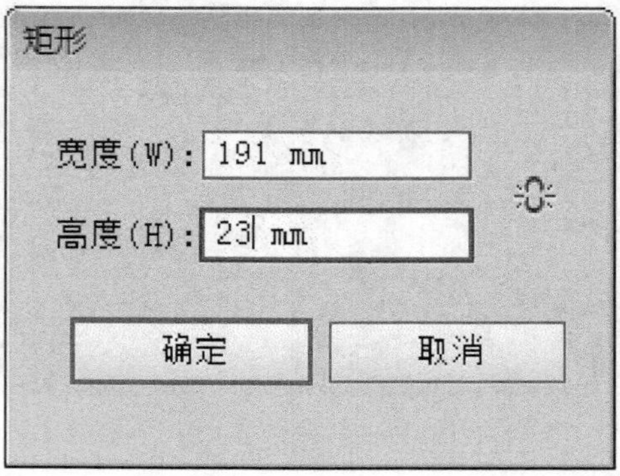

step 10 选择【选择工具】，选取图形，
填充图形为浅蓝色(其 C、M、Y、
K 值分别为 19、4、0、0)，并设置描边色为
无，效果如图 5-134 所示。

图 5-133

step 11 选择【钢笔工具】，在页面中
绘制一个不规则图形，设置图形填
充色为白色，并设置描边色为无，如图 5-135
所示。

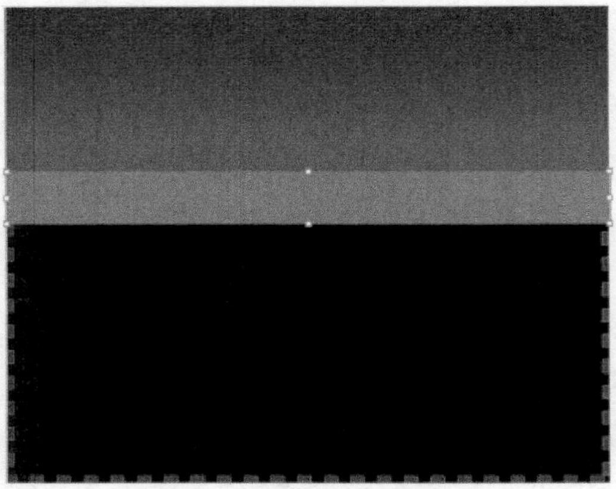

图 5-134

step 12 选择【矩形工具】■，在页面中单
击鼠标，在弹出的【矩形】对话框
中进行设置，单击【确定】按钮。设置图形
填充色为黄色(其 C、M、Y、K 值分别为 5、

图 5-135

21、36、0)，并设置描边色为无，效果如图 5-136 所示。

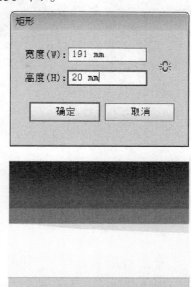

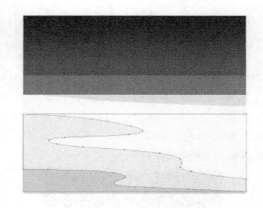

图 5-136

step 14 选择【钢笔工具】👆，在页面中绘制一个不规则图形，填充图形为浅粉色(其 C、M、Y、K 值分别为 2、10、17、0)，并设置描边色为无，效果如图 5-138 所示。

step 13 连续按 Ctrl+[组合键，将矩形后移至适当的位置，效果如图 5-137 所示。

图 5-137

step 15 选择【选择工具】▶，按住 Shift 键的同时，选取需要的图形。按 Ctrl+G 组合键，将其编组。效果如图 5-139 所示。

step 16 选择【矩形工具】▢，在页面中单击鼠标，在弹出的【矩形】对话框中进行设置，最后单击【确定】按钮，效果如图 5-140 所示。

图 5-138

第 5 章 路径的绘制与编辑

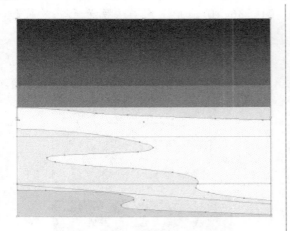

图 5-139

图 5-140

step17 按住 Shift 键的同时，选择下方的编组图形，如图 5-141 所示。

step18 按 Ctrl+7 组合键，创建剪贴蒙版，效果如图 5-142 所示。

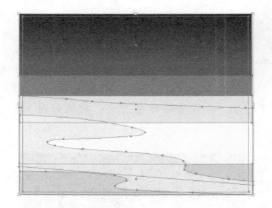

图 5-141

图 5-142

step19 选择【矩形工具】 ，在页面中适当的位置绘制图形。设置图形的填充色为白色，填充图形，并设置描边色为无，效果如图 5-143 所示。

step20 在属性栏中将【不透明度】选项设为 62%，效果如图 5-144 所示。

图 5-143

图 5-144

step 21 在菜单栏中选择【效果】→【扭曲
和变换】→【收缩和膨胀】菜单项，
在弹出的【收缩和膨胀】对话框中进行设置，
单击【确定】按钮，效果如图 5-145 所示。

图 5-145

step 23 选择【钢笔工具】 ，在页面中
绘制一个不规则图形，设置图形的
填充色为黄色(其 C、M、Y、K 值分别为 9、
34、57、0)，填充图形，并设置描边色为无，
效果如图 5-147 所示。

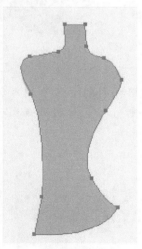

图 5-147

step 25 用相同的方法绘制另一条胳膊，效
果如图 5-149 所示。

step 22 用相同的方法制作多个星星，并分
别调整其位置和角度，效果如图 5-146
所示。

图 5-146

step 24 选择【钢笔工具】 ，在页面中
绘制一个不规则图形，设置图形的
填充色为黄色(其 C、M、Y、K 值分别为 9、
34、57、0)，填充图形，并设置描边色为无，
效果如图 5-148 所示。

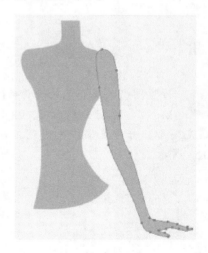

图 5-148

step 26 选择【钢笔工具】 ，在页面中
绘制一个衣服图形，设置图形的填
充色为蓝色(其 C、M、Y、K 值分别为 71、
41、0、0)，填充图形，并设置描边色为无，
效果如图 5-150 所示。

第 5 章 路径的绘制与编辑

141

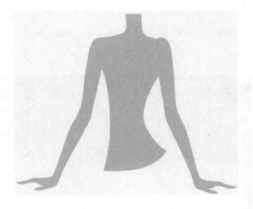

图 5-149

 用相同的方法绘制人物的裙子图形，效果如图 5-151 所示。

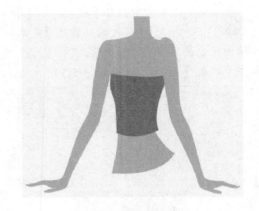

图 5-150

 选择【钢笔工具】，在页面中绘制高光图形，如图 5-152 所示。

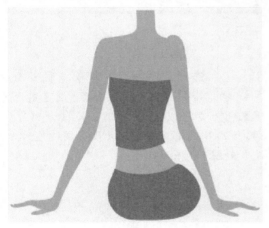

图 5-151

 设置图形的填充色为浅黄色(其 C、M、Y、K 值分别为 6、23、42、0)，填充图形，并设置描边色为无，效果如图 5-153 所示。

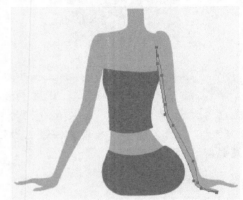

图 5-152

 用相同的方法绘制人物身体上其他高光部分，效果如图 5-154 所示。

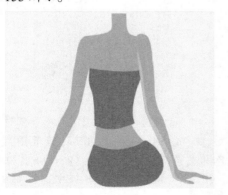

图 5-153

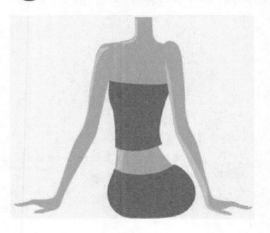

图 5-154

step31 选择【钢笔工具】❯，在人物衣服上分别绘制两个不规则高光图形。选择【选择工具】，按住 Shift 键的同时，分别选取图形，设置图形的填充色为浅蓝色(其 C、M、Y、K 值分别为 54、25、0、0)，并设置描边色为无，如图 5-155 所示。

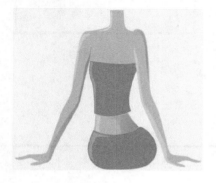

图 5-155

step33 选择【钢笔工具】❯，在页面中适当的位置绘制一个头发图形，设置图形的填充色为黑色，并设置描边色为无，效果如图 5-157 所示。

图 5-157

step35 选择【选择工具】▶，用框选的方法将人物图形全部选取，如图 5-159 所示。

step32 选择【钢笔工具】❯，在人物衣服上分别绘制两个不规则阴影图形。选择【选择工具】，按住 Shift 键的同时，分别选取图形，设置图形的填充色为深蓝色(其 C、M、Y、K 值分别为 83、56、0、0)，并设置描边色为无，效果如图 5-156 所示。

图 5-156

step34 选择【钢笔工具】❯，在页面中适当的位置绘制一个不规则图形，设置图形的填充色为深蓝色(其 C、M、Y、K 值分别为 89、82、53、22)，并设置描边色为无。然后用相同的方法绘制头发上另一处高光图形，效果如图 5-158 所示。

图 5-158

step36 按 Ctrl+G 组合键，将其编组，并将其拖曳到页面中适当的位置，这样即可完成海滩夜景插画的制作。最终效果如图 5-160 所示。

第 5 章 路径的绘制与编辑

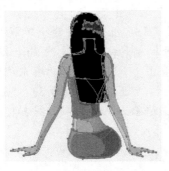

图 5-159

图 5-160

5.9 课后练习

5.9.1 思考与练习

一、填空题

用户可以使用_____擦除现有路径的全部或一部分，但是_____不能应用于文本对象和包含有渐变网格的对象。

二、判断题

路径本身没有宽度和颜色，当路径添加描边后，即可显示出描边的相应属性。 （ ）

三、思考题

1. 如何绘制曲线？
2. 如何使用橡皮擦工具？

5.9.2 上机操作

1. 打开"配套素材\第 5 章\素材文件\制作新年图案.ai"文件，使用钢笔工具、平滑工具、椭圆工具、合并命令和建立复合路径，进行绘制新年图案的操作。效果文件可参考"配套素材\第 5 章\效果文件\制作新年图案.ai"。

2. 打开"配套素材\第 5 章\素材文件\绘制花朵图案.eps"文件，使用铅笔工具、直接选择工具、镜像工具、差集命令、填色工具和描边工具进行绘制花朵图案的操作。效果文件可参考"配套素材\第 5 章\效果文件\绘制花朵图案.ai"。

144

第 **6** 章

编辑与管理图形

　　本章主要介绍了对象的变换、对象的对齐和分布方面的知识与技巧，同时还讲解了锁定和隐藏/显示对象的操作方法与技巧。通过本章的学习，读者可以掌握编辑与管理图形方面的知识，为深入学习 Illustrator CS6 中文版平面设计与制作奠定基础。

范 例 导 航

1. 对象的变换
2. 对象的对齐和分布
3. 锁定和隐藏/显示对象

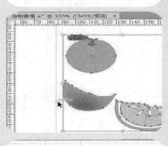

范例导航
系列丛书
中文版平面设计与制作

6.1 对象的变换

在使用 Illustrator CS6 编辑对象的过程中，变换是一个重要的编辑步骤。对任何绘制图形的工作来说，变换的功能是必不可少的。本节将详细介绍对象的变换的相关知识及操作方法。

6.1.1 自由变换

在进行设计时，有时候需要对同一个对象进行各种不同的变换，所以 Illustrator CS6 设计了自由变换工具。自由变换工具可以连续进行移动、转动、镜像、缩放和倾斜等操作，是一个十分方便快捷的工具。下面将详细介绍使用自由变换工具的操作方法。

step 1 ① 选择一个需要进行自由变换的图案，② 在工具箱中选择【自由变换工具】，如图 6-1 所示。

step 2 在不按下鼠标键的情况下把光标移动到矩形外面，光标会变成一个弯曲的箭头，表示此时拖动鼠标可以实现对象的旋转，如图 6-2 所示。

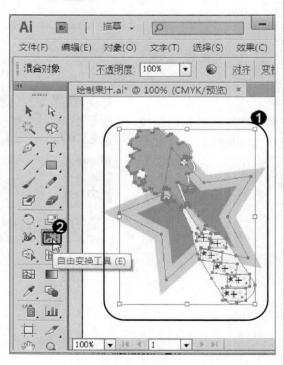

图 6-1

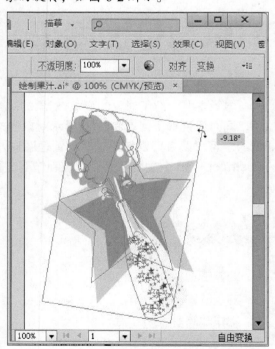

图 6-2

step 3 把光标移动到矩形边界框的一个手柄上，此时光标变成了一个直箭头，拖动鼠标就可以缩放对象以达到想要的尺寸，如图 6-3 所示。

step 4 把光标移动到矩形的内部，光标再次变成，这时拖动鼠标可以移动对象，如图 6-4 所示。

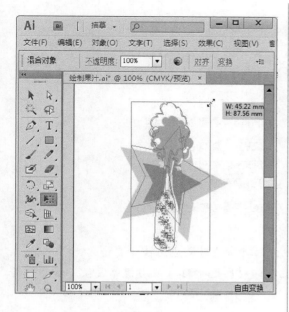

图 6-3　　　　　　　　　　　　　　　　　　　　　图 6-4

6.1.2　使用【变换】面板

在菜单栏中选择【窗口】→【变换】菜单项，即可启用【变换】面板，如图 6-5 所示。该面板中显示了一个或多个被选对象的位置、尺寸和方向等有关信息。通过输入新的数值，可以对被选对象进行修改和调整。【变换】面板中的所有值都是针对对象的边界框而言。

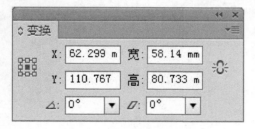

图 6-5

- X 文本框：输入一个数值可以改变被选择对象水平方向上的位置。
- Y 文本框：输入一个数值可以改变被选择对象竖直方向上的位置。
- 【宽】文本框：输入一个数值可以改变被选择对象边界框的宽度。
- 【高】文本框：输入一个数值可以改变被选择对象边界框的高度。
- 【角度】文本框：输入 0～360°之间的角度值，或者从下列列表框中选择一个数值，可以转动被选对象。
- 【倾斜】文本框：输入一个数值，或者从下列列表框中选择一个数值，可以使被选对象按照输入的角度倾斜。

单击【变换】面板右上角的下拉菜单按钮，将会打开如图 6-6 所示的菜单。

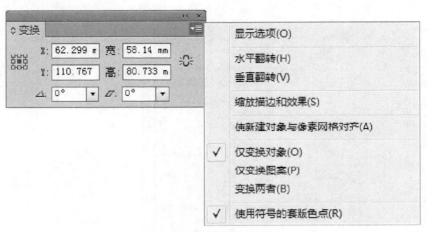

图 6-6

- 执行【水平翻转】命令，可以沿水平方向对所选对象应用镜像变换。
- 执行【垂直翻转】命令，可以沿垂直方向对所选择对象应用镜像变换。垂直翻转效果如图 6-7 所示。

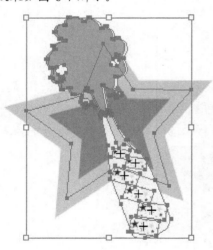 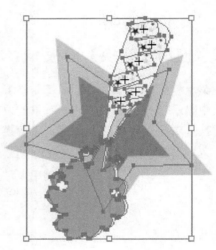

图 6-7

- 执行【仅变换对象】命令，只有对象发生变换。
- 执行【仅变换图案】命令，只有图案发生变换。
- 执行【变换两者】命令，可以使对象和图案都发生变换。

6.2 对象的对齐和分布

与日常的企业管理工作或者人员管理一样，在 Illustrator CS6 中的对象也需要一定的管理。在设计或者绘制图形的时候，用户就需要将绘制的对象进行对齐和分布的操作，本节将详细介绍其相关知识。

6.2.1 对齐对象

在 Illustrator CS6 中，用户可以使用【对齐】面板中的命令进行排列对象。选择菜单栏中的【窗口】→【对齐】命令即可打开【对齐】面板，其中【对齐对象】选项组包含【水平左对齐】、【水平居中对齐】、【水平右对齐】等 6 个按钮。下面将分别予以详细介绍。

1. 水平左对齐

使用【水平左对齐】按钮可以最左边对象的左边边线为基准线，将选中的各个对象的左边缘都和这条线对齐，最左边的对象位置不变。下面将介绍其操作方法。

step 1 ① 选中需要对齐的对象，② 打开【对齐】面板，在【对齐对象】选项组中单击【水平左对齐】按钮，如图 6-8 所示。

step 2 这样即可完成水平左对齐对象的操作，效果如图 6-9 所示。

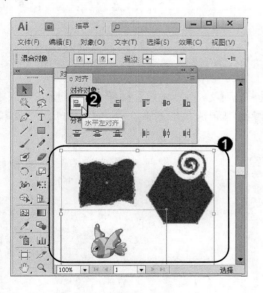

图 6-8

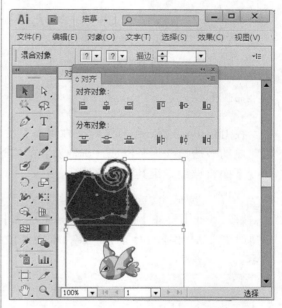

图 6-9

2. 水平居中对齐

在 Illustrator CS6 中，使用【水平居中对齐】按钮不会以对象的边线为对齐依据，而是以选定对象的中点为基准点进行居中对齐，所有对象在垂直方向的位置保持不变。下面将详细介绍水平居中对齐的操作方法。

step 1 ① 选中需要对齐的对象，② 打开【对齐】面板，在【对齐对象】选项组中单击【水平居中对齐】按钮，如图 6-10 所示。

step 2 这样即可完成水平居中对齐对象的操作，效果如图 6-11 所示。

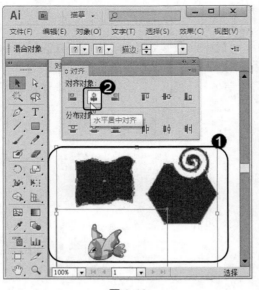

图 6-10

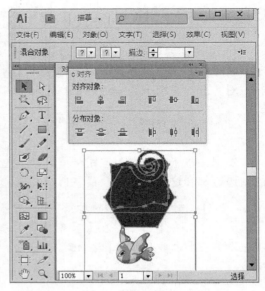

图 6-11

3. 水平右对齐

在 Illustrator CS6 中，【水平右对齐】按钮 与【水平左对齐】按钮正好相反，是以右边对象的右边边线为基准线，选取对象的右边缘线都和这条线对齐，最右边的对象位置不变。下面将详细介绍其操作方法。

step 1 ① 选中需要对齐的对象，② 打开【对齐】面板，在【对齐对象】选项组中单击【水平右对齐】按钮 ，如图 6-12 所示。

step 2 这样即可完成水平右对齐对象的操作，效果如图 6-13 所示。

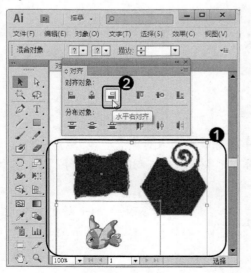

图 6-12

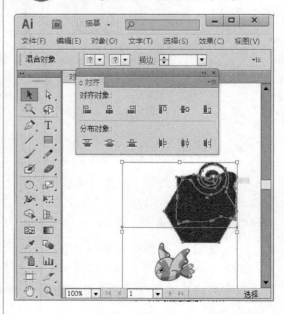

图 6-13

4. 垂直顶对齐

在 Illustrator CS6 中，【垂直顶对齐】按钮📭是以多个对齐对象中最上面对象的上边线为基准线，选取的对象中的最上面的对象位置不变。下面将介绍其操作方法。

step 1 ① 选中需要对齐的对象，② 打开【对齐】面板，在【对齐对象】选项组中单击【垂直顶对齐】按钮📭，如图 6-14 所示。

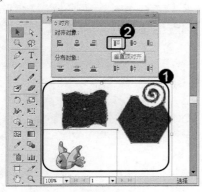

图 6-14

step 2 这样即可完成垂直顶对齐对象的操作，效果如图 6-15 所示。

图 6-15

5. 垂直居中对齐

在 Illustrator CS6 中，【垂直居中对齐】按钮🔳是多个要对齐对象的中点为基准点进行对齐，所有对象垂直移动，其各个对象的中点在水平方向上连成直线。下面介绍其操作方法。

step 1 ① 选中需要对齐的对象，② 打开【对齐】面板，在【对齐对象】选项组中单击【垂直居中对齐】按钮🔳，如图 6-16 所示。

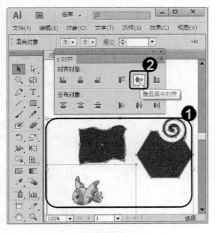

图 6-16

step 2 这样即可完成垂直居中对齐对象的操作，效果如图 6-17 所示。

图 6-17

第 6 章 编辑与管理图形

151

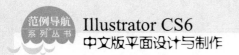

6. 垂直底对齐

在 Illustrator CS6 中，【垂直底对齐】按钮 是以多个对齐对象中最下面对象的下边线为基准线进行对齐，最下面对象的位置不变，所有对象的水平位置也不会发生改变。下面将详细介绍垂直底对齐的操作方法。

step 1 ① 选中需要对齐的对象，② 打开【对齐】面板，在【对齐对象】选项组中单击【垂直底对齐】按钮 ，如图 6-18 所示。

step 2 这样即可完成垂直底对齐对象的操作，效果如图 6-19 所示。

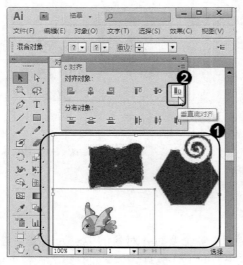

图 6-18

图 6-19

 在 Illustrator CS6 中，用户使用【对齐】面板时，将鼠标指针移动至面板中的按钮时，将会显示出对应的中文名称注释。【对齐】面板中的按钮可以使选定的对象沿指定的轴向对齐。单击【对齐】面板上的三角形按钮，将会放大面板，放大面板后，添加了一组分布间距按钮，可以方便用户绘制更精确的图形。

6.2.2 分布对象

在 Illustrator CS6 中，用户可以使用【对齐】面板中的按钮进行排列对象的操作。选择菜单栏中的【窗口】→【对齐】菜单项即可打开【对齐】面板，其中【分布对象】选项组包含【垂直顶分布】、【垂直居中分布】、【垂直底分布】等 6 个按钮。下面将分别予以详细介绍。

1. 垂直顶分布

在 Illustrator CS6 中，【垂直顶分布】按钮 是以每个选取对象的上边线为基准线，使对象按相等的间距进行垂直分布。下面将详细介绍其操作方法。

step 1 ① 选中需要分布的对象，② 打开【对齐】面板，在【分布对象】选项组中单击【垂直顶分布】按钮，如图 6-20 所示。

step 2 这样即可完成垂直顶分布对象的操作，效果如图 6-21 所示。

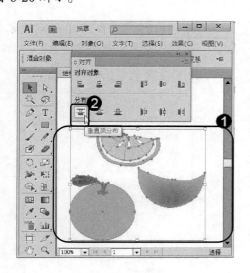

图 6-20

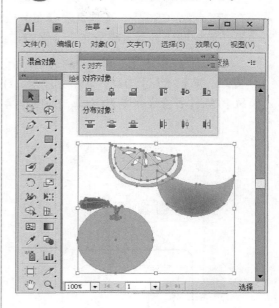

图 6-21

2. 垂直居中分布

在 Illustrator CS6 中，【垂直居中分布】按钮是以每个选取对象的中线为基准线，使对象按相等的间距进行垂直分布。下面将详细介绍其操作方法。

step 1 ① 选中需要分布的对象，② 打开【对齐】面板，在【分布对象】选项组中单击【垂直居中分布】按钮，如图 6-22 所示。

step 2 这样即可完成垂直居中分布对象的操作，效果如图 6-23 所示。

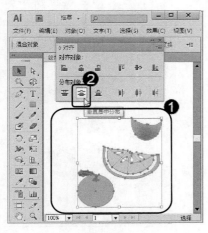

图 6-22

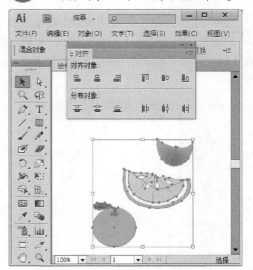

图 6-23

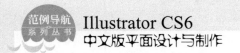

3. 垂直底分布

在 Illustrator CS6 中，【垂直底分布】按钮 是以每个选取对象的下边线为基准线，使对象按相等的间距进行垂直分布。下面将详细介绍其操作方法。

step 1 ① 选中需要分布的对象，② 打开【对齐】面板，在【分布对象】选项组中单击【垂直底分布】按钮，如图 6-24 所示。

step 2 这样即可完成垂直底分布对象的操作，效果如图 6-25 所示。

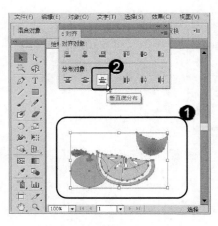

图 6-24

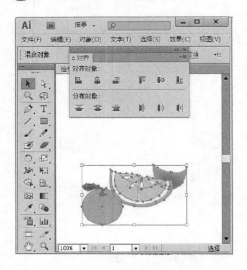

图 6-25

4. 水平左分布

在 Illustrator CS6 中，【水平左分布】按钮 是以每个选取对象的左边线为基准线，使对象按相等的间距进行水平分布。下面将详细介绍其操作方法。

step 1 ① 选中需要分布的对象，② 打开【对齐】面板，在【分布对象】选项组中单击【水平左分布】按钮，如图 6-26 所示。

step 2 这样即可完成水平左分布对象的操作，效果如图 6-27 所示。

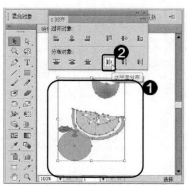

图 6-26

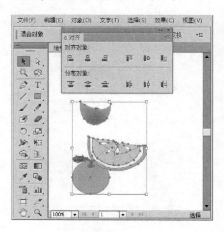

图 6-27

5. 水平居中分布

在 Illustrator CS6 中，【水平居中分布】按钮是以每个选取对象的中线为基准线，使对象按相等的间距进行水平分布。下面将详细介绍其操作方法。

step 1 ① 选中需要分布的对象，② 打开【对齐】面板，在【分布对象】选项组中单击【水平居中分布】按钮，如图 6-28 所示。

step 2 这样即可完成水平居中分布对象的操作，效果如图 6-29 所示。

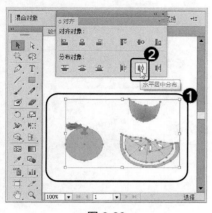

图 6-28

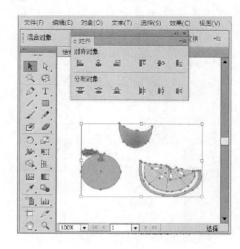

图 6-29

6. 水平右分布

在 Illustrator CS6 中，【水平右分布】按钮是以每个选取对象的右边线为基准线，使对象按相等的间距进行水平分布。下面将详细介绍其操作方法。

step 1 ① 选中需要分布的对象，② 打开【对齐】面板，在【分布对象】选项组中单击【水平右分布】按钮，如图 6-30 所示。

step 2 这样即可完成水平右分布对象的操作，效果如图 6-31 所示。

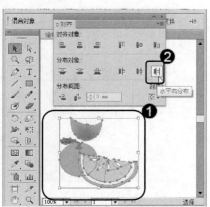

图 6-30

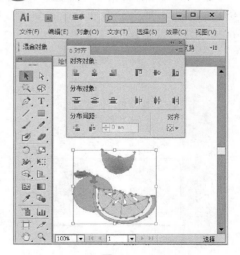

图 6-31

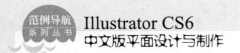
7. 垂直分布间距

在 Illustrator CS6 中，用户如需精确指定对象的垂直分布距离，可以单击【对齐】面板中的【垂直分布间距】按钮进行设置。下面将详细介绍其操作方法。

step 1 ① 选中需要分布的对象，② 打开【对齐】面板，在【分布对象】选项组中单击【垂直分布间距】按钮 ，如图 6-32 所示。

step 2 这样即可完成垂直分布间距的操作，效果如图 6-33 所示。

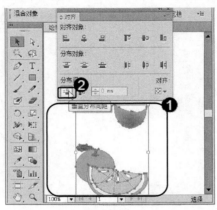

图 6-32

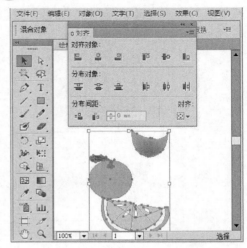

图 6-33

8. 水平分布间距

在 Illustrator CS6 中，用户如需精确指定对象的水平分布距离，可以单击【对齐】面板中的【水平分布间距】按钮进行设置。下面将详细介绍其操作方法。

step 1 ① 选中需要分布的对象，② 打开【对齐】面板，在【分布对象】命令组中单击【水平分布间距】按钮 ，如图 6-34 所示。

step 2 这样即可完成水平分布间距的操作，效果如图 6-35 所示。

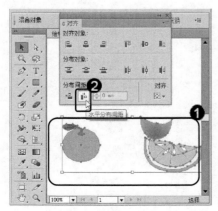

图 6-34

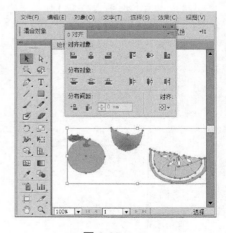

图 6-35

6.2.3 用辅助线对齐对象

在 Illustrator CS6 中，用户可以使用辅助线对齐对象，从而使绘制图像更加方便快捷。在菜单栏中选择【视图】→【标尺】→【显示标尺】菜单项，在页面上显示出标尺。下面将详细介绍使用辅助线对齐对象的操作方法。

step 1 在工具箱中，① 选择【选择工具】，② 单击页面左侧的标尺并按住鼠标向右进行拖动，如图 6-36 所示。

step 2 将辅助线放在需要对齐的对象左边线上即可完成操作，如图 6-37 所示。

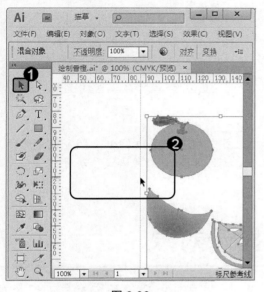

图 6-36

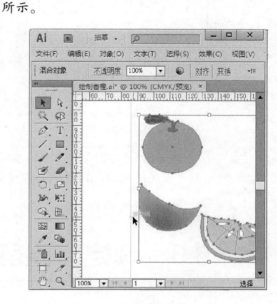

图 6-37

在 Illustrator CS6 中，标尺分为水平标尺和垂直标尺。默认情况下，标尺原点位于视图的左上角。如需改变原点位置，单击并拖动标尺的原点至需要位置即可。如改变标尺原点位置，需变回原来位置，只需在视图左上角原来的原点位置双击即可。如想隐藏标尺，选择【视图】→【隐藏标尺】菜单项即可隐藏标尺。

6.2.4 用网格对齐对象

在 Illustrator CS6 中，用户可以使用网格对齐对象，从而使绘制图像更加方便快捷。在菜单栏中选择【视图】→【显示网格】菜单项，在页面上显示出网格。下面将详细介绍使用网格对齐对象的操作方法。

step 1 在工具箱中，① 选择【选择工具】，② 用鼠标拖动半月形，使其上边线与橘子图形的上边线水平对齐，如图 6-38 所示。

step 2 这样即可完成使用网格对齐对象的操作，如图 6-39 所示。

第 6 章 编辑与管理图形

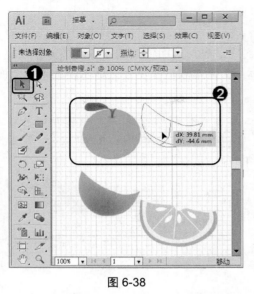

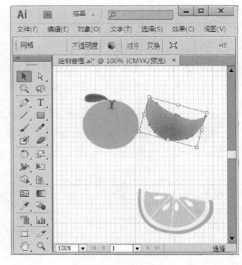

图 6-38　　　　　　　　　　　　　　　图 6-39

在使用【网格】菜单项对齐对象时，可以按键盘上的 Ctrl+" 组合键快速地打开或关闭网格。网格还具有吸附功能，可以把对象和网格线自动对齐。

6.3　锁定和隐藏/显示对象

在使用 Illustrator CS6 绘制图像时，用户可以通过锁定对象而避免使对象进行意外编辑，也可以通过隐藏和显示对象，更加方便快捷地绘制图像。本节将详细介绍锁定和隐藏/显示对象的操作方法。

6.3.1　锁定对象

在 Illustrator CS6 中，锁定对象可以防止操作时错误选中对象，也可以防止当多个对象重叠在一起时，选择一个对象，而避免全部选中。锁定对象包含有【所选对象】、【上方所有图稿】和【其它图层】三个菜单项。下面将详细介绍其操作方法。

1. 锁定对象

在 Illustrator CS6 中，用户可以锁定对象以防止绘图时的错误操作，使绘制图像更加准确快捷。下面将详细介绍其操作方法。

 选中需要锁定的对象，在菜单栏中，① 选择【对象】菜单，② 选择【锁定】菜单项，③ 选择【所选对象】子菜单项，如图 6-40 所示。

 通过以上步骤即可完成锁定对象的操作，如图 6-41 所示。

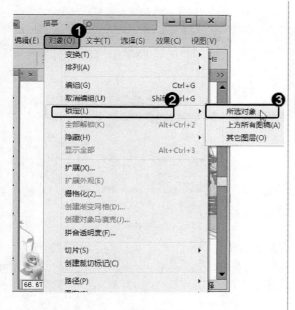

图 6-40

图 6-41

2. 锁定上方所有图稿的对象

在 Illustrator CS6 中，用户可以锁定上方所有图稿的对象以防止绘图时的错误操作，使绘制图像更加准确快捷。下面将详细介绍其操作方法。

step 1 选中需要锁定的对象，在菜单栏中，① 选择【对象】菜单，② 选择【锁定】菜单项，③ 选择【上方所有图稿】子菜单项，如图 6-42 所示。

step 2 通过以上步骤即可完成锁定上方所有图稿对象的操作，如图 6-43 所示。

图 6-42

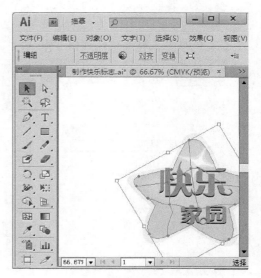

图 6-43

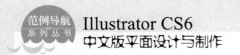

3. 锁定其他图层

在 Illustrator CS6 中，用户可以锁定其他图层以防止绘图时的错误操作，使绘制图像更加准确快捷。下面将详细介绍其操作方法。

step 1 选中需要锁定的对象，在菜单栏中，① 选择【对象】菜单，② 选择【锁定】菜单项，③ 选择【其它图层】子菜单项，如图 6-44 所示。

step 2 通过以上步骤即可完成锁定其他图层的操作，如图 6-45 所示。

图 6-44

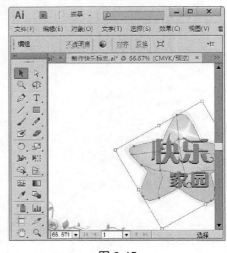

图 6-45

4. 解除锁定对象

在 Illustrator CS6 中，用户可以解锁被锁定的对象，使绘制图像更加准确快捷。下面将详细介绍其操作方法。

step 1 选中需要解锁的图层，在菜单栏中，① 选择【对象】菜单，② 选择【全部解锁】菜单项，如图 6-46 所示。

step 2 通过以上步骤即可完成解锁锁定对象的操作，如图 6-47 所示。

图 6-46

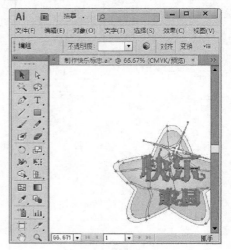

图 6-47

6.3.2　隐藏与显示对象

在 Illustrator CS6 中，用户可以将当前不重要的图像隐藏起来，而避免进行错误编辑，使绘图页面更加简洁，在完成编辑后，还可以将隐藏对象显示出来。隐藏对象包括【所选对象】、【上方所有图稿】、【其它图层】三个菜单项。下面将详细介绍这几种操作方法。

1. 隐藏所选对象

在 Illustrator CS6 中，用户可以隐藏对象以防止绘图时的错误操作，使绘图页面更加简洁明了。下面将详细介绍其操作方法。

step 1　选中需要隐藏的图层，在菜单栏中，① 选择【对象】菜单，② 选择【隐藏】菜单项，③ 选择【所选对象】子菜单项，如图 6-48 所示。

step 2　通过以上步骤即可完成隐藏所选对象的操作，效果如图 6-49 所示。

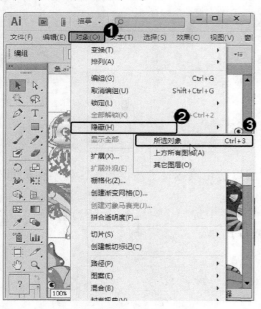

图 6-48

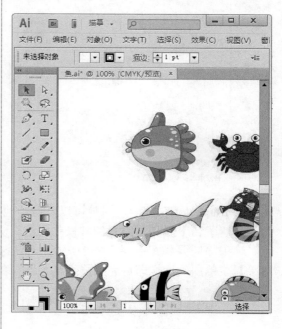

图 6-49

知识精讲　　用户不仅可以选择菜单栏中的【对象】→【隐藏】→【所选对象】菜单项进行隐藏对象的操作，还可以按键盘上的 Ctrl+3 组合键，进行快速隐藏对象的操作。

2. 隐藏上方所有图稿

在 Illustrator CS6 中，用户可以隐藏上方所有图稿以防止绘图时的错误操作，使绘图页面更加简洁明了。下面将详细介绍其操作方法。

step 1　选中需要隐藏其上方图稿的对象，在菜单栏中，① 选择【对象】菜单，② 选择【隐藏】菜单项，③ 选择【上方所有图稿】子菜单项，如图 6-50 所示。

step 2　通过以上步骤即可完成隐藏上方所有图稿的操作，效果如图 6-51 所示。

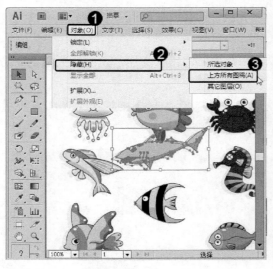

图 6-50

图 6-51

3. 隐藏其他图层

在 Illustrator CS6 中，用户可以隐藏其他图层以防止绘图时的错误操作，使绘图页面更加简洁明了。下面将详细介绍其操作方法。

选中除需要隐藏图层之外的对象，然后在菜单栏中选择【对象】→【隐藏】→【其它图层】菜单项，这样即可完成隐藏其他图层的操作，如图 6-52 所示。

图 6-52

4. 显示所有对象

在 Illustrator CS6 中，当用户隐藏选定对象后，还可以将隐藏的对象显示出来，使绘制图像更加方便快捷。下面将详细介绍其操作方法。

step 1 当对象被隐藏后，在菜单栏中，① 选择【对象】菜单，② 选择【显示全部】菜单项，如图 6-53 所示。

图 6-53

step 2 通过以上步骤即可完成显示所有对象的操作，效果如图 6-54 所示。

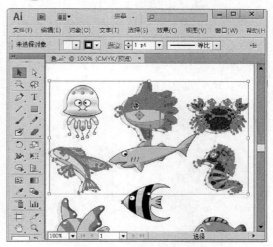

图 6-54

6.4　范例应用与上机操作

通过本章的学习，读者基本可以掌握编辑与管理图形的基本知识以及一些常见的操作方法，下面通过练习操作两个实践案例，以达到巩固学习、拓展提高的目的。

6.4.1　绘制美丽的家园

本章学习了编辑与管理图形的操作的相关知识，本例将详细介绍绘制美丽的家园，来巩固和提高本章学习的内容。

 无
 第 6 章\效果文件\绘制美丽家园.ai

step 1 选择【矩形工具】 ，绘制一个矩形，如图 6-55 所示。

step 2 双击【渐变工具】 ，弹出【渐变】控制面板，将渐变色设为从蓝色(其 C、M、Y、K 的值分别为 85、59、0、0)到

图 6-55

step 3 选择【钢笔工具】 🖊️ ，绘制一个图形。在【渐变】控制面板中，将渐变色设为从黄色(其 C、M、Y、K 的值分别为 27、0、79、0)到绿色(其 C、M、Y、K 的值分别为 78、16、100、0)，其他选项的设置如图 6-57 所示。

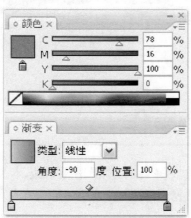

图 6-57

step 5 用相同的方法，再次制作出另一个草地图形，并填充相同的渐变颜色，取消选取状态，效果如图 6-59 所示。

图 6-59

浅蓝色(其 C、M、Y、K 的值分别为 54、0、17、0)，图形被填充渐变色，并设置图形的描边颜色为无，效果如图 6-56 所示。

图 6-56

step 4 图形被填充渐变色，设置图形的描边颜色为无，并取消选取状态，效果如图 6-58 所示。

图 6-58

step 6 选择【钢笔工具】 🖊️ ，绘制一个图形，效果如图 6-60 所示。

图 6-60

step 7 在【渐变】控制面板中,将渐变色设为从黄色(其 C、M、Y、K 的值分别为 9、0、81、0)到绿色(其 C、M、Y、K 的值分别为 71、0、100、0),其他选项的设置如图 6-61 所示。

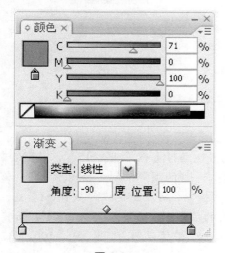

图 6-61

step 9 选择【钢笔工具】 ，绘制一个图形,效果如图 6-63 所示。

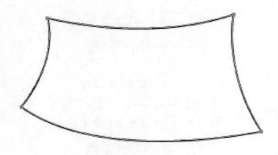

图 6-63

step 11 图形被填充渐变色,设置图形的描边颜色为无,取消选取状态,效果如图 6-65 所示。

step 8 图形被填充渐变色,设置图形的描边颜色为无,取消选取状态。用相同的方法,再次制作出另一个"路"图形,并填充相同的渐变颜色,取消选取状态,这样即可完成绘制背景的操作,效果如图 6-62 所示。

图 6-62

step 10 在【渐变】控制面板中,在色带上设置 3 个渐变滑块,分别将渐变滑块的位置设为 0、50、100,并设置 C、M、Y、K 的值分别为:0(3、28、85、0)、50(3、24、72、0)、100(19、44、96、0),选中渐变色带上方的渐变滑块,将【位置】选项设置为 50、62,其他选项的设置如图 6-64 所示。

图 6-64

step 12 选择【钢笔工具】 ，在适当的位置绘制一个图形,在【渐变】控制面板中,将渐变色设为从黄色(其 C、M、Y、K 的值分别为 8、0、76、0)到绿色(其 C、M、

Y、K 的值分别为 70、22、100、0)，其他选项的设置如图 6-66 所示。

图 6-65

图 6-66

step 13 图形被填充渐变色，设置描边颜色为无，取消选取状态，效果如图 6-67 所示。

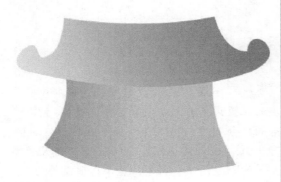

图 6-67

step 15 图形被填充渐变色，设置描边颜色为无，取消选取状态，效果如图 6-69 所示。

step 14 选择【钢笔工具】，在刚绘制图形的顶部绘制一个图形，在【渐变】控制面板中，将渐变色设为从黄色(其 C、M、Y、K 的值分别为 30、4、83、0)到绿色(其 C、M、Y、K 的值分别为 73、39、100、1)，其他选项的设置如图 6-68 所示。

图 6-68

step 16 选择【钢笔工具】，绘制一个图形，效果如图 6-70 所示。

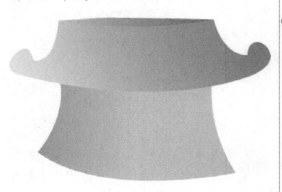

图 6-69

图 6-70

step 17　在【渐变】控制面板中，将渐变色设为从黄色(其 C、M、Y、K 的值分别为 8、0、76、0)到绿色(其 C、M、Y、K 的值分别为 70、22、100、0)，其他选项的设置如图 6-71 所示。

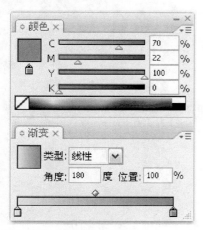

图 6-71

step 19　选择【钢笔工具】 ，绘制一个图形，在【渐变】控制面板中，将渐变色设为从黄色(其 C、M、Y、K 的值分别为 8、0、76、0)到绿色(其 C、M、Y、K 的值分别为 70、22、100、0)，其他选项的设置如图 6-73 所示。

图 6-73

step 21　选择【钢笔工具】 ，绘制一个图形，在【渐变】控制面板中，将渐变色设为从棕色(其 C、M、Y、K 的值分别为 0、42、77、0)到暗棕色(其 C、M、Y、K 的值分别为 40、62、100、2)，其他选

step 18　图形被填充渐变色，设置描边颜色为无，取消选取状态。然后用相同的方法，制作出其他图形，并填充相同的颜色，效果如图 6-72 所示。

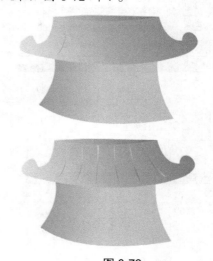

图 6-72

step 20　图形被填充渐变色，设置描边颜色为无，取消选取状态，效果如图 6-74 所示。

图 6-74

step 22　图形被填充渐变色，设置描边颜色为无，取消选取状态。然后用相同的方法，再次制作出另一个图形，并填充相同的颜色，效果如图 6-76 所示。

项的设置如图 6-75 所示。

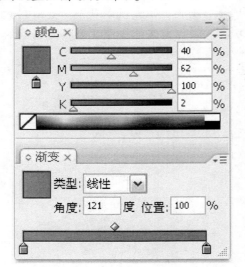

图 6-75

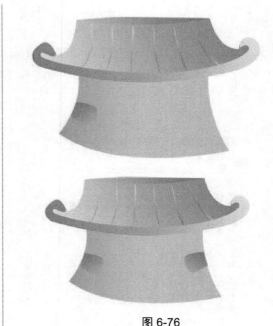

图 6-76

step23 选择【钢笔工具】，绘制一个图形。在【渐变】控制面板中，将渐变色设为从红色(其 C、M、Y、K 的值分别为 0、65、73、0)到暗棕色(其 C、M、Y、K 的值分别为 40、62、100、2)，其他选项的设置如图 6-77 所示。

step24 图形被填充渐变色，设置描边颜色为无，取消选取状态，效果如图 6-78 所示。

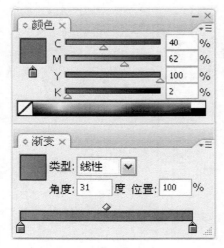

图 6-77

图 6-78

step25 选择【椭圆工具】，按住 Shift 键的同时，绘制一个圆形。在【渐变】控制面板中，将渐变色设为从棕色(其 C、M、Y、K 的值分别为 34、80、100、1)到黄

step26 图形被填充渐变色，设置描边颜色为无，图形效果如图 6-80 所示。

色(其 C、M、Y、K 的值分别为 7、22、89、0)，其他选项的设置如图 6-79 所示。

图 6-79

图 6-80

step27 选择【选择工具】 ，用圈选的方法将房子图形同时选取，按 Ctrl+G 组合键，将其编组，拖曳图形到适当的位置，调整大小并旋转到适当的角度，取消选取状态，这样即可完成绘制房子图形的操作，效果如图 6-81 所示。

图 6-81

step29 在【渐变】控制面板中，将渐变色设为从黄色(其 C、M、Y、K 的值分别为 27、0、79、0)到绿色(其 C、M、Y、K 的值分别为 78、16、100、0)，其他选项的设置如图 6-83 所示。

图 6-83

step28 选择【椭圆工具】 ，绘制一个椭圆形，如图 6-82 所示。

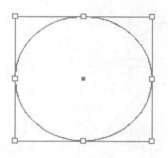

图 6-82

step30 图形被填充渐变色，设置描边颜色为无。然后选择【选择工具】 ，选取图形，按住 Alt 键的同时，拖曳鼠标到适当的位置，复制图形并调整其大小。用相同的方法，复制多个图形，取消选取状态，效果如图 6-84 所示。

图 6-84

第 6 章 编辑与管理图形

169

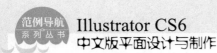
step31 选择【椭圆工具】 ，再绘制一个椭圆形，在【渐变】控制面板中，将渐变色设为从黄色(其 C、M、Y、K 的值分别为 6、0、58、0)到红色(其 C、M、Y、K 的值分别为 0、96、87、0)，其他选项的设置如图 6-85 所示。

图 6-85

step33 选择【圆角矩形工具】 ，在"树"图形的下方绘制一个圆角矩形，效果如图 6-87 所示。

图 6-87

step35 图形被填充渐变色后，设置描边颜色为无，取消选取状态，效果如图 6-89 所示。

step32 图形被填充渐变色，设置描边颜色为无，取消选取状态。然后利用选择工具，选取图形，按住 Alt 键的同时，拖曳鼠标到适当的位置，复制图形，再用相同的方法复制多个图形，并分别调整到适当的位置，取消选取状态，效果如图 6-86 所示。

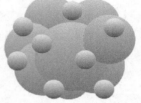

图 6-86

step34 在【渐变】控制面板中，在色带上设置 3 个渐变滑块，分别将渐变滑块的位置设为 0、50、100，并设置 C、M、Y、K 的值分别为：0(0、61、74、0)、50(1、32、66、0)、100(43、79、100、9)，其他选项的设置如图 6-88 所示。

图 6-88

step36 选择【椭圆工具】 ，绘制一个椭圆形，设置填充色为绿色(其 C、M、Y、K 的值分别为 80、21、100、0)，填充图形，并设置描边颜色为无，如图 6-90 所示。

图 6-89

图 6-90

step 37 在属性栏中将【不透明度】选项设置为 30%，效果如图 6-91 所示。

step 38 按下键盘上的 Ctrl+Shift+[组合键，将其置于底层，并取消选取状态，效果如图 6-92 所示。

图 6-91

图 6-92

step 39 选择【选择工具】，用圈选的方法将"树"图形同时选取，按 Ctrl+G 组合键，将其编组，拖曳图形到页面中适当的位置，调整其大小，效果如图 6-93 所示。

step 40 用相同的方法复制两个树图形，分别调整图形的大小，并旋转适当的角度，取消选取状态，这样即可完成最终的绘制美丽家园的操作，效果如图 6-94 所示。

图 6-93

图 6-94

6.4.2 绘制地产标志

本章学习了编辑与管理图形的操作的相关知识，本例将详细介绍绘制地产标志，来巩固和提高本章学习的内容。

素材文件 ❀ 无

效果文件 ❀ 第 6 章\效果文件\绘制地产标志.ai

step 2 选择【椭圆】工具 ◯ ，在圆角矩形里绘制一个椭圆形，如图 6-96 所示。

step 1 选择【圆角矩形工具】 ▣ ，绘制一个圆角矩形，如图 6-95 所示。

图 6-95

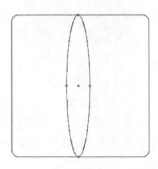

图 6-96

step 3 在工具箱中选择【旋转工具】 ↻ ，旋转复制出一个椭圆圆形，如图 6-97 所示。

step 4 按下键盘上的 Ctrl+A 组合键，将三个图形同时选择，然后在控制栏中分别单击【水平居中对齐】按钮 ⊞ 和【垂直居中对齐】按钮 ⊞ ，此时三个图形居中对齐了，如图 6-98 所示。

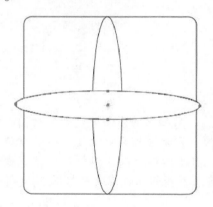

图 6-97

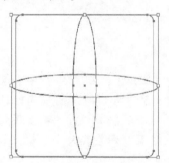

图 6-98

step 5 利用【选择工具】 ▸ ，单独选择两个椭圆，如图 6-99 所示。

step 6 打开【路径查找器】面板，在面板中单击【联集】按钮 ▣ ，如图 6-100 所示。

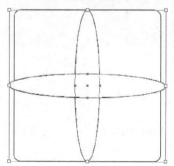

图 6-99

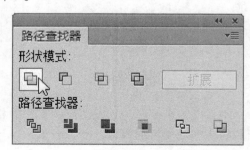

图 6-100

step 7 合并生成的图形，效果如图 6-101 所示。

step 8 再将下面的圆角矩形同时选择，如图 6-102 所示。

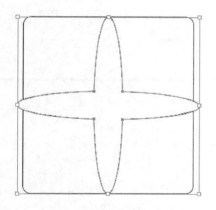

图 6-101

9　在【路径查找器】面板中,单击【减去顶层】按钮,如图 6-103 所示。

图 6-103

11　选择【实时上色工具】,分别给标志的四个角部分填充上红色、橘黄色、蓝色和绿色,如图 6-105 所示。

图 6-105

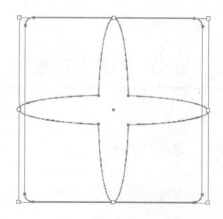

图 6-102

10　修剪得到的图形形状效果,如图 6-104 所示。

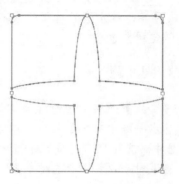

图 6-104

12　选择【文字工具】,在图形下面输入文字,这样一个简单的标志就设计完成了。最终效果如图 6-106 所示。

图 6-106

173

6.5 课后练习

6.5.1 思考与练习

一、填空题

1. _____工具可以连续进行移动、转动、镜像、缩放和倾斜等操作，是一个十分方便快捷的工具。

2. _____按钮是以最左边对象的左边边线为基准线，将选中的各个对象的左边缘都和这条线对齐，最左边的对象位置不变。

3. 锁定对象包含有_____、【上方所有图稿】和_____三个菜单项。

二、判断题

1. 【变换】面板中的所有值都是针对对象的边界框而言。 （ ）

2. 【水平居中对齐】按钮不以对象的边线为对齐依据，而是以选定对象的中点为基准点进行居中对齐，所有对象在垂直方向的位置保持不变。 （ ）

3. 隐藏对象包括【所选对象】、【上方所有图稿】、【其它图层】三个菜单项。 （ ）

三、思考题

1. 如何使用自由变换工具？

2. 如何用辅助线对齐对象？

6.5.2 上机操作

1. 启动 Illustrator CS6 软件，使用星形工具、旋转工具、钢笔工具，以及【对齐】面板中的居中命令、符号命令和对称命令绘制一个美丽家园效果。效果文件可参考"配套素材\第 6 章\效果文件\绘制美丽家园.ai"。

2. 使用椭圆工具、钢笔工具、渐变工具和效果/风格化/羽化命令绘制一个篮球。效果文件可参考"配套素材\第 6 章\效果文件\篮球.ai"。

第 **7** 章

颜色填充与描边

本章主要介绍了颜色填充、渐变填充、图案填充和渐变网格填充方面的知识与技巧，同时还讲解了编辑描边的操作方法与技巧。通过本章的学习，读者可以掌握颜色填充与描边操作方面的知识，为深入学习 Illustrator CS6 中文版平面设计与制作奠定基础。

范 例 导 航

1. 颜色填充
2. 渐变填充
3. 图案填充
4. 渐变网格填充
5. 编辑描边

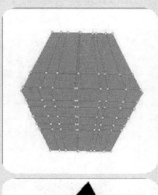

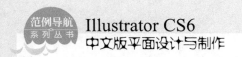

7.1　颜色填充

　　在 Illustrator CS6 中，用户可以使用填充工具对图像进行颜色填充，也可以使用【颜色】和【色板】面板对图像进行填充并编辑颜色。本节将详细介绍有关颜色填充方面的相关知识及操作方法。

7.1.1　填充工具

　　在 Illustrator CS6 中，应用工具箱中的填色和描边工具，可以指定所选对象的填充和描边颜色。当单击互换按钮时，可以切换填色显示框和描边显示框的位置。

　　当按下键盘上的 Shift+X 组合键时，可以使选定对象的颜色在填充和描边颜色之间切换。

7.1.2　使用【颜色】面板填充并编辑颜色

　　在 Illustrator CS6 中，用户可以使用【颜色】面板对图像进行填充并编辑颜色，在菜单栏中选择【窗口】→【颜色】菜单项即可打开【颜色】面板。下面将详细介绍其操作方法。

step 1　打开【颜色】面板，① 单击【颜色】面板右上方的展开图标，② 在弹出的下拉菜单中选择当前填充颜色需要使用的颜色模式，如图 7-1 所示。

step 2　在【颜色】面板中，① 将鼠标移至取色区域，光标变为吸管形状，单击即可选取颜色，② 拖动颜色滑块也可选择颜色，③ 在各个数值框中输入有效的数值，也可以调制出更精确的颜色，如图 7-2 所示。

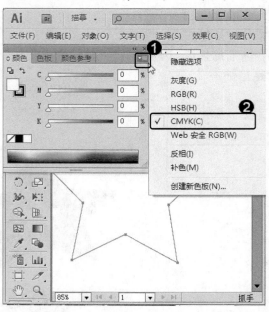

图 7-1

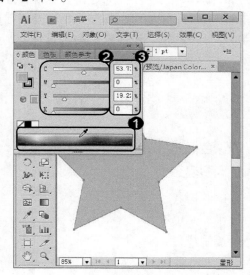

图 7-2

7.1.3 使用【色板】面板填充对象

在 Illustrator CS6 中，用户可以使用【色板】面板对图像填充颜色，在菜单栏中选择【窗口】→【色板】菜单项即可打开【色板】面板。在【色板】面板中单击需要的颜色或图案，即可将其选中。【色板】面板中提供了多种颜色和图案，可以添加存储自定义的颜色和图案，如图 7-3 所示。

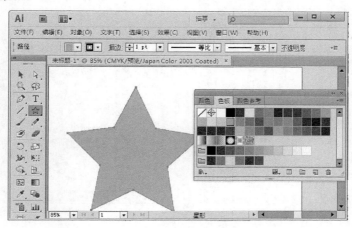

图 7-3

- 【色板库】按钮 ：其中包含多种色板可供使用选择。
- 【显示色板类型菜单】按钮 ：单击即可显示所有颜色样本。
- 【色板选项】按钮 ：单击即可打开【色板选项】对话框，可在其中设置其他颜色属性。
- 【新建颜色组】按钮 ：单击即可新建颜色组。
- 【新建色板】按钮 ：单击即可定义和新建一个新的色板。
- 【删除色板】按钮 ：单击即可将选定的样本从【色板】面板中删除。
- 【展开菜单】按钮 ：单击即可弹出下拉菜单，选择其中的命令即可弹出更多的【色板】命令。

 ## 7.2 渐变填充

　　　渐变填充是指两种或多种不同颜色在同一条直线上逐渐过渡进行填充。本节将详细介绍有关渐变填充的相关知识及操作方法。

7.2.1 创建渐变填充

在 Illustrator CS6 中，用户可以根据实际需求使用【渐变】控制面板或单击工具箱中的【渐变】按钮 来创建渐变填充，使绘制的图像更加丰富多彩。下面将详细介绍有关创建渐变填充的操作方法。

step 1　　绘制一个图形并选中，① 双击工具箱下方的【渐变】按钮 ，② 在弹出的【渐变】面板中根据实际需要设置参数值，如图 7-4 所示。

step 2　　这样即可完成为图形创建渐变填充的操作，效果如图 7-5 所示。

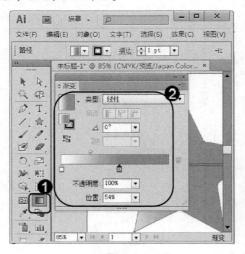

图 7-4

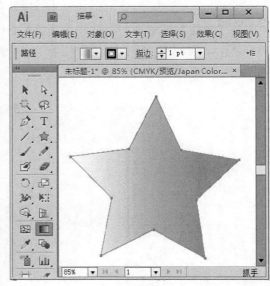

图 7-5

7.2.2　【渐变】控制面板

在 Illustrator CS6 中，用户可以根据实际需求在【渐变】控制面板中设置渐变参数，可选择【线性】或【径向】渐变，进行设置渐变的起点、中间和终点颜色的操作，还可以设置渐变的位置和角度。下面将详细介绍有关【渐变】控制面板的操作方法。

step 1　　打开【渐变】控制面板，① 打开【类型】选项的下拉列表，② 选择【径向】或【线性】渐变方式，这里选择【线性】类型，如图 7-6 所示。

step 2　　在【角度】选项的数值框中可以重新输入需要的渐变角度，如图 7-7 所示。

图 7-6

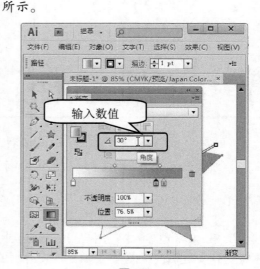

图 7-7

3 这样即可完成使用【渐变】控制面板填充图形的操作，效果如图 7-8 所示。

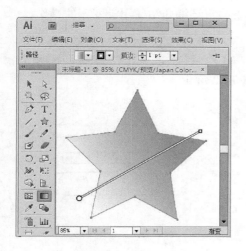

图 7-8

请您根据上述方法使用【渐变】控制面板，来进行控制渐变填充颜色的操作，测试一下您的学习效果。

7.2.3 改变渐变颜色

在 Illustrator CS6 中，用户可以根据实际需求在【渐变】控制面板中拖动滑块来改变填充的颜色，还可以添加和删除颜色滑块，使图形更加丰富多彩。下面将详细介绍有关改变渐变颜色的操作方法。

 1 选中要填充的图形，① 在【渐变】面板中，在【位置】下拉列表框中显示出该滑块在渐变颜色位置的百分比，② 拖动该滑块即可改变填充的渐变颜色，如图 7-9 所示。

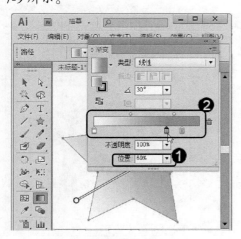

图 7-9

 2 这样即可完成改变渐变颜色的操作，效果如图 7-10 所示。

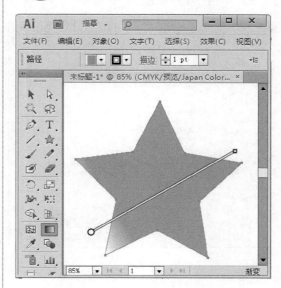

图 7-10

第 7 章 颜色填充与描边

179

7.2.4 使用渐变库

在 Illustrator CS6 中，除了在【色板】面板中提供的渐变样式外，还提供了渐变库，使用户的选择更多，使绘制的图像更加丰富多彩。下面将详细介绍使用渐变库的操作。

step 1 在菜单栏中，① 选择【窗口】菜单，② 选择【色板库】菜单项，③ 选择【其它库】子菜单项，如图 7-11 所示。

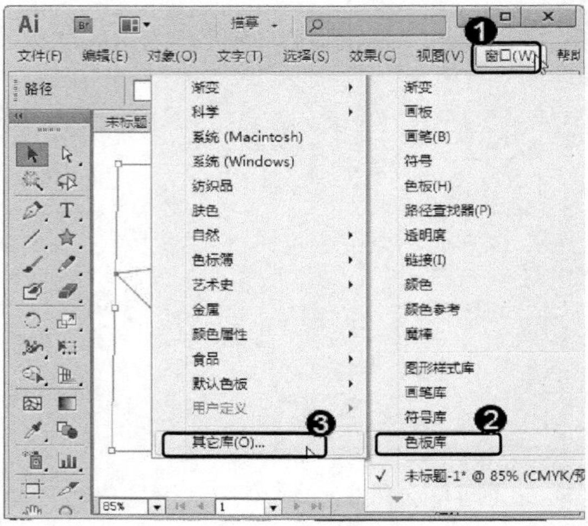

step 2 弹出【打开】对话框，然后依次选择"色板"\"渐变"文件夹，如图 7-12 所示。

图 7-11

图 7-12

step 3 在"渐变"文件夹中，① 选择准备使用的渐变库，② 单击【打开】按钮，如图 7-13 所示。

step 4 打开选择的渐变库后，用户即可在其中选择准备使用的渐变，如选择【大地色调 33】，这样即可完成使用渐变库的操作，效果如图 7-14 所示。

图 7-13

图 7-14

7.3　图案填充

　　　图案填充是绘制图形的重要手段，使用合适的图案填充图形，可以使图形更加生动形象。本节将详细介绍图案填充的相关知识及方法。

7.3.1　使用图案填充

　　在 Illustrator CS6 中，用户可以根据实际需求使用预设图案对图案进行填充，使图形更加丰富多彩。下面将详细介绍使用图案填充的操作方法。

step 1　在菜单栏中，① 选择【窗口】菜单，② 选择【色板库】菜单项，③ 选择【图案】子菜单项，并选择需要填充的图形，如图 7-15 所示。

step 2　系统即可自动打开用户选择的图案库，在其中选择准备应用的图案填充，如选择【孔雀】，这样即可完成使用图案填充的操作，效果如图 7-16 所示。

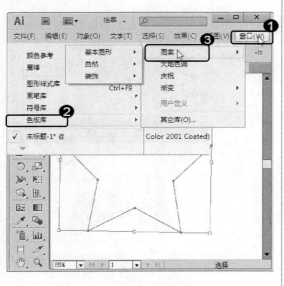

图 7-15

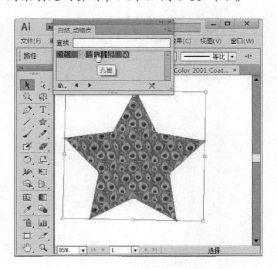

图 7-16

7.3.2　创建图案填充

　　在 Illustrator CS6 中，用户可以根据实际需求自行创建图案填充，使图形更加丰富多彩。下面将详细介绍创建图案填充的操作方法。

step 1　绘制一个图案并进行填充和编辑后，① 单击【选择工具】，② 将绘制好的图案用鼠标拖动至【色板】面板中，如图 7-17 所示。

step 2　在【色板】面板中，双击新创建的图案，如图 7-18 所示。

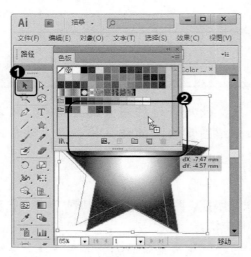

图 7-17

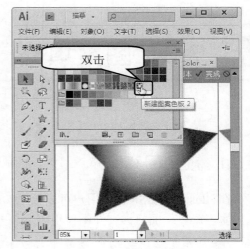

图 7-18

step 3 弹出【图案选项】面板，在其中设置名称等详细参数，如图 7-19 所示。

step 4 这样即可完成创建图案填充的操作，如图 7-20 所示。

图 7-19

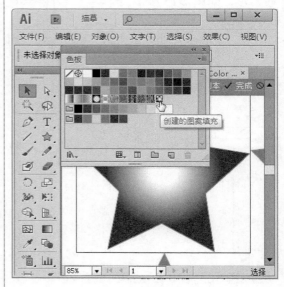

图 7-20

7.3.3 使用图案库

除了在【色板】控制面板中提供的图案外，Illustrator CS6 还提供了一些图案库，下面将详细介绍使用图案库的操作方法。

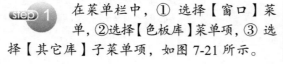

step 1 在菜单栏中，① 选择【窗口】菜单，②选择【色板库】菜单项，③ 选择【其它库】子菜单项，如图 7-21 所示。

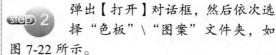

step 2 弹出【打开】对话框，然后依次选择"色板"\"图案"文件夹，如图 7-22 所示。

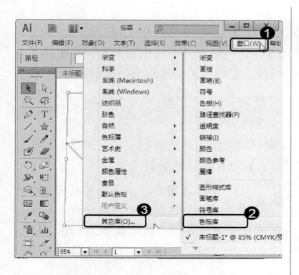

图 7-21

图 7-22

step 3 在 "图案" 文件夹中,① 选择准备使用的图案库,② 单击【打开】按钮,如图 7-23 所示。

step 4 打开选择的图案库后,用户即可在其中选择准备使用的图案,如选择【加冕】,这样即可完成使用图案库的操作,效果如图 7-24 所示。

图 7-23

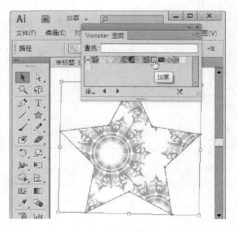

图 7-24

 # 7.4　渐变网格填充

　　应用渐变网格功能可以制作出图形颜色细微之处的变化,并且易于控制图形颜色。使用渐变网格可以对图形应用多个方向、多种颜色的渐变填充。本节将详细介绍渐变网格填充的相关知识及操作方法。

7.4.1　创建渐变网格

在 Illustrator CS6 中，用户可以根据实际需求使用网格工具或【创建渐变网格】菜单项来创建渐变网格，从而更好地绘制图形。下面将详细介绍有关创建渐变网格的操作。

1. 使用网格工具创建渐变网格

在 Illustrator CS6 中，用户可以根据实际需求使用网格工具进行创建渐变网格的操作，从而更好地绘制图形。下面将详细介绍使用网格工具创建渐变网格的操作。

step 1 绘制一个图形并选中；① 在工具箱中选择【网格工具】 ；② 在图形中单击，将图形建立为渐变网格对象，可见图形中增加了交叉形状的网格，如图 7-25 所示。

step 2 继续在图形中单击，可以增加新的网格，这样即可完成使用网格工具创建渐变网格的操作，效果如图 7-26 所示。

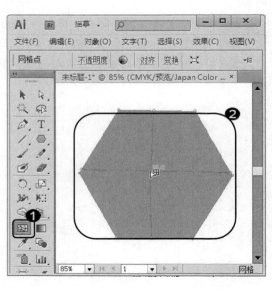

图 7-25

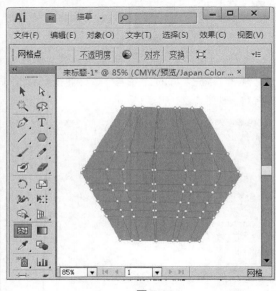

图 7-26

 在网格横、竖两条线交叉处形成的点就是网格点，而横、竖线就是网格线。

2. 使用【创建渐变网格】菜单项创建渐变网格

在 Illustrator CS6 中，用户可以根据实际需求使用【创建渐变网格】菜单项来创建渐变网格，从而更好地绘制图形。下面将介绍使用【创建渐变网格】菜单项创建渐变网格的操作。

step 1 绘制一个图形并选中，在菜单栏中，① 选择【对象】菜单，② 选择【创建渐变网格】菜单项，如图 7-27 所示。

step 2 弹出【创建渐变网格】对话框，① 根据需要详细设置相关数值，② 单击【确定】按钮，如图 7-28 所示。

图 7-27

step 3　通过以上步骤即可完成使用【创建渐变网格】菜单项创建渐变网格的操作，效果如图 7-29 所示。

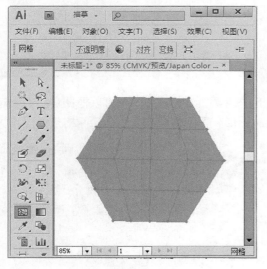

图 7-29

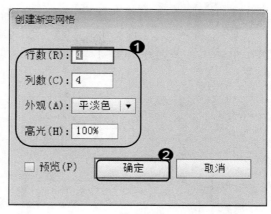

图 7-28

智慧锦囊

　　在【创建渐变网格】对话框中，【行数】文本框中可以输入水平方向网格线的行数；【列数】文本框中可以输入垂直方向网格线的列数；【外观】下拉列表框中可以选择创建渐变网格后图形高光部位的表现方式，有【平淡色】、【至中心】、【至边缘】3 种方式可以选择；【高光】文本框中可以设置高光处的强度，当数值为 0 时，图形没有高光点，而是均匀的颜色填充。

考考您

　　请您根据上述方法使用【创建渐变网格】菜单项创建渐变网格，测试一下您的学习效果。

7.4.2　编辑渐变网格

　　在 Illustrator CS6 中，用户在图形中创建渐变网格后，可以根据实际需求对渐变网格进行编辑，从而更好地绘制图形。下面将详细介绍编辑渐变网格的操作。

1. 添加网格点

　　在 Illustrator CS6 中，用户在图形中创建渐变网格后，可以根据实际需求对渐变网格进行添加网格点的操作，从而更好地绘制图形。下面将详细介绍添加网格点的操作。

step 1　绘制一个图形并选中，① 在工具箱中选择【网格工具】图，② 在图形中单击，并创建渐变网格，如图 7-30 所示。

step 2　在网格线上单击并添加网格点，这样即可完成为图形添加网格点的操作，如图 7-31 所示。

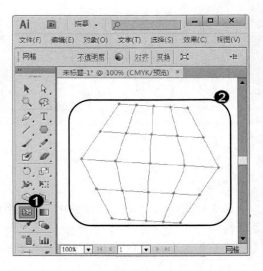

图 7-30

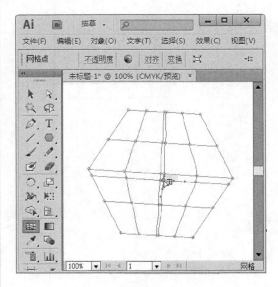

图 7-31

2. 删除网格点

在 Illustrator CS6 中，用户在图形中创建渐变网格并添加网格点后，也可以根据实际需求对渐变网格进行删除网格点的操作，从而更好地绘制图形。下面将详细介绍删除网格点的操作。

step 1　在工具箱中，① 选择【直接选择工具】，② 在创建的渐变网格图形中选中网格点，如图 7-32 所示。

step 2　在选中网格点的同时，按住键盘上的 Alt 键并单击网格点，这样即可完成删除网格点的操作，如图 7-33 所示。

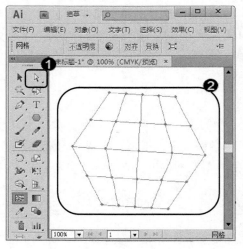

图 7-32

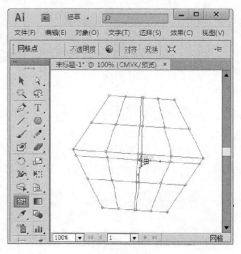

图 7-33

3. 编辑网格颜色

在 Illustrator CS6 中，用户在图形中创建渐变网格后，可以根据实际需求对渐变网格进行编辑网格颜色的操作，从而更好地方绘制图形。下面将详细介绍编辑网格颜色的操作。

step 1 在工具箱中，① 选择【直接选择工具】🔏，② 在创建的渐变网格图形中选中网格点，如图 7-34 所示。

step 2 在【颜色】控制面板中，使用【吸管工具】🖋选择需要的颜色，即可为网格点填充颜色，如图 7-35 所示。

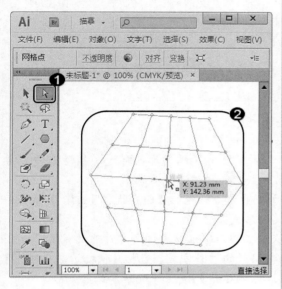

图 7-34

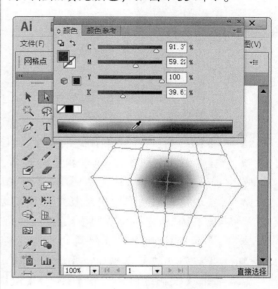

图 7-35

使用【网格工具】📷在网格点上单击并按住鼠标左键拖曳网格点，可以移动网格点。并且拖曳网格点的控制手柄可以调节网格线。

7.5 编辑描边

描边其实就是对象的描边线。对描边进行填充时，还可以对其进行一定的设置，如更改描边的形状、粗细以及设置为虚线描边等。本节将详细介绍编辑描边的相关知识及操作方法。

7.5.1 使用【描边】控制面板

在 Illustrator CS6 中，用户可以使用【描边】控制面板编辑需要的图像，从而更好地绘制图形。选择菜单栏中的【窗口】→【描边】菜单项，在弹出的【描边】控制面板中，根据实际需要设置对象描边的属性，如图 7-36 所示。

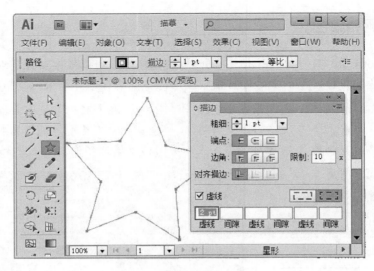

图 7-36

- 【粗细】：用于设置描边的宽度。
- 【端点】选项组：用于指定描边各线段的首端和尾端的形状样式，包括【平头端点】 、【圆头端点】 和【方头端点】 3种端点样式。
- 【边角】选项组：用于指定一段描边的拐角形状，包括【斜接连接】 、【圆角连接】 和【斜角连接】 3种拐角接合形式。
- 【限制】：用于设置斜角的长度，其决定描边沿路径改变方向时伸展的长度。
- 【对齐描边】选项组：用于设置描边与路径的对齐方式，包括【使描边居中对齐】 、【使描边内侧对齐】 和【使描边外侧对齐】 3种对齐方式。
- 【虚线】：选中该复选框后，可以创建描边的虚线效果。

知识精讲

在 Illustrator CS6 中，用户可以使用【描边】控制面板编辑需要的图像描边，不仅可以选择【窗口】→【描边】菜单项打开【描边】控制面板，还可以使用键盘上的 Ctrl+F10 组合键进行打开【描边】控制面板的操作。【描边】控制面板是 Illustrator CS6 中比较重要的控制面板，其中提供了很多预设好的填充和描边填充图案，供用户选择。

7.5.2 设置描边的粗细

当用户在设置图像描边的宽度时，就需要用到【粗细】下拉列表框，从而更好地绘制图形。下面将详细介绍设置描边粗细的操作。

step 1 绘制一个图形，① 在工具箱下方单击【描边】按钮 ，② 打开【描边】控制面板，单击【粗细】下拉按钮，③ 在弹出的下拉列表中选择需要的描边粗细值，或者直接输入需要的数值，如图 7-37 所示。

step 2 通过以上步骤即可完成设置描边粗细的操作，效果如图 7-38 所示。

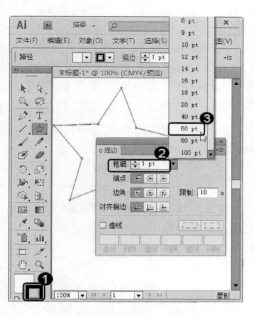

图 7-37

图 7-38

7.5.3 设置描边的填充

在 Illustrator CS6 中，用户可以根据个人喜好和工作需求对图像的描边进行填充设置，从而更好地绘制图形。下面将详细介绍设置描边填充的操作。

step 1 在绘图区中，① 绘制一个图形并选中，② 双击工具箱下方的【描边填充】按钮🔲，如图 7-39 所示。

step 2 弹出【拾色器】对话框，① 根据实际需要调配选择颜色，② 单击【确定】按钮，如图 7-40 所示。

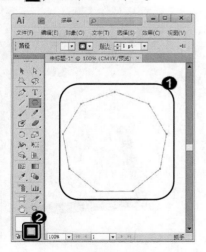

图 7-39

step 3 通过以上步骤即可完成设置描边填充的操作，效果如图 7-41 所示。

图 7-40

第 7 章 颜色填充与描边

189

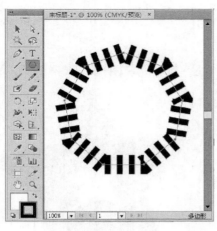

图 7-41

7.5.4　编辑描边的样式

　　在 Illustrator CS6 中，用户可以根据个人喜好和工作需求为图像的描边编辑各种各样的样式，从而使绘制的图像表现力更加丰富。下面将详细介绍编辑描边样式的操作。

1. 设置【端点】选项

　　在 Illustrator CS6 中，端点是指一段描边的首端和末端，可以为描边的首端和末端选择不同的端点样式来改变描边的端点形状。下面将详细介绍设置【端点】选项的操作。

step 1 选择钢笔工具，① 绘制一段描边，② 根据需要选择【描边】控制面板中的端点样式，这里选择【圆头端点】选项，如图 7-42 所示。

step 2 这样即可完成设置【端点】选项的操作，效果如图 7-43 所示。

图 7-42

图 7-43

2. 设置【边角】选项

在 Illustrator CS6 中，边角是指一段描边的拐点，边角样式就是指描边拐角处的形状。下面将详细介绍设置【边角】选项的操作。

Step 1 在绘图区中，① 绘制一个描边图形，② 根据需要选择【描边】控制面板中的边角样式，这里选择【圆角连接】选项，如图 7-44 所示。

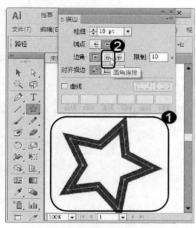

图 7-44

Step 2 这样即可完成设置【边角】选项的操作，效果如图 7-45 所示。

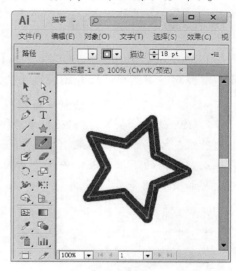

图 7-45

3. 设置【虚线】选项

在 Illustrator CS6 中，【虚线】选项中包含了 6 个数值框，是用于设定每一段虚线段的长度，数值框中的数值越大，则虚线长度越长。下面将详细介绍设置【虚线】选项的操作。

Step 1 在绘图区中，① 绘制一个描边图形，② 根据需要设置【描边】控制面板中的【虚线】数值，这里输入 50pt 数值，如图 7-46 所示。

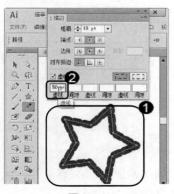

图 7-46

Step 2 这样即可完成设置【虚线】选项的操作，效果如图 7-47 所示。

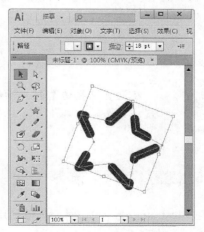

图 7-47

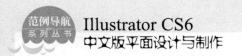

在【描边】控制面板中设置【虚线】选项时，【间隙】选项是用于设定虚线段之间的距离，输入的数值越大，虚线段之间的距离越大，反之输入的数值越小，则距离越小。

4. 设置【箭头】选项

在 Illustrator CS6 中，用户可以使用【箭头】选项为绘制的图形增添箭头样式，使图像更加丰富多彩。下面将详细介绍设置【箭头】选项的操作。

step 1 在绘图区中，① 绘制一条线段，② 设置【描边】控制面板中的【箭头】选项组，左侧的下拉列表框中是起点的箭头样式，右侧的下拉列表框中是终点的箭头样式，如图 7-48 所示。

step 2 这样即可完成设置【箭头】选项的操作，效果如图 7-49 所示。

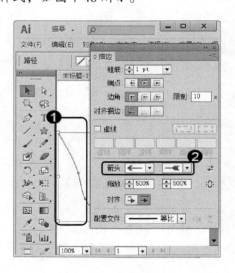

图 7-48

图 7-49

在设置【描边】控制面板中的【箭头】选项时，在设置箭头起始和终点的下拉列表旁，有一个【互换】按钮，可以互换起始箭头和终点箭头的位置。

5. 设置【缩放】选项

在 Illustrator CS6 中，用户可以使用【缩放】选项控制起始箭头和终点箭头的大小比例，使图像更加丰富多彩。下面将详细介绍设置【缩放】选项的操作。

step 1 设置完图形上的箭头后,① 在【缩放】选项组中, 左侧的数值框代表 "箭头起始处的缩放因子", ② 右侧的数值框代表"箭头结束处的缩放因子", 根据实际需要设置数值, 可以缩放起始箭头和终点箭头的大小, 如图 7-50 所示。

step 2 这样即可完成设置【缩放】选项的操作, 效果如图 7-51 所示。

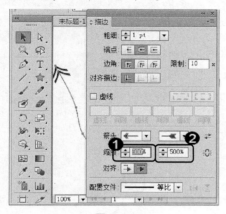

图 7-50

图 7-51

6. 设置【对齐】选项

在 Illustrator CS6 中, 用户可以使用【对齐】选项设置箭头在终点以外和箭头在终点处, 使图像更加丰富多彩。下面将详细介绍设置【对齐】选项的操作。

step 1 设置完图形上的箭头后,① 在【对齐】选项组中, 左侧的按钮 代表"将箭头提示扩展到路径终点外", ② 右侧的按钮 代表"将箭头提示放置于路径终点处", 根据实际需要进行选择, 这里选择右侧按钮, 如图 7-52 所示。

step 2 这样即可完成设置【对齐】选项的操作, 效果如图 7-53 所示。

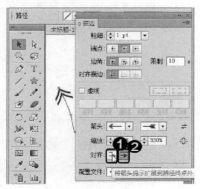

图 7-52

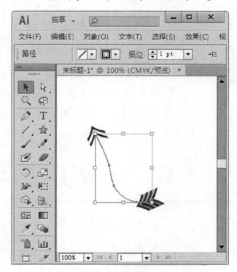

图 7-53

第 7 章 颜色填充与描边

193

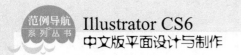
7. 设置【配置文件】选项

在 Illustrator CS6 中，用户可以使用【配置文件】选项设置线段描边的变量宽度，来改变描边的形状，使图像更加丰富多彩。下面将详细介绍设置【配置文件】选项的操作。

step 1 选中绘制的图形，① 单击【描边】控制面板中的【配置文件】下拉按钮，② 在下拉列表中选择任意文件，这里选择【宽度配置文件2】，如图7-54所示。

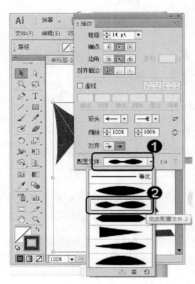

图 7-54

step 2 这样即可完成设置【配置文件】选项的操作，效果如图7-55所示。

图 7-55

在 Illustrator CS6 中，用户可以使用【描边】控制面板中的【配置文件】选项设置图形描边的形状。在【配置文件】下拉列表框右侧有两个按钮，包括【纵向翻转】按钮和【横向翻转】按钮。单击【纵向翻转】按钮，可以改变图形描边的左右位置，单击【横向翻转】按钮，可以改变图形描边的上下位置。

7.6　范例应用与上机操作

通过本章的学习，读者基本可以掌握颜色填充与描边的基本知识以及一些常见的操作方法，下面通过练习操作两个实践案例，以达到巩固学习、拓展提高的目的。

7.6.1 改变渐变网格的填充效果

在 Illustrator CS6 中，用户在图形中创建渐变网格后，可以改变渐变网格的颜色填充效果，从而绘制出更加绚丽多彩的图像。下面将详细介绍改变渐变网格填充效果的操作。

素材文件 第 7 章\素材文件\网格.ai

效果文件 第 7 章\效果文件\改变渐变网格的填充效果.ai

 打开配套的素材文件，① 选择 【直接选择工具】，② 在创建渐变网格图形中选中网格点，如图 7-56 所示。

step 2 在【颜色】控制面板中，使用吸管工具根据个人喜好选择颜色，为所有网格点填充颜色，如图 7-57 所示。

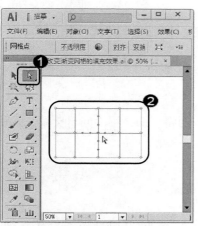

图 7-56

图 7-57

step 3 在工具箱中，① 单击【网格工具】，② 按住鼠标并拖动填充后的网格点，如图 7-58 所示。

step 4 移动网格点后，用户可以拖动网格点的控制手柄以调节网格线，如图 7-59 所示。

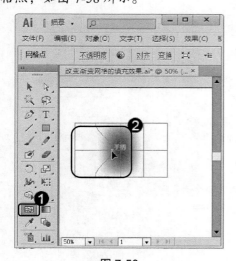

图 7-58

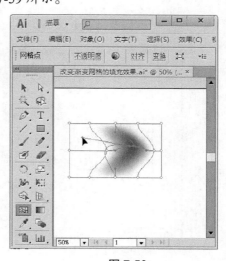

图 7-59

step 5　通过以上步骤即可完成改变渐变网格填充效果的操作，效果如图 7-60 所示。

图 7-60

7.6.2　为向日葵填充颜色

本章学习了颜色填充与描边操作的相关知识，本例将详细介绍为向日葵填充颜色的操作方法，来巩固和提高本章学习的内容。

素材文件📀　第 7 章\素材文件\向日葵.ai
效果文件📀　第 7 章\效果文件\为向日葵填充颜色.ai

step 1　打开配套的素材文件，选中向日葵的花瓣路径，准备为其填充颜色，如图 7-61 所示。

step 2　打开【渐变】面板，① 根据个人喜好选择渐变类型，这里选择【径向】类型，② 选择渐变颜色和不透明度等数值，双击渐变滑块即可弹出更多色彩，如图 7-62所示。

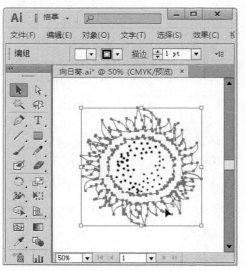

图 7-61

图 7-62

step 3 选中向日葵的花瓣路径，打开【描边】面板，根据个人需要设置【粗细】等选项，这里设置粗细为 5pt，如图 7-63 所示。

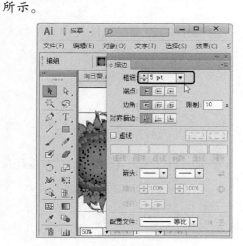

图 7-63

step 4 选择花心的路径并同样对其进行描边和填色的操作，如图 7-64 所示。

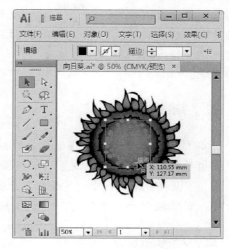

图 7-64

step 5 通过以上步骤即可完成为向日葵填充颜色的操作，效果如图 7-65 所示。

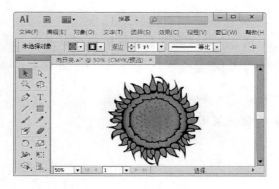

图 7-65

▦ 7.7　课后练习

7.7.1　思考与练习

一、填空题

1. _____是指两种或多种不同颜色在同一条直线上逐渐过渡进行填充。

第 7 章　颜色填充与描边

2. 在 Illustrator CS6 中，用户可以根据实际需求使用_____或_____来创建渐变网格，从而更好地绘制图形。

3. 在 Illustrator CS6 中，_____是指一段描边的首端和末端，可以为描边的首端和末端选择不同的端点样式进行改变描边的端点形状。

4. 在 Illustrator CS6 中，_____是指一段描边的拐点，边角样式就是指描边拐角处的形状。

二、判断题

1. 描边其实就是对象的描边线，对描边进行填充时，还可以对其进行一定的设置，如更改描边的形状、粗细以及设置为虚线描边等。（　　）

2. 在 Illustrator CS6 中，【虚线】选项中包含了 5 个数值框，是用于设定每一段虚线段的长度，数值框中的数值越大，则虚线长度越长。（　　）

三、思考题

1. 如何使用【颜色】面板填充并编辑颜色？
2. 如何使用图案填充？

7.7.2　上机操作

1. 使用钢笔工具、渐变工具、【自然】面板中的符号图形，以及【透明度】面板中的混合模式，进行绘制海底公园的操作。效果文件可参考"配套素材\第 7 章\效果文件\绘制海底公园.ai"。

2. 使用网格工具、钢笔工具、直线段工具和羽化命令，进行绘制香橙的操作。效果文件可参考"配套素材\第 7 章\效果文件\绘制香橙.ai"。

第**8**章

图形艺术效果处理

本章主要介绍了画笔工具、【画笔】面板和画笔库、符号、符号工具的应用方面的知识与技巧，同时还讲解了创建符号库的操作方法与技巧，通过本章的学习，读者可以掌握曲面建模基础操作方面的知识，为深入学习 Illustrator CS6 中文版平面设计与制作奠定基础。

范 例 导 航

1. 使用画笔工具
2. 【画笔】面板和画笔库
3. 符号
4. 符号工具的应用
5. 创建符号库

8.1 使用画笔工具

　　Illustrator CS6 为用户提供了画笔工具，用精巧的结构仿效传统的绘画工具，使用它可以在电脑绘图中获得很好的传统绘图效果。另外，使用画笔工具可以得到素描的效果，同时，熟练地使用画笔工具还可以创造出非常好的书法效果。本节将详细介绍使用画笔工具的相关知识。

8.1.1 画笔类型与功能

　　在 Illustrator CS6 中，画笔工具常用的有 4 种，分为图案画笔、书法画笔、艺术画笔和毛刷画笔。在菜单栏中选择【窗口】→【画笔】菜单项即可打开【画笔】面板。下面将分别介绍画笔的 4 种类型与功能。

1. 图案画笔

　　在使用图案画笔绘制图案时，该图案由沿路径重复的各个拼贴组成。图案画笔最多包括 5 种拼贴，即图案的边线、内角、外角、起点和终点，如图 8-1 所示。

2. 书法画笔

　　在 Illustrator CS6 中，书法画笔创建的描边是类似于笔尖呈某个角度的书法笔，是沿着路径的中心绘制出来的，如图 8-2 所示。

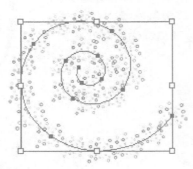

图 8-1

图 8-2

3. 艺术画笔

　　在 Illustrator CS6 中，艺术画笔是沿着路径的长度均匀拉伸出的画笔形状或对象形状，可以绘制出具有艺术效果的笔触，如图 8-3 所示。

4. 毛刷画笔

在 Illustrator CS6 中，毛刷画笔创建的描边类似于毛刷刷出的触感，整体感觉比较柔和，如图 8-4 所示。

图 8-3   图 8-4

8.1.2 画笔工具的选项

在 Illustrator CS6 中，用户可以使用画笔工具并通过修改其选项进行创建用户需要的效果，在工具箱中双击【画笔工具】 ✐，即可打开【画笔工具选项】对话框。用户可以通过对画笔工具的一些选项进行精确设定，从而更好地绘制图像，如图 8-5 所示。

图 8-5

- ■ 【保真度】：用于设定在使用画笔工具绘制曲线时，所经过的路径上各点的精确度，度量的单位是像素。其中保真度的值越小，所绘制的曲线就越粗糙，相反，值越大，所绘制的曲线精确度就越高。设置保真度的最小值是 0.5，最大值是 20。
- ■ 【平滑度】：用于指定画笔工具所绘制曲线的光滑程度的一项参数，用百分比来表示，设置的范围是 0～100。平滑度的值越大，所绘制的曲线就越平滑，反之则粗糙。

- 【填充新画笔描边】: 选中该复选框后, 将填色应用于路径上。在绘制封闭路径时最有用。
- 【保持选定】: 选中该复选框后, 每绘制一条曲线, 绘制出的曲线都将处于被选中状态。在书写汉字时, 可以将其禁用。
- 【编辑所选路径】: 选中该复选框后, 在路径绘制完成后可以编辑路径上的锚点。

8.1.3 使用画笔工具绘制图形

在 Illustrator CS6 中, 用户可以根据实际需求使用【画笔工具】 ✏ 进行绘制各式各样的图形效果的操作, 从而使图像更加丰富多彩。下面将详细介绍使用画笔工具绘制图形的操作方法。

step 1 在工具箱中, ① 选择【画笔工具】 ✏, ② 打开【画笔】面板, 在其中选择一种画笔类型, 如选择【炭笔-羽毛】, 如图 8-6 所示。

step 2 在绘图区中, 拖动鼠标绘制图形, 释放鼠标即可完成使用画笔工具绘制图形的操作, 效果如图 8-7 所示。

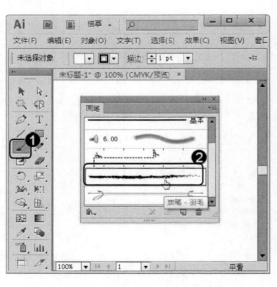

图 8-6

图 8-7

8.1.4 应用画笔到现有的路径

在 Illustrator CS6 中, 用户可以根据实际需求使用画笔并将其应用至当前图形的路径中, 从而方便图形的绘制。下面将详细介绍应用画笔到现有路径的操作方法。

step 1 在绘图区中, ① 绘制一个图形并将其选中, ② 打开【画笔】面板, 在其中选择需要应用的画笔类型, 如选择【拖把】, 如图 8-8 所示。

step 2 在绘图区, 可以看见选择的画笔已应用至现有的路径上, 这样即可完成应用画笔到现有路径的操作, 效果如图 8-9 所示。

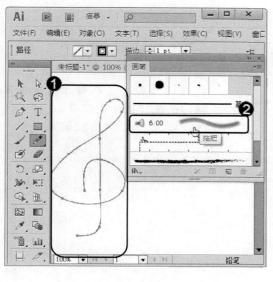

图 8-8

图 8-9

8.1.5　替换路径上的画笔

在 Illustrator CS6 中，用户可以根据实际需求替换路径上的画笔，从而可以方便快捷地管理绘制的图形。下面将详细介绍替换路径上的画笔的操作方法。

step 1 在绘图区中，① 选中需要替换画笔的路径，② 打开【画笔】面板，在其中选择需要替换的画笔类型，如选择【分隔线】，如图 8-10 所示。

step 2 在绘图区，可以看到选择的路径已被替换为选择的画笔样式，这样即可完成替换路径上画笔的操作，效果如图 8-11 所示。

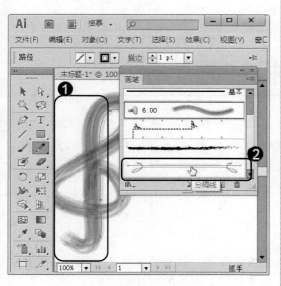

图 8-10

图 8-11

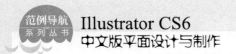

8.1.6 从路径上移除画笔描边

在 Illustrator CS6 中，用户可以根据实际需求从路径上移除画笔描边，从而便于管理绘制好的图形。下面将详细介绍从路径上移除画笔描边的操作方法。

step 1 在绘图区中，① 选中需移除的画笔描边，② 打开【画笔】面板，单击面板下方的【移去画笔描边】按钮 ，如图 8-12 所示。

step 2 这样即可完成从路径上移除画笔描边的操作，效果如图 8-13 所示。

图 8-12

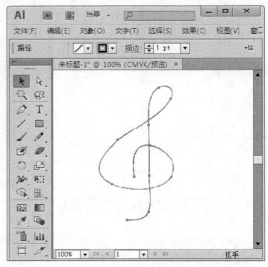

图 8-13

知识精讲

在 Illustrator CS6 中，用户可以使用画笔工具创建由鼠标拖拉所产生的闭合路径，结合【画笔】面板可以生成与传统毛笔相似的效果。使用【散布画笔】和【图案画笔】通常可以达到相同的效果，区别在于【图案画笔】会完全依循路径，而【散布画笔】则不是完全依循路径的方向。

8.2 【画笔】面板和画笔库

在 Illustrator CS6 中，【画笔】面板中包含有画笔类型的列表，在其中显示出系统提供的画笔的形状和颜色。用户还可以根据实际需要自定义画笔，也可以从画笔库中选取需要的画笔。本节将详细介绍【画笔】面板和画笔库的相关知识及操作方法。

8.2.1 【画笔】面板

【画笔】面板中共有四类画笔，分别是书法效果画笔、散点画笔、艺术画笔和图案画笔，使用后有不同的效果，下面将详细介绍有关【画笔】面板的相关知识。

1. 功能按钮

在 Illustrator CS6 中，用户使用【画笔】面板绘制图形时，在面板最下方有一排按钮即功能按钮，使用后有不同的效果，从而更好地进行绘制图形，如图 8-14 所示。

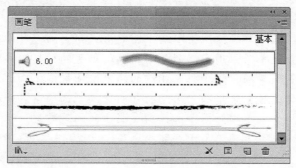

图 8-14

- 【画笔库菜单】按钮 ⅡＩＩ▼：单击该按钮后即可打开画笔库菜单，从中可以选择需要的画笔类型。
- 【移去画笔描边】按钮 ✕：选中后即可将图形中的任意一种画笔形状删除，只留下轮廓线。
- 【所选对象的选项】按钮 ▤：选中后即可打开画笔选项窗口，可以编辑不同的画笔形状。
- 【新建画笔】按钮 ◳：选中后即可打开新建画笔窗口，从而创建新的画笔类型。
- 【删除画笔】按钮 🗑：选定画笔类型后，单击此按钮即可删除选中的画笔类型。

2. 面板菜单

在 Illustrator CS6 中，单击【画笔】面板中右上方的展开按钮 ▼≡，即可打开一个下拉菜单，如图 8-15 所示。

图 8-15

第 8 章　图形艺术效果处理

205

- 【新建画笔】菜单项：用于新建一种画笔类型。
- 【复制画笔】菜单项：用于复制选定的画笔。
- 【删除画笔】菜单项：用于删除选定的画笔。
- 【移去画笔描边】菜单项：用于将图形中的任意一种画笔形状删除，只留下轮廓线。
- 【选择所有未使用的画笔】菜单项：用于选中所有在当前文件中还没有使用的画笔类型。
- 【缩览图视图】菜单项：用于以缩小图的形式列出画笔的种类和样式。
- 【列表视图】菜单项：用于以列表形式列出画笔的种类和样式。
- 【画笔选项】菜单项：用于打开相应的画笔选项窗口。
- 【所选对象的选项】菜单项：用于打开所选画笔选项窗口并对其编辑。
- 【打开画笔库】菜单项：用于选择需要显示的画笔类型。
- 【存储画笔库】菜单项：用于存储画笔库。

8.2.2 编辑画笔

用户可以对现有的画笔进行编辑，从而改变画笔的外观、大小、颜色和角度等。另外，对于不同的画笔类型，编辑的方法也有所不同。

1. 编辑散点画笔

在 Illustrator CS6 中，散点画笔就是系统预置的一些小图标作为画笔的形状，在使用画笔工具绘制图形时按照一定的方式将小图标分布到画笔路径所经过的区域中去。在【画笔】面板中选中一个散点图标并双击该图标，即可打开【散点画笔选项】对话框，如图 8-16 所示。

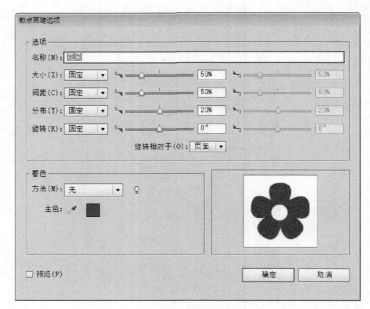

图 8-16

- 【大小】：用于指定画笔图案的大小。
- 【间距】：用于指定使用画笔工具绘图时，沿所经过的路径分布的图案之间的距离。
- 【分布】：用于指定在路径两边分布的图案的距离。
- 【旋转】：用于指定沿路径两端分布时各个图案的旋转角度。
- 【旋转相对于】：用于设定是相对于页面旋转，还是相对于路径旋转。
- 【方法】：用于编辑散点画笔的色调和关键字的颜色。
- 【预览】：设置完成后，可以选中该复选框，预览调整后的效果。

2. 编辑图案画笔

在 Illustrator CS6 中，图案画笔通常用于绘制常见的图案效果。在【画笔】面板中双击选中的图案画笔类型，即可打开【图案画笔选项】对话框，如图 8-17 所示。

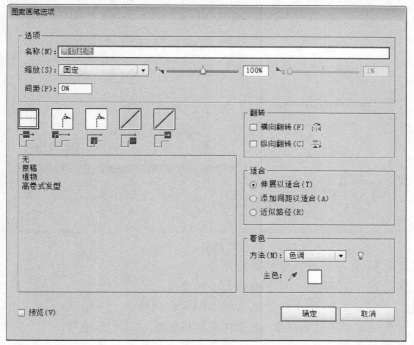

图 8-17

- 【名称】：用于更改画笔的名称。其下面的五个图标分别可以编辑图案的边、外角边、内角边、起点和终点。
- 【缩放】：用于调整相对于原始大小的拼贴大小。
- 【间距】：用于调整拼贴之间的间距。
- 【横向翻转】：用于改变图案横向翻转线条的方向。
- 【纵向翻转】：用于改变图案纵向翻转线条的方向。
- 【伸展以适合】：用于延长或缩短图案，以适合对象，生成不均匀的拼贴。
- 【添加间距以适合】：用于在每个图案拼贴之间添加空白，将图案按比例应用于路径。
- 【近似路径】：用于在不改变拼贴的状况下使拼贴适合于最近似的路径，所应用的图案、路径将向内侧或外侧移动，以保持均匀拼贴。

第 8 章 图形艺术效果处理

207

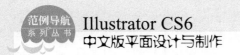
3. 编辑艺术画笔

在 Illustrator CS6 中，艺术画笔可以使用户绘制的图形更加生动形象。在【画笔】面板中选中【艺术画笔】类型，打开【艺术画笔选项】对话框，如图 8-18 所示。

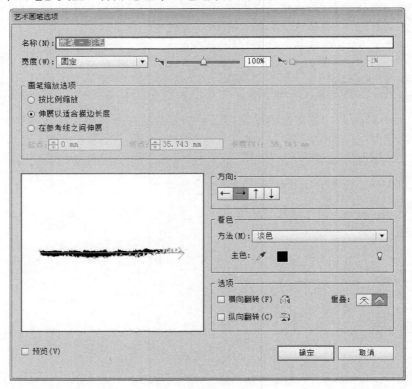

图 8-18

- ■ 【名称】：用于更改画笔的名称。
- ■ 【宽度】：用于调整相对于原始大小的宽度大小。
- ■ 【按比例缩放】：用于将艺术画笔路径按比例缩放。
- ■ 【伸展以适合描边长度】：用于伸展描边长度，以适合对象。
- ■ 【在参考线之间伸展】：用于将路径在参考线之间伸展。
- ■ 【方向】：用于决定图稿相对于线条的方向。
- ■ 【着色】：用于编辑画笔的色调以及颜色。
- ■ 【横向翻转】：用于改变路径横向翻转线条的方向。
- ■ 【纵向翻转】：用于改变路径纵向翻转线条的方向。
- ■ 【预览】：选中该复选框即可预览设置后的效果。

4. 编辑毛刷画笔

毛刷画笔能够指定使用毛刷画笔工具绘制线条的画笔形状等。在【画笔】面板中选中【毛刷画笔】类型，打开【毛刷画笔选项】对话框，如图 8-19 所示。

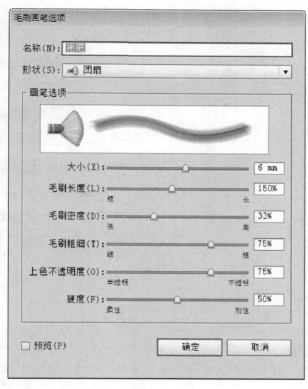

图 8-19

- ■ 【名称】：用于更改画笔的名称。
- ■ 【形状】：用于改变毛刷的形状。
- ■ 【大小】：用于调整毛刷的大小。
- ■ 【毛刷长度】：用于调整毛刷的长度。
- ■ 【毛刷密度】：用于调整毛刷的密度。
- ■ 【毛刷粗细】：用于调整毛刷的粗细。
- ■ 【上色不透明度】：用于调整毛刷画笔上色的不透明度。
- ■ 【硬度】：用于调整毛刷画笔的硬度质感。

8.2.3 画笔库

在 Illustrator CS6 中，画笔库是系统预设的画笔集合，用户可以打开多个画笔库来浏览其中的内容并选择画笔。下面将详细介绍使用画笔库的操作方法。

step 1 在菜单栏中，① 选择【窗口】菜单，② 选择【画笔库】菜单项，③ 在子菜单中选择需要的库，这里选择【矢量包】菜单项，然后根据需要选择使用的矢量包，这里选择【手绘画笔矢量包】子菜单项，如图 8-20 所示。

step 系统会打开【手绘画笔矢量包】面板，用户即可使用其中的画笔库资源，如图 8-21 所示。

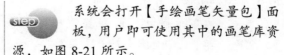

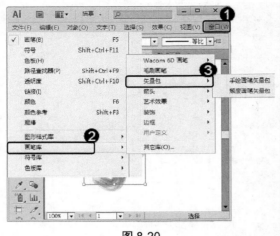

图 8-20

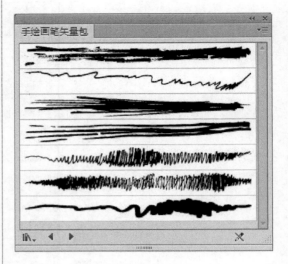

图 8-21

 知识精讲

在绘制完第一种边框后，如需绘制第二种边框，需要将第一种绘制的边框处于未激活状态，才能开始第二种边框的绘制，否则第一种绘制的边框将变为第二种边框。使用多种画笔库中的效果绘制图像，将使图像更加丰富多彩。

8.3 符号

在 Illustrator CS6 中，符号是一种能存储在【符号】控制面板中，而且在一个插图中可以重复使用的对象，每个符号实例都与【符号】控制面板或符号库中的符号链接。使用符号可以节省绘图时间，使图形更加生动形象。本节将详细介绍符号的相关知识及操作方法。

8.3.1 使用符号

在 Illustrator CS6 中，符号可以被单独使用，也可以被作为集或者集合来使用。下面将详细介绍应用符号的操作方法。

 step 1 在菜单栏中，① 选择【窗口】菜单，② 选择【符号】菜单项，如图 8-22 所示。

step 2 打开【符号】面板，① 选择需要应用的符号，② 按住鼠标左键将其拖动至绘图区中，如图 8-23 所示。

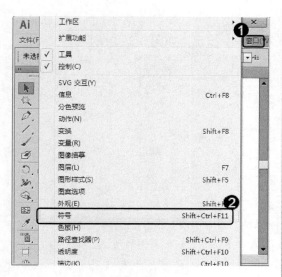

图 8-22

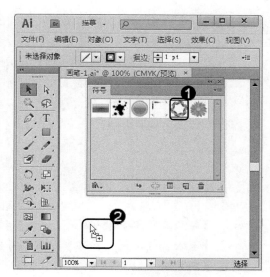

图 8-23

step 3　在工具箱中，① 选择【符号喷枪工具】🔲，② 在绘图区中单击任意位置，如图 8-24 所示。

step 4　通过以上步骤即可完成创建和应用符号的操作，如图 8-25 所示。

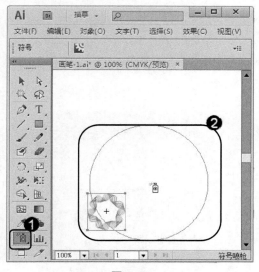

图 8-24

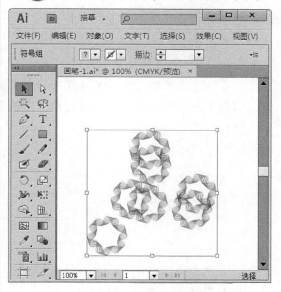

图 8-25

8.3.2　【符号】面板和符号库

在 Illustrator CS6 中，用户可以使用【符号】面板和符号库中的符号，更好地绘制和编辑图像。下面将分别详细介绍【符号】面板和符号库的操作方法。

1.【符号】面板

在 Illustrator CS6 中，选择菜单栏中的【窗口】→【符号】菜单项，即可打开【符号】

第 8 章　图形艺术效果处理

211

面板。【符号】面板具有创建、编辑和存储的功能，用户可以使用【符号】面板重新排列、复制、重命名和管理符号。在【符号】面板下方有 6 个按钮，如图 8-26 所示。

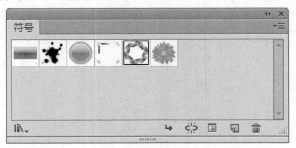

图 8-26

- 【符号库菜单】按钮 ：包含多种符号库，用户可根据需要选择使用。
- 【置入符号实例】按钮 ：可以将当前选中的一个符号范例放置在页面中心。
- 【断开符号链接】按钮 ：可以将添加到插图中的符号范例与【符号】面板断开链接。
- 【符号选项】按钮 ：单击即可打开【符号选项】对话框，可根据需要进行设置。
- 【新建符号】按钮 ：单击即可将选中的符号添加至【符号】面板中作为符号。
- 【删除符号】按钮 ：单击即可删除【符号】面板中的被选中符号。

2. 符号库

在菜单栏中选择【窗口】→【符号库】菜单项即可打开符号库的子库，比如选择子菜单【自然】符号库，就会打开【自然】库的面板，如图 8-27 所示。

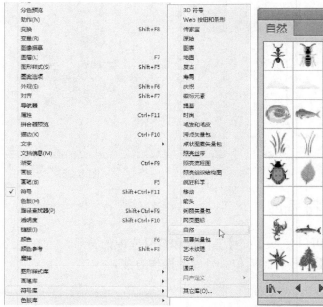
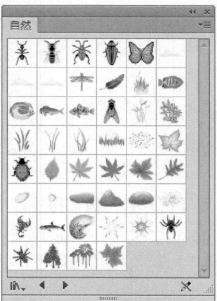

图 8-27

8.3.3 创建与删除符号

在 Illustrator CS6 中，用户可以创建符号绘制图像，也可以将创建的多余符号删除，以保持画面整洁。下面将详细介绍创建与删除符号的操作方法。

1. 创建符号

在 Illustrator CS6 中，用户可以使用大部分的对象创建符号，包括路径、文本、栅格图像、网格对象和对象组等。但是不能使用链接图稿创建符号，也不能使用某些组，例如图形组，下面将详细介绍创建符号的操作方法。

step 1 ① 选择要用作符号的图稿，② 打开【符号】面板，在其中单击【新建符号】按钮，如图 8-28 所示。

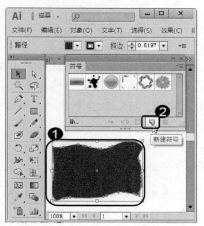

图 8-28

step 3 返回到【符号】面板中，可以看到选择的图稿已经被用作为符号出现在【符号】面板中，如图 8-30 所示。

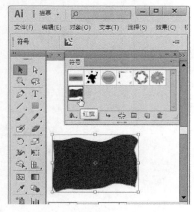

图 8-30

step 2 弹出【符号选项】对话框，① 根据需要设置名称、类型等信息，② 单击【确定】按钮，如图 8-29 所示。

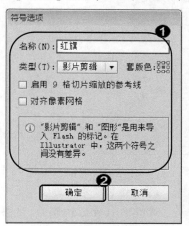

图 8-29

智慧锦囊

用户在创建好一部分符号实例后，再创建其他的符号实例，可以选择现有的符号或者符号集，按住键盘上的 Alt 键并拖动一个符号实例即可复制相同的符号实例。也可以选择【符号】面板中的符号喷枪工具和一个符号，在绘图区任意位置单击或拖动鼠标即可添加新的符号实例。

考考您

请您根据上述方法创建一个符号，测试一下您的学习效果。

第 8 章 图形艺术效果处理

213

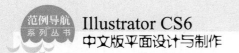

2. 删除符号

在 Illustrator CS6 中，用户可以删除不再需要的符号，使【符号】面板更加简洁明了。下面将详细介绍删除符号的操作方法。

step 1 打开【符号】面板，① 选中需要删除的符号，② 单击【删除符号】按钮，如图 8-31 所示。

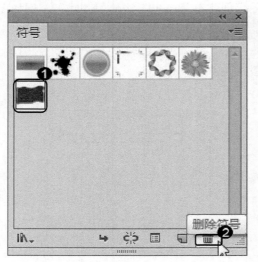

图 8-31

step 3 返回到【符号】面板中，可以看到选择的符号已被删除，这样即可完成删除符号的操作，如图 8-33 所示。

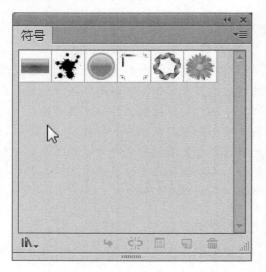

图 8-33

step 2 弹出 Adobe Illustrator 对话框，单击【删除实例】按钮，如图 8-32 所示。

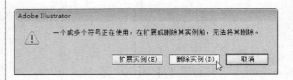

图 8-32

智慧锦囊

在 Illustrator CS6 中，用户可以用鼠标拖动【符号喷枪工具】，将会创建出多个符号实例，如果单击一下，只能创建一个符号实例。

考考您

请您根据上述方法删除一个符号，测试一下您的学习效果。

214

8.4　符号工具的应用

在 Illustrator CS6 中，用户可以使用符号工具对符号进行编辑与修改，也可以通过设置符号工具选项，从而使符号达到预期的效果。本节将详细介绍符号工具应用的相关知识。

8.4.1　符号喷枪工具

在 Illustrator CS6 的工具箱中用鼠标左键单击并按住【符号喷枪工具】 ，将弹出 8 个符号工具，如图 8-34 所示。

图 8-34

符号喷枪工具用于创建符号集合，可以将【符号】面板中的符号应用至图像中，如图 8-35 所示。

图 8-35

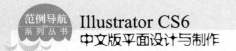

8.4.2　符号移位器工具

符号移位器工具用于移动符号实例，如图 8-36 所示。

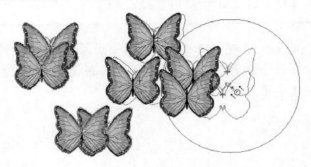

图 8-36

8.4.3　符号紧缩器工具

符号紧缩器工具用于将符号实例进行紧缩变形，如图 8-37 所示。

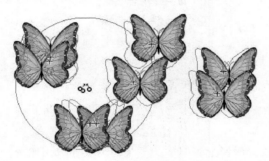

图 8-37

8.4.4　符号缩放器工具

符号缩放器工具用于将符号实例进行放大的操作，按住键盘上 Alt 键即可缩小，如图 8-38 所示。

图 8-38

8.4.5　符号旋转器工具

符号旋转器工具用于将符号实例进行旋转操作，如图 8-39 所示。

图 8-39

8.4.6　符号着色器工具

符号着色器工具用于使用当前颜色将符号实例进行填色，如图 8-40 所示。

图 8-40

8.4.7　符号滤色器工具

符号滤色器工具用于增加符号实例的透明度，按住 Alt 键即可减小透明度，如图 8-41 所示。

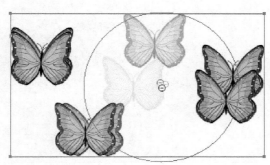

图 8-41

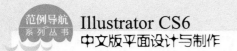

8.4.8 符号样式器工具

符号样式器工具用于将当前样式应用至符号实例中，如图 8-42 所示。

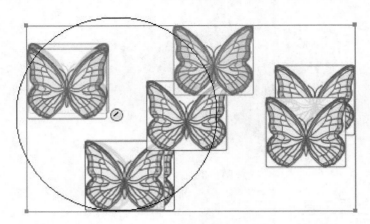

图 8-42

8.4.9 设置符号工具选项

在 Illustrator CS6 中，用户可以双击任意符号工具，弹出【符号工具选项】对话框，通过设置其属性，使符号达到满意的效果，如图 8-43 所示。

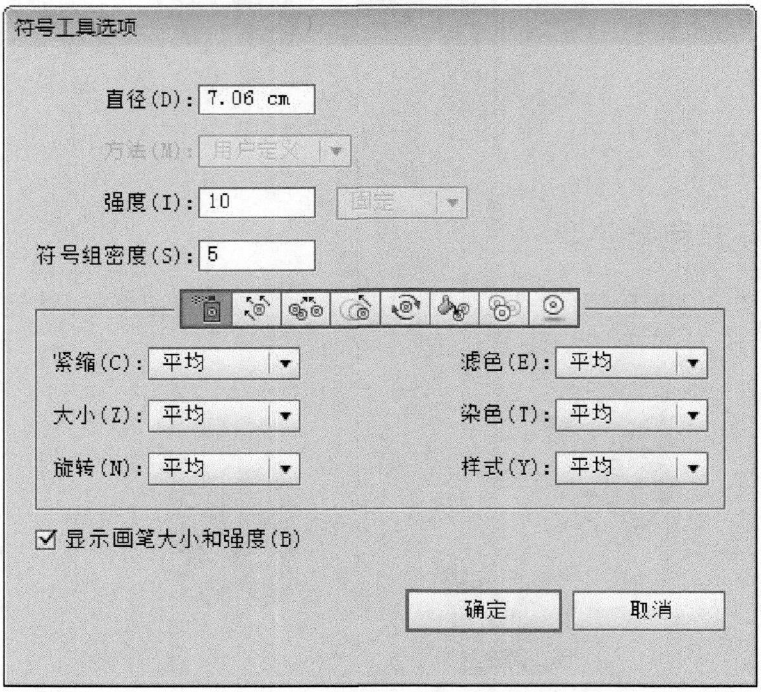

图 8-43

- 【直径】: 用于设置选取符号后, 笔刷直径的数值。
- 【强度】: 用于设定拖动鼠标时, 符号范例随鼠标变化的强度, 数值越大, 被操作的符号范例变化越强。
- 【符号组密度】: 用于设定符号集合中包含符号范例的密度, 数值越大, 符号集所包含的符号范例数目越多。
- 【显示画笔大小和强度】: 选中此复选框后, 在使用符号工具时可以看到笔刷, 取消选中, 则隐藏笔刷。

8.5 创建符号库

在 Illustrator CS6 中, 用户不仅可以创建符号, 还可以创建符号库, 方法非常简单, 下面将简单地介绍创建符号库的操作方法。

在【符号】面板中, 选择准备要加入到符号库中的符号, 然后单击【符号】面板右上方的展开按钮 ≡, 在弹出的下拉菜单中, 选择【存储符号库】菜单项即可, 如图 8-44 所示。

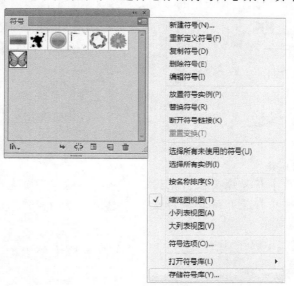

图 8-44

8.6 范例应用与上机操作

通过本章的学习, 读者基本可以掌握图形艺术效果处理的基本知识以及一些常见的操作方法, 下面通过练习操作 2 个实践案例, 以达到巩固学习、拓展提高的目的。

第口章 图形艺术效果处理

8.6.1 用符号绘制大自然美景

在 Illustrator CS6 中，用户可以使用各式各样的符号绘制图像，从而使图像更加绚丽多彩。下面将详细介绍用符号绘制大自然美景的操作。

素材文件 ☜ 无
效果文件 ☜ 第 8 章\效果文件\大自然美景.ai

step 1 在【符号】面板中，① 单击【符号库菜单】按钮，② 在弹出的菜单中选择【自然】和【花朵】符号库菜单项，如图 8-45 所示。

step 2 打开【自然】符号库面板，根据个人喜好选择符号并将其拖动至绘图区中，如图 8-46 所示。

图 8-46

图 8-45

step 3 打开【花朵】符号库面板，根据个人喜好选择符号并将其拖动至绘图区中，如图 8-47 所示。

step 4 这样即可完成用符号绘制大自然美景的操作，效果如图 8-48 所示。

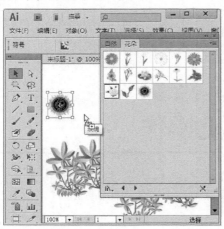

图 8-47

图 8-48

8.6.2 缩放创建的符号实例

本章学习了图形艺术效果处理的相关知识，本例将详细介绍缩放创建的符号实例，来巩固和提高本章学习的内容。

素材文件 第 8 章\素材文件\符号实例.ai

效果文件 第 8 章\效果文件\缩放创建的符号实例.ai

 step 1 打开配套素材文件，① 选中编辑好的图形，② 打开【画笔】面板，单击需要应用的画笔类型，如图 8-49 所示。

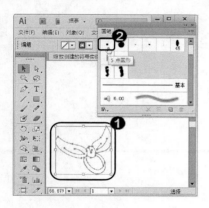

图 8-49

step 3 弹出【符号选项】对话框，① 根据实际需要设置名称、类型等信息，② 单击【确定】按钮，如图 8-51 所示。

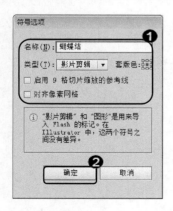

图 8-51

step 2 打开【符号】面板，单击【新建符号】按钮，如图 8-50 所示。

图 8-50

step 4 在【符号】面板中，选中刚创建的符号，用鼠标拖动符号至绘图区中，如图 8-52 所示。

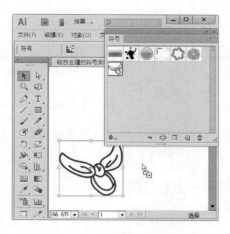

图 8-52

第 8 章　图形艺术效果处理

221

5 在工具箱中，① 按住【符号喷枪工具】，② 在弹出的工具组中选择【符号缩放器工具】菜单项，如图 8-53 所示。

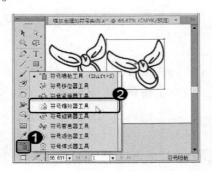

图 8-53

6 单击需要缩放的符号即可完成缩放创建的符号实例的操作，效果如图 8-54 所示。

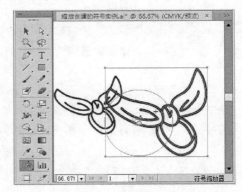

图 8-54

 # 8.7　课后练习

8.7.1　思考与练习

一、填空题

画笔工具常用的有 4 种，分为＿＿＿＿＿、毛刷画笔、＿＿＿＿＿和图案画笔。

二、判断题

符号可以被单独使用，也可以被作为集或者集合来使用。　　　　　　　　（　　　）

三、思考题

1. 如何使用画笔工具绘制图形？
2. 如何创建和应用符号？

8.7.2　上机操作

1. 使用矩形工具、投影命令、使用建立不透明蒙版命令和文字工具，进行绘制播放图标的操作。效果文件可参考"配套素材\第 8 章\效果文件\绘制播放图标.ai"。

2. 使用倾斜工具、投影命令、【色板】控制面板和符号库等，进行绘制音乐节插画的操作。效果文件可参考"配套素材\第 8 章\效果文件\绘制音乐节插画.ai"。

第 **9** 章

文本的编辑与处理

　　本章主要介绍创建文本、文本的录入和编辑、设置字符格式和设置段落格式方面的知识与技巧,同时还讲解了文本的其他操作方面的方法与技巧。通过本章的学习,读者可以掌握文本的编辑与处理操作方面的知识,为深入学习 Illustrator CS6 中文版平面设计与制作奠定基础。

范 例 导 航

1. 创建文本
2. 文本的录入和编辑
3. 设置字符格式
4. 设置段落格式
5. 文本的其他操作

9.1 创建文本

　　　　Illustrator CS6 提供了强大的文本编辑和图文混排功能。文本对象和一般图形对象一样可以进行各种变换和编辑，同时还可以通过应用各种外观和样式属性，制作出绚丽多彩的文本效果。本节将详细介绍创建文本的相关知识及操作方法。

9.1.1　文本工具概述

　　用户准备创建文本时，可以使用鼠标左键按住工具箱中的【文字工具】 T ，即可弹出文字工具菜单，单击右侧的三角按钮，文字工具组将独立分离出来。其中有 6 种文字工具，可以输入各种类型的文字，以满足不同的处理需要，如图 9-1 所示。

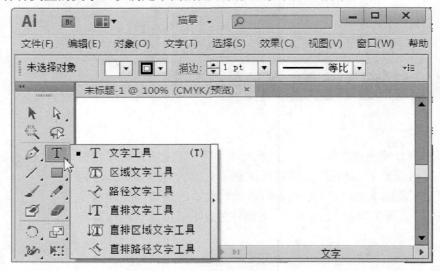

图 9-1

9.1.2　文本工具的使用

　　在 Illustrator CS6 中，用户可以使用文本工具中的文字工具和直排工具，还可以输入文本块，编辑需要的文字效果。下面将详细介绍输入点文本和输入文本块的使用方法。

1. 输入点文本

　　在 Illustrator CS6 中，用户可以使用文本工具中的文字工具或直排工具等，编辑需要的文字效果。下面将详细介绍输入点文本的使用方法。

step 1 在工具箱中，① 选择【文字工具】 T，② 在绘图区中单击，显示出插入文本光标，输入需要的文本信息，如图 9-2 所示。

step 2 完成文字输入后，选择工具箱中的任意一种工具，就可以把刚才输入的文本作为一个单元选中，这样即可完成输入点文本的操作，如图 9-3 所示。

图 9-2

图 9-3

2. 输入文本块

在 Illustrator CS6 中，用户可以使用文本工具中的文字工具或直排工具定制一个文本框，即可在其中编辑需要的文字。下面将详细介绍输入文本块的操作方法。

step 1 在工具箱中，① 选择【直排文字工具】 IT，② 在绘图区中任意位置单击并拖动鼠标，当文本框大小合适时，释放鼠标即可显示出矩形文本框，如图 9-4 所示。

step 2 在矩形文本框中输入文字，输入的文字将在指定的区域内排列，这样即可完成输入文本块的操作，如图 9-5 所示。

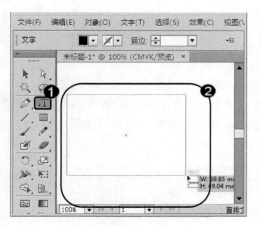

图 9-4

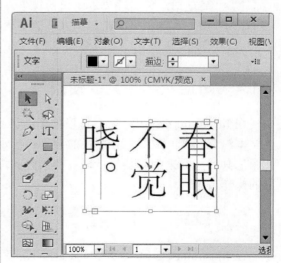

图 9-5

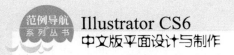

9.1.3　区域文字工具的使用

在 Illustrator CS6 中，区域文字工具也称为体文字工具，它可以让用户使用文本来填充一个现有的形状。下面将详细介绍使用区域文字工具的操作方法。

Step 1　绘制一个图形，① 在工具箱中选择【区域文字工具】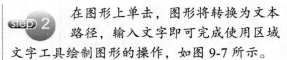，② 将鼠标移动至图形边框时，指针将变为 形状，如图 9-6 所示。

Step 2　在图形上单击，图形将转换为文本路径，输入文字即可完成使用区域文字工具绘制图形的操作，如图 9-7 所示。

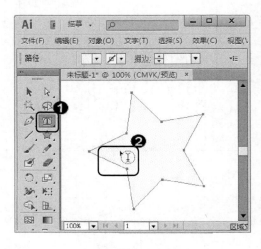

图 9-6

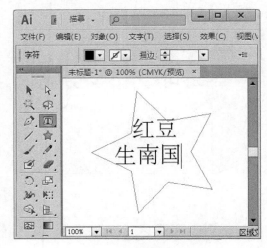

图 9-7

在 Illustrator CS6 中，用户使用区域文字工具在图形中输入文字时，输入的文字将按水平方向在该图形内排列。如果输入的文字超出了文本路径所能容纳的范围，将出现文本溢出的现象，这时可以使用选择工具，选中文本路径，拖动文本路径周围的控制点来调整文本路径的大小，即可显示所有文字。

9.1.4　路径文字工具的使用

在 Illustrator CS6 中，用户可以使用路径文字工具或直排路径文字工具，在创建文本时，让文本沿着一个开放或闭合路径的边缘进行水平或垂直方向的排列，路径可以是不规则的。使用工具后，原来的路径将不再具有填充和描边的属性。下面将详细介绍使用路径文字工具的操作方法。

1. 创建路径文本

在 Illustrator CS6 中，用户可以使用路径文字工具或直排路径文字工具创建路径文本，其中包括沿路径创建水平方向文本和垂直方向文本。下面将介绍其操作方法。

step 1 绘制一段任意形状的开放路径，① 在工具箱中单击【路径文字工具】 ，② 在绘制的路径上单击路径将转换为文本路径，插入点将位于路径起点，如图 9-8 所示。

step 2 在光标处输入需要的文字，文字将沿着路径排列，这样即可完成创建路径文本的操作，如图 9-9 所示。

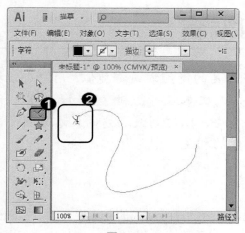

图 9-8

图 9-9

2. 编辑路径文本

在 Illustrator CS6 中，用户使用路径文字工具创建路径文本后，如果对创建的文本效果不满意，可以修改和编辑路径文本。下面将详细介绍其操作方法。

step 1 在工具箱中，① 单击【直接选择工具】 ，② 选择需要编辑的路径文本，如图 9-10 所示。

step 2 拖动文字中部的"I"形符号，可以沿路径移动文本，也可以翻转方向，这样即可完成编辑路径文本的操作，如图 9-11 所示。

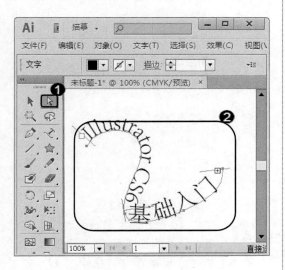

图 9-10

图 9-11

第 9 章　文本的编辑与处理

227

在 Illustrator CS6 中，沿路径创建垂直方向的文本时，可以使用直排路径文字工具，在绘制的路径上单击，即可转换为文本路径。

9.2 文本的录入和编辑

在 Illustrator CS6 中，所有文字工具的使用方式都类似，用户可以根据实际需求置入需要的文本，也可以对文本进行复制、剪切和粘贴，还可以变换文字的排列格式和调整文本块，以达到最满意的文本效果。本节将详细介绍有关文本的录入和编辑的相关知识及操作方法。

9.2.1 文本的置入

用户可以使用菜单中的【置入】菜单项快速地将已有的其他格式的文本置入到 Illustrator CS6 中，文件可以嵌入或包含到 Illustrator 文件中，或者链接到 Illustrator 文件中。但是文本文件只能被嵌入，不能被链接。下面将介绍文本置入的操作方法。

step 1 创建一个图形作为置入文本的文本框，① 在工具箱中选择【文字工具】 T ，② 单击选中的图形，将其变为文本框，如图 9-12 所示。

step 2 在菜单栏中，① 选择【文件】菜单，② 选择【置入】菜单项，如图 9-13 所示。

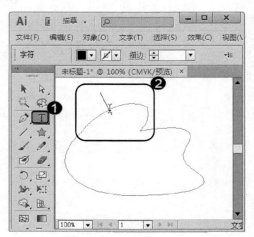

图 9-12

图 9-13

step 3 在弹出的【置入】对话框中，① 查找并选择需要置入的文件，② 单击【置入】按钮，如图 9-14 所示。

step 4 弹出【Microsoft Word 选项】对话框，① 根据实际需求设置选项，② 单击【确定】按钮即可将选中的文件置入到文本框中，如图 9-15 所示。

图 9-14

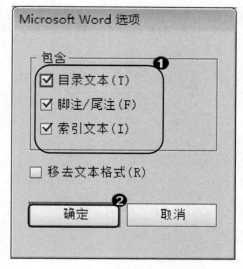

图 9-15

9.2.2 文本的复制、剪切和粘贴

在 Illustrator CS6 中，用户可以使用【复制】、【粘贴】和【剪切】菜单项，对文本进行编辑。下面将分别详细介绍文本的复制、粘贴和剪切的操作方法。

1. 复制、粘贴文本

在 Illustrator CS6 中，可以使用【复制】和【粘贴】菜单项，来编辑需要的文本，使之达到满意的效果。下面将详细介绍复制文本的操作方法。

step 1 选择文字工具输入文字，① 选中需要复制的文字，② 在菜单栏中选择【编辑】菜单，③ 选择【复制】菜单项，如图 9-16 所示。

step 2 移动鼠标指针到需要粘贴的位置，如图 9-17 所示。

图 9-16

图 9-17

step 3　　在菜单栏中，① 选择【编辑】菜单，② 选择【粘贴】菜单项，如图 9-18 所示。

step 4　　这样即可完成复制并粘贴文本的操作，效果如图 9-19 所示。

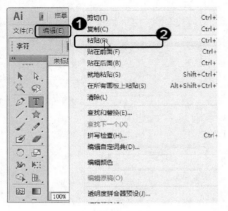

图 9-18

图 9-19

2. 剪切文本

使用【剪切】菜单项，可以在 Illustrator 中的各个文本之间或者同一文本的不同位置进行剪切操作。下面将详细介绍剪切文本的操作方法。

step 1　　选择文字工具输入文字，① 选中需要剪切的文字，② 在菜单栏中选择【编辑】菜单，③ 选择【剪切】菜单项，如图 9-20 所示。

step 2　　返回至绘图区中，可见刚刚选中的文本已经被剪切，这样即可完成剪切文本的操作，如图 9-21 所示。

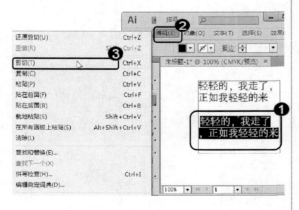

图 9-20

图 9-21

9.2.3　文字排列格式的变换

在 Illustrator CS6 中，用户在录入或置入文本后，可以用文字方向改变排列格式。下面将详细介绍变换文字排列格式的操作方法。

step 1 选中需要变换排列格式的文本，① 在菜单栏中选择【文字】菜单，② 选择【文字方向】菜单项，③ 在子菜单中选择需要改变的方向，这里选择【垂直】子菜单项，如图 9-22 所示。

step 2 返回至绘图区，可见文本已经改变方向，这样即可完成变换文字排列格式的操作，如图 9-23 所示。

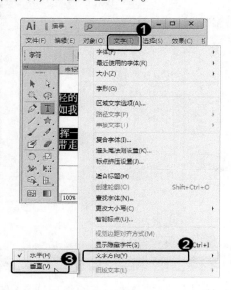

图 9-22

图 9-23

知识精讲

在 Illustrator CS6 中，如需对录入的文本进行编辑，可以使用快捷键，使工作效率更快。←键：将光标前移一个字符的宽度；↑键：将光标上移一行；→键：将光标后移一行；↓键：将光标下移一行；Home 键：移动光标到文本的开头；End 键：移动光标到文本的结尾；Delete 键：删除光标后面的一个字符。

9.2.4　文本块的调整

在 Illustrator CS6 中，在文本块中输入文字后，可以调整其位置和大小。和 Illustrator 中的其他对象一样，如果要调整文本块的位置和大小，首先要选中文本块，然后根据需要进行调整。下面将分别详细介绍两种调整文本块的操作方法。

1. 使用选择工具调整文本块

在 Illustrator CS6 中，用户可以使用选择工具调整文本块的位置和大小。下面将详细介绍使用选择工具调整文本块的操作方法。

在工具箱中，① 单击【选择工具】
，② 将鼠标指针移动至文本块
的一角，当光标变为弯曲形状时，拖动鼠标
进行旋转操作，如图 9-24 所示。

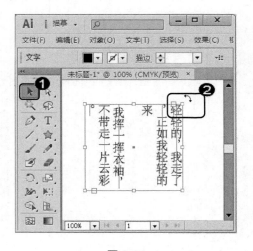

图 9-24

 这样即可完成使用选择工具调整
文本块的操作，如图 9-25 所示。

图 9-25

2. 使用菜单命令调整文本块

在 Illustrator CS6 中，用户可以使用菜单命令精确地调整文本块。下面将详细介绍使用
菜单命令调整文本块的操作方法。

 选中需要调整的文本块，① 在菜单栏
中选择【对象】菜单，② 选择【变换】
菜单项，③ 在子菜单中选择需要调整的命令，
这里选择【缩放】子菜单项，如图 9-26 所示。

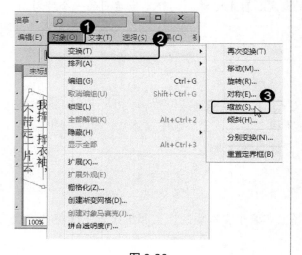

图 9-26

 弹出【比例缩放】对话框，① 设
置需要的参数值，② 单击【确定】
按钮，如图 9-27 所示。

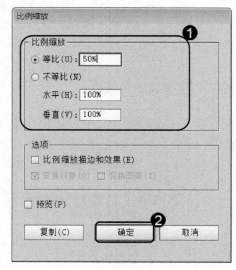

图 9-27

3 返回至绘图区，可见文本已经被缩放，这样即可完成使用菜单命令调整文本块的操作，效果如图 9-28 所示。

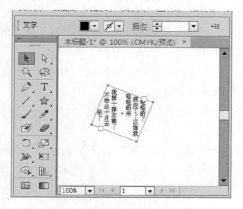

图 9-28

智慧锦囊

在菜单栏中选择【对象】→【变换】→【分别变换】菜单项，即可打开【分别变换】对话框。在该对话框中，用户可以同时设置缩放参数、移动参数和旋转参数来实现文本块的缩放、移动和旋转等效果。

考考您

请您根据上述方法进行文本块的调整操作，测试一下您的学习效果。

9.3 设置字符格式

在 Illustrator CS6 中，用户可以对文字的选择、文字字符的大小和文字的颜色等字符格式进行设定。能够录入或处理文字的软件，都能够指定不同形式的字符格式。本节将详细介绍设置字符格式。

9.3.1 字符选项介绍

在 Illustrator CS6 中，用户可以根据实际需要设定文字的字体、字号、颜色、字符间距等字符格式。在菜单栏中选择【窗口】→【文字】→【字符】菜单项，或者按下键盘上的 Ctrl+T 组合键，即可弹出【字符】控制面板，如图 9-29 所示。

图 9-29

- 字体选项：单击选项框右侧的 ▼ 按钮，可以从弹出的下拉列表中选择需要的字体。
- 设置字体大小选项 T：用于控制字体的大小，可以单击左侧的上、下按钮调整大小，也可以输入需要的数值调整大小。
- 设置行距选项 A：用于控制文本的行距，控制文本中行与行的距离。
- 垂直缩放选项 T：用于使文字尺寸横向不变，纵向被缩放，缩放的比例小于100%表示文字被压扁，大于100%则表示文字被拉伸。
- 水平缩放选项 T：用于使文字的纵向大小保持不变，横向被缩放，缩放的比例小于100%表示文字被压扁，大于100%则表示文字被拉伸。
- 设置两个字符间的字距微调选项 VA：用于调整字符间的水平间距，输入正值时，字距变大，输入负值时，字距变小。
- 设置所选字符的字符调整选项 VA：用于细微地调整字符与字符间的距离。
- 设置基线偏移选项 Aa：用于调节文字的上下位置，正值时，表示文字上移，负值时表示文字下移。

9.3.2 设置字体和字号

在 Illustrator CS6 中的【字符】面板下，打开【字体】选项下拉列表，即可选择需要的字体，单击字体大小选项即可设置字号的大小。下面将分别详细介绍其方法。

1. 设置字体

在 Illustrator CS6 中，在菜单栏中选择【窗口】→【文字】→【字符】菜单项，打开【字符】面板即可设置字体。下面将详细介绍设置字体的操作方法。

step 1 选中需要设置字体的文本块，① 在【字符】面板中，单击字体选项，② 在下拉列表中选择需要的字体，如图 9-30 所示。

step 2 通过以上步骤即可完成设置字体的操作，效果如图 9-31 所示。

图 9-30

图 9-31

2. 设置字号

在 Illustrator CS6 中，在菜单栏中选择【窗口】→【文字】→【字符】菜单项，打开【字符】面板即可设置字号。下面将详细介绍设置字号的操作方法。

step 1 选中需要设置字号的文本块，① 在【字符】面板中，选择字体大小选项，② 单击数值框左侧的按钮调整大小或输入需要的数值调整字号大小，如图 9-32 所示。

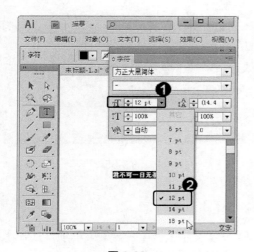

图 9-32

step 2 通过以上步骤即可完成设置字号的操作，效果如图 9-33 所示。

图 9-33

知识精讲　在 Illustrator CS6 中，字号是指字体的大小，表示从字符突出部分的最高点至字符下伸部分是最低点之间的尺寸。字体的大小一般用磅进行度量，Illustrator CS6 中提供了标准的字号，共分为 6～72 磅的 15 个级别。如果用户使用手动输入的方法调整字体的大小，可以设置从 0.1～1296 磅之间的不同数字。

9.3.3　调整字距

当需要调整字距时，用户可以使用【字符】面板中的两个选项，即【设置两个字符间的字距微调】选项和【设置所选字符的字距微调】选项。下面将详细介绍其操作方法。

1. 设置两个字符间的字距微调

在 Illustrator CS6 中，在菜单栏中选择【窗口】→【文字】→【字符】菜单项，打开【字符】对话框，即可设置两个字符间的字距微调。下面将详细介绍其操作方法。

step 1 单击需要调整的两个字符中间，① 在【字符】面板中，选择【设置两个字符间的字距微调】选项，② 单击数值框左侧的按钮调整大小或输入需要的数值调整字距大小，输入正值时，字距变大，输入负值时，字距变小，如图 9-34 所示。

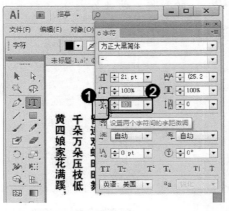

图 9-34

step 2 通过以上步骤即可完成设置两个字符间的字距微调的操作，效果如图 9-35 所示。

图 9-35

2. 设置所选字符的字距调整

在 Illustrator CS6 中，在菜单栏中选择【窗口】→【文字】→【字符】菜单项，打开【字符】对话框即可设置所选字符的字距调整。下面将详细介绍其操作方法。

step 1 选择需要调整字距的一段字符，① 打开【字符】面板，单击【设置所选字符的字距微调】选项，② 单击数值框左侧的按钮调整大小或输入需要的数值调整字距大小，输入正值时，字距变大，输入负值时，字距变小，如图 9-36 所示。

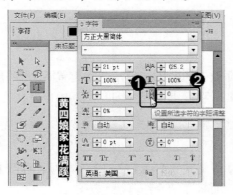

图 9-36

step 2 通过以上步骤即可完成设置所选字符的字距调整的操作，效果如图 9-37 所示。

图 9-37

9.3.4 调整行距

行距是指文本中行与行之间的距离。如果没有自定义行距值，系统将使用自动行距，这时系统将以最适合的参数设置行间距。下面将详细介绍调整行距的操作方法。

 选中需要设置的文本，① 在【字符】面板中，选择【设置行距】选项，② 单击数值框左侧的按钮调整行距的大小或输入数值进行调整，如图 9-38 所示。

 通过以上步骤即可完成设置行距的操作，效果如图 9-39 所示。

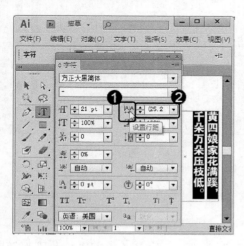

图 9-38

图 9-39

 知识精讲

在 Illustrator CS6 中，【设置两个字符间的字距微调】选项，只有在两个文字或字符之间插入光标时才能进行设置。将光标插入至需要调整间距的两个文字或字符间，在【设置两个字符间的字距微调】选项中，设置数值后，可以按下键盘上的 Enter 键即可。选择【自动】选项时，系统将以最合适的参数值选中文字的距离。

9.3.5 水平或垂直缩放

用户在需要缩放文本时，可以使用【字符】面板中的两个选项，即【水平缩放】选项和【垂直缩放】选项。下面将分别详细介绍这两种操作方法。

1. 水平缩放

默认情况下，水平缩放将在保持文字高度不变的情况下，改变文字宽度；对于竖排的文本，会产生相反的效果。下面将详细介绍其操作方法。

第 9 章 文本的编辑与处理

选中需要设置的文本，① 在【字符】面板中，选择【水平缩放】选项，② 单击数值框左侧的按钮进行调整或输入需要的数值进行精确的调整，如图 9-40 所示。

 通过以上步骤即可完成水平缩放文本的操作，效果如图 9-41 所示。

图 9-40

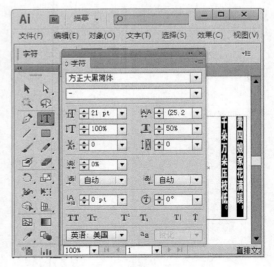

图 9-41

2. 垂直缩放

默认情况下，垂直缩放将在保持文字宽度不变的情况下，改变文字高度；对于竖排的文本，会产生相反的效果。下面将详细介绍其操作方法。

 选中需要设置的文本，① 在【字符】面板中，选择【垂直缩放】选项，② 单击数值框左侧的按钮进行调整或输入需要的数值进行精确的调整，如图 9-42 所示。

 通过以上步骤即可完成垂直缩放文本的操作，效果如图 9-43 所示。

图 9-42

图 9-43

9.3.6 设置颜色和变换

在 Illustrator CS6 中，文字和图形一样具有填充和描边填充的属性，用户可以根据实际需求设置文本的颜色和变换文本的形状。下面将分别详细介绍设置颜色和变换的操作方法。

1. 设置颜色

在 Illustrator CS6 中，用户可以根据实际需求使用填充和描边进行设置文本的颜色，使文本更加丰富多彩。下面将详细介绍其操作方法。

step 1　选中需要设置的文本，① 在菜单栏下方的属性栏中，单击【填充】框，选择需要的颜色，② 再单击右侧的【描边】填充框，选择需要的颜色，如图 9-44 所示。

step 2　这样即可完成为文本设置颜色的操作，效果如图 9-45 所示。

图 9-44

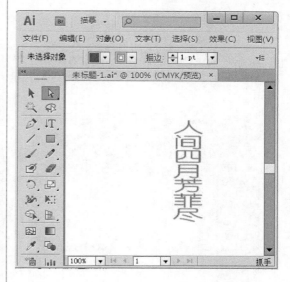

图 9-45

2. 变换文本

在 Illustrator CS6 中，用户可以根据实际需求使用菜单中的【变换】菜单项，使文本的形状发生改变，使之更加生动形象。下面将详细介绍其操作方法。

step 1　选中需要变换的文本，① 在菜单栏中选择【对象】菜单，② 选择【变换】菜单项，③ 根据实际需要选择变换的子菜单项，这里选择【对称】子菜单项，如图 9-46 所示。

step 2　弹出【镜像】对话框，① 设置需要的参数值，② 单击【确定】按钮，如图 9-47 所示。

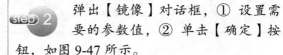

第 9 章　文本的编辑与处理

图 9-46

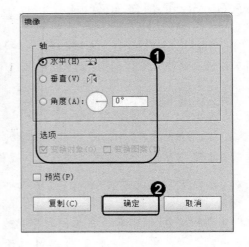

图 9-47

 3 通过以上步骤即可完成使用菜单命令变换文本的操作，效果如图 9-48 所示。

图 9-48

智慧锦囊

在对文本进行轮廓化处理前，渐变的效果不能应用到文字上。

考考您

请您根据上述方法进行设置颜色和变换的操作，测试一下您的学习效果。

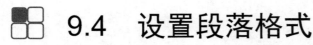

9.4 设置段落格式

段落格式的设定将会影响整个文本的效果，用户可以选择菜单栏中的【窗口】→【文字】→【段落】菜单项，在【段落】面板中对文本对齐、段落缩进、段落间距以及制表符等进行设置，使文本达到最满意的效果。本节将详细介绍设置段落格式的相关知识及操作方法。

9.4.1　文本对齐

在 Illustrator CS6 中，文本对齐是指所有的文字在段落中按一定的标准有序地排列。在【段落】面板中，提供了 7 种文本对齐方式，包括【左对齐】▤、【居中对齐】▤、【右对齐】▤、【两端对齐，末行左对齐】▤、【两端对齐，末行居中对齐】▤、【两端对齐，末行右对齐】▤和【全部两端对齐】▤。

选中要对齐的段落文本，单击【段落】控制面板中的各个对齐方式按钮，即可应用不同对齐方式的段落文本，如图 9-49 所示。

图 9-49

9.4.2　段落缩进

在 Illustrator CS6 中，段落缩进是指在一个段落文本开始时需要空出的字符位置，选定的文本可以是文本块、区域文本或文本路径。【段落】面板中提供了 5 种段落缩进方式，包括【左缩进】▤、【右缩进】▤、【首行左缩进】▤、【段前间距】▤和【段后间距】▤。

选中要缩进的段落文本，单击【段落】控制面板中的各个对齐方式按钮，即可应用不同缩进方式的段落文本，或在缩进数值框中输入合适的数值，或单击上下微调按钮▤，如图 9-50 所示。

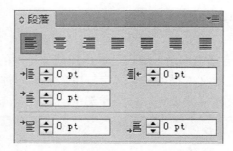

图 9-50

 ## 9.5　文本的其他操作

Illustrator 中的文字工具虽然不能同 Word 等装备齐全的文字处理软件相提并论，但它也具有一些和文字处理软件相同的文本处理功能，包括创建文本轮廓、查找和替换文本、大小写变换、图文混排、创建文本分栏、链接文本块等功能。本节将详细介绍这些操作的相关知识。

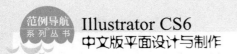

9.5.1 创建文本轮廓

在 Illustrator CS6 中，对于创建的文字一般不能应用渐变填充，如果需要对文字应用渐变填充，就必须将文字转换为轮廓，下面将详细介绍创建文本轮廓的操作方法。

step 1 ① 选中需要创建轮廓的文本，② 在菜单栏中，选择【文字】菜单，③ 选择【创建轮廓】菜单项，如图 9-51 所示。

step 2 文本转化为轮廓后，即可对其进行填充和应用滤镜，这样即可完成创建文本轮廓的操作，效果如图 9-52 所示。

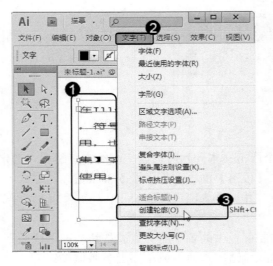

图 9-51

图 9-52

9.5.2 查找和替换文本

在 Illustrator CS6 中，选择文本后，用户可以选择菜单栏中的【编辑】→【查找和替换】菜单项，查找和替换路径上或文本框中的文本字符串，能够同时保持文本的样式、颜色等文本属性，但是不能查找文本格式设定，如图 9-53 所示。

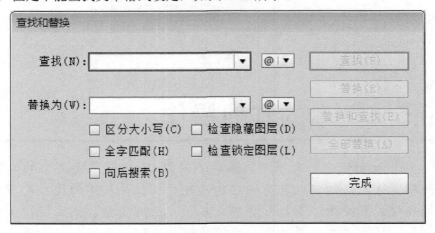

图 9-53

9.5.3 大小写变换

在 Illustrator CS6 中，提供了字母大小写变换的功能，可以将全部字母改为大写字母，也可以将其改为小写字母，还可以将单词的首字母大写，其他字母小写。选择文本后，用户可以选择菜单栏中的【文字】→【更改大小写】菜单项，再在子菜单中选择需要的变换菜单项，即可变换文本的大小写方式，如图 9-54 所示。

图 9-54

9.5.4 图文混排

在 Illustrator CS6 中，图文混排效果在版式设计中被常常使用，使用文本绕图命令可以制作出漂亮的图文混排效果。文本绕图对整个文本块起作用，但不支持文本块中的部分文本，以及点文本、路径文本。下面将详细介绍创建图文混排的操作方法。

step 1　将图形放置在文本块上并选中，如图 9-55 所示。

step 2　在菜单栏中，① 选择【对象】菜单，② 选择【文本绕排】菜单项，③ 选择【建立】子菜单项，如图 9-56 所示。

图 9-55

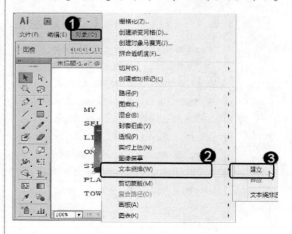

图 9-56

step 3 这样即可使文本和图形结合，完成
图文混排的操作，如图 9-57 所示。

图 9-57

step 4 选中文本绕图对象，① 在菜单栏
中选择【对象】菜单，② 选择【文
本绕排】菜单项，③ 选择【释放】子菜单项，
即可取消文本绕图，如图 9-58 所示。

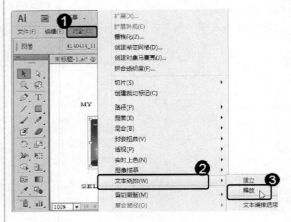

图 9-58

9.5.5 创建文本分栏

在 Illustrator CS6 中，用户可以对一个选中的段落文本块进行分栏。但是不能对点文本
或路径文本进行分栏，也不能对一个文本块中的部分文本进行分栏。下面将详细介绍创建
文本分栏的操作方法。

step 1 创建一个文本块，在其中输入文本，
并选中它，如图 9-59 所示。

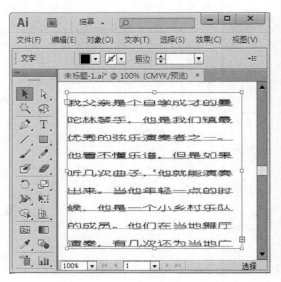

图 9-59

step 2 在菜单栏中，① 选择【文字】菜
单，② 选择【区域文字选项】菜
单项，如图 9-60 所示。

图 9-60

3 弹出【区域文字选项】对话框，① 用户可以根据实际需求进行设置，② 单击【确定】按钮，如图 9-61 所示。

 4 这样即可完成创建文本分栏的操作，效果如图 9-62 所示。

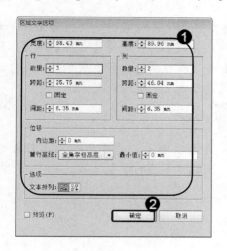

图 9-61

图 9-62

9.5.6 文本链接

如果文本块出现文本溢出现象时，可以通过调整文本块的大小显示所有的文本，也可以将溢出的文本链接至另一个文本块中，还可以进行多个文本块的链接。点文本和路径文本不能被链接。下面将详细介绍文本链接的操作方法。

1 绘制一个闭合路径或文本块，并将其和溢出的文本块选中，如图 9-63 所示。

2 在菜单栏中，① 选择【文字】菜单，② 选择【串接文本】菜单项，③ 选择【创建】子菜单项，如图 9-64 所示。

图 9-63

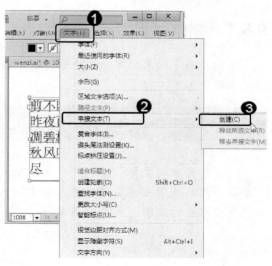

图 9-64

第 9 章 文本的编辑与处理

245

step 3　这样即可将溢出的文本移动至创建的闭合路径中，效果如图9-65所示。

图 9-65

　　如果右边的文本框中还有文本溢出，可以继续添加文本框来链接溢出的文本，方法一样。在菜单栏中选择【文字】→【串接文本】→【释放所选文字】菜单项，即可解除各文本框之间的链接状态。

考考您

　　请您根据上述方法进行文本链接的操作，测试一下您的学习效果。

9.6　范例应用与上机操作

　　通过本章的学习，读者基本可以掌握文本的编辑与处理的基本知识以及一些常见的操作方法，下面通过练习操作两个实践案例，以达到巩固学习、拓展提高的目的。

9.6.1　制作生日贺卡

　　本章学习了文本的编辑与处理的相关知识，本例将详细介绍制作生日贺卡，来巩固和提高本章学习的内容。

素材文件 第 9 章\素材文件\生日贺卡.ai
效果文件 第 9 章\效果文件\制作生日贺卡.ai

step 1　打开素材文件，绘制一个文本块，然后使用文字工具在文本块中输入有关生日祝福的文字，如图9-66所示。

step 2　在菜单栏中，① 选择【文字】菜单，② 选择【字体】菜单项，③ 为文本更改好看的字体，如图9-67所示。

图 9-66

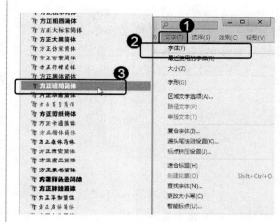

图 9-67

在文本的属性栏中，根据个人喜好，①单击填充框为文本填充颜色，②单击描边框为文本填充描边，如图 9-68 所示。

step 3

调整文本块，使之融入素材背景中，这样即可完成制作生日贺卡的操作，效果如图 9-69 所示。

step 4

图 9-68

图 9-69

9.6.2 制作渐变效果文字

本章学习了文本的编辑与处理的相关知识，本例将详细介绍制作渐变效果文字的操作，来巩固和提高本章学习的内容。

素材文件 第 9 章\素材文件\01.png

效果文件 第 9 章\效果文件\制作渐变效果文字.ai

第9章 文本的编辑与处理

247

step 1 选择【椭圆工具】，绘制一个圆形，设置填充颜色为灰色(其 C、M、Y、K 的值分别为 0、0、0、30)，填充图形，设置描边颜色为无，如图 9-70 所示。

图 9-70

step 3 选择【文件】→【置入】菜单项，弹出【置入】对话框，选择素材文件"01"，单击【置入】按钮，在页面中单击置入的图片，拖曳到适当的位置并调整其大小，在属性栏中单击【嵌入】按钮，效果如图 9-72 所示。

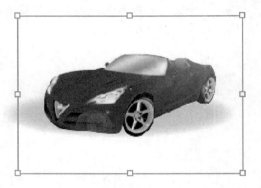

图 9-72

step 5 拖曳符号到页面中适当的位置，调整大小并旋转其角度，效果如图 9-74 所示。

图 9-74

step 7 利用选择工具，选取左侧的符号，按 Ctrl+Shift+[组合键，置于底层，效果如图 9-76 所示。

step 2 在菜单栏中选择【效果】→【风格化】→【羽化】菜单项，弹出【羽化】对话框，设置如图 9-71 所示。

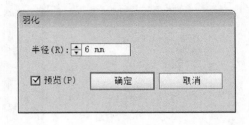

图 9-71

step 4 选择【窗口】→【符号库】→【自然界】命令，弹出【自然界】控制面板，选择需要的符号，如图 9-73 所示。

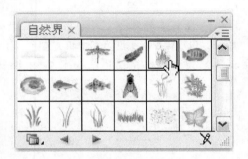

图 9-73

step 6 利用选择工具，选取符号，按住 Alt 键的同时，拖曳鼠标到适当的位置，复制两个符号，并分别调整其大小并旋转其角度，效果如图 9-75 所示。

图 9-75

图 9-76

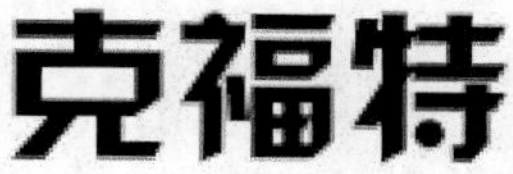

克福特

图 9-77

step 9 利用选择工具，选取文字，按 Ctrl+Shift+O 组合键，将文字转换为轮廓。选择【效果】→【变形】→【鱼眼】菜单项，弹出【变形选项】对话框，设置如图 9-78 所示。

step 10 单击【确定】按钮后，该文本的效果如图 9-79 所示。

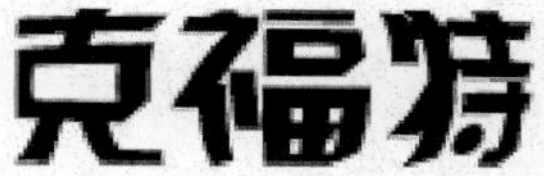

图 9-78

克福特

图 9-79

step 11 选择【选择工具】，选取文字，按住 Alt 键的同时，拖曳鼠标到适当的位置，复制文字。双击渐变工具，弹出【渐变】控制面板，在色带上设置 3 个渐变滑块，分别将渐变滑块的位置设为 0、37、100，并设置 C、M、Y、K 的值分别为：0(0、0、23、0)、37(0、0、100、0)、100(0、59、88、0)，选中渐变色带上方的渐变滑块，将【位置】选项分别设为 75、41，其他选项的设置如图 9-80 所示。

step 12 文字被填充渐变色，设置描边颜色为无，效果如图 9-81 所示。

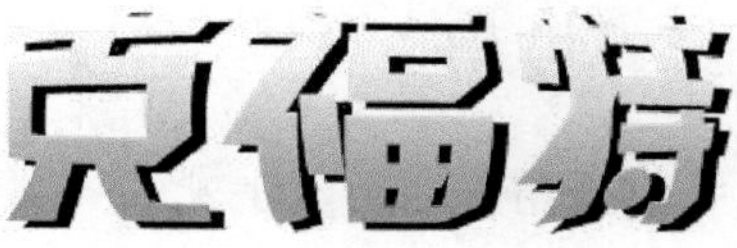

图 9-81

图 9-80

第 9 章 文本的编辑与处理

249

step13 双击【混合工具】 , 弹出【混合选项】对话框, 设置参数, 单击【确定】按钮, 分别在两个文字上单击, 混合效果如图 9-82 所示。

图 9-82

step14 选择【选择工具】 , 拖曳混合文字到适当的位置, 即可完成本例的制作, 效果如图 9-83 所示。

图 9-83

9.7 课后练习

9.7.1 思考与练习

一、填空题

当需要调整字距时, 用户可以使用【字符】面板中的两个选项, 即_____选项和_____选项。

二、判断题

默认情况下, 水平缩放将在保持文字高度不变的情况下, 改变文字宽度; 对于竖排的文本, 会产生相反的效果。   ( )

三、思考题

如何使用区域文字工具?

9.7.2 上机操作

1. 使用文字工具、直接选择工具、置入命令、剪切蒙版命令、路径文字工具等, 进行绘制建筑标志的操作。效果文件可参考 "配套素材\第 9 章\效果文件\绘制建筑标志.ai"。

2. 使用文字工具、创建轮廓命令、缩拢工具和旋转扭曲工具, 进行制作快乐标志的操作。效果文件可参考 "配套素材\第 9 章\效果文件\制作快乐标志.ai"。

第 **10** 章

图 表 编 辑

本章主要介绍了创建图表和编辑图表方面的知识与技巧, 同时还讲解了自定义图表工具的操作方法与技巧。通过本章的学习, 读者可以掌握图表编辑基础操作方面的知识, 为深入学习 Illustrator CS6 中文版平面设计与制作奠定基础。

范 例 导 航

1. 创建图表
2. 编辑图表
3. 自定义图表工具

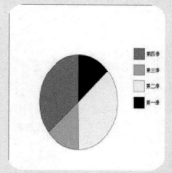

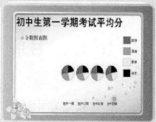

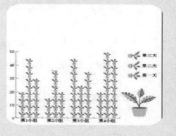

10.1　创建图表

在对各种数据进行统计和比较时，为了获得更加精确、直观的效果，经常会运用图表的方式来表达。Illustrator CS6 为用户提供了丰富的图表类型和强大的图表功能，使用户在运用图表进行数据统计和比较时更加方便，更加得心应手。本节将详细介绍创建图表的相关知识及操作方法。

10.1.1　图表工具

在 Illustrator CS6 的工具箱中，使用鼠标左键单击并按住【柱形图工具】，即可弹出图表工具组，其中有 9 种图表工具，包括【柱形图工具】、【堆积柱形图工具】、【条形图工具】、【堆积条形图工具】、【折线图工具】、【面积图工具】、【散点图工具】、【饼图工具】和【雷达图工具】，如图 10-1 所示。

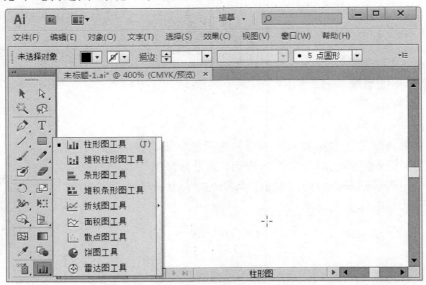

图 10-1

10.1.2　柱形

柱形图是较为常用的一种图表类型，它使用一些竖排的、高度可变的矩形柱来表示各种数据，矩形的高度与数据大小成正比。下面将详细介绍创建柱形图表的操作方法。

 使用鼠标双击【柱形图工具】，
① 在弹出的【图表类型】对话框中，单击【柱形图】按钮，② 单击【确定】按钮，如图 10-2 所示。

step 2　在绘图区中，拖动鼠标以定义柱形图的宽度和高度，如图 10-3 所示。

图 10-2

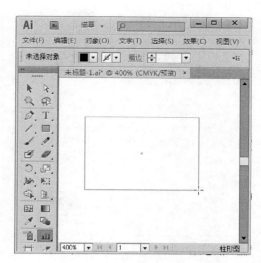

图 10-3

step 3　释放鼠标，在弹出的对话框中，① 输入图表的精确宽度和高度，② 单击【应用】按钮 ✔，如图 10-4 所示。

step 4　通过以上步骤即可完成创建柱形图表的操作，效果如图 10-5 所示。

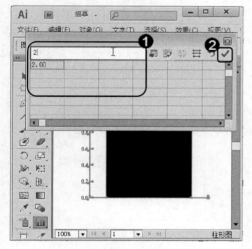

图 10-4

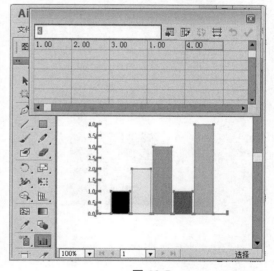

图 10-5

10.1.3　堆积柱形

堆积柱形图与柱形图类似，但显示的方式不同，堆积柱形图表能够显示出全部表目的总数，并将其比较。下面将详细介绍创建堆积柱形的操作方法。

step 1　使用鼠标双击【柱形图工具】 📊，① 在弹出的【图表类型】对话框中，单击【堆积柱形图】按钮 📊，② 单击【确定】按钮，如图 10-6 所示。

step 2　在绘图区中，拖动鼠标以定义堆积柱形图所占的区域面积，如图 10-7 所示。

第一〇章　图表编辑

253

图 10-6

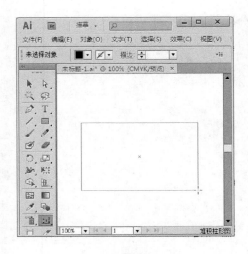

图 10-7

step 3   释放鼠标，在弹出的对话框中，
① 输入图表的精确数据和名称
等，② 单击【应用】按钮 ✔，如图 10-8 所示。

step 4   通过以上步骤即可完成创建堆积
柱形图表的操作，如图 10-9 所示。

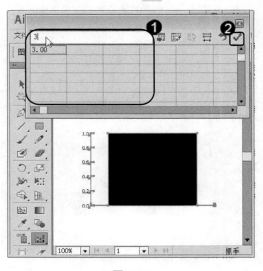

图 10-8

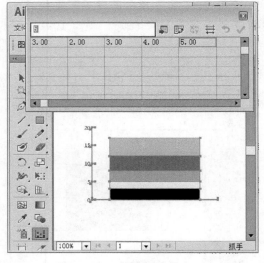

图 10-9

10.1.4   条形图和堆积条形图

条形图是以水平方向上的矩形来显示图表中的数据；堆积条形图是以水平方向的矩形
条来显示数据总量。下面将分别详细介绍这两种图表的操作方法。

1. 条形图

在 Illustrator CS6 中，用户可以使用【条形图工具】 ☰ 创建图表，以方便显示需要的数
据。下面将介绍创建条形图表的操作方法。

step 1 使用鼠标双击【柱形图工具】，① 在弹出的【图表类型】对话框中，单击【条形图】按钮▤，② 单击【确定】按钮，如图 10-10 所示。

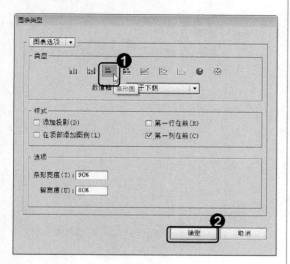

图 10-10

step 3 释放鼠标，在弹出的对话框中，① 输入图表的精确数据和名称等，② 单击【应用】按钮✔，如图 10-12 所示。

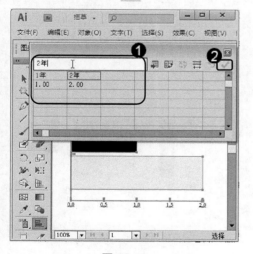

图 10-12

step 2 在绘图区中，拖动鼠标以定义条形图所占的区域面积，如图 10-11 所示。

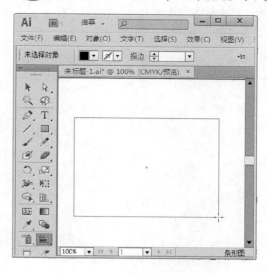

图 10-11

step 4 通过以上步骤即可完成创建条形图表的操作，效果如图 10-13 所示。

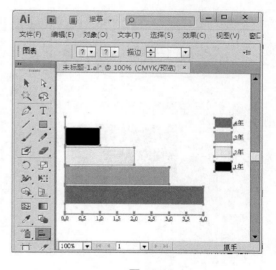

图 10-13

2. 堆积条形图

在 Illustrator CS6 中，用户可以使用【堆积条形图工具】创建图表，以方便显示需要的数据。下面将介绍创建堆积条形图表的操作方法。

使用鼠标双击【柱形图工具】，① 在弹出的【图表类型】对话框中，单击【堆积条形图】按钮，② 单击【确定】按钮，如图 10-14 所示。

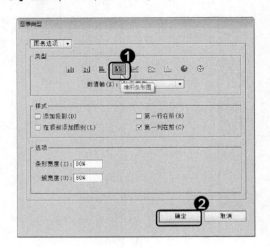

图 10-14

释放鼠标，在弹出的对话框中，① 输入图表的精确数据和名称等，② 单击【应用】按钮，如图 10-16 所示。

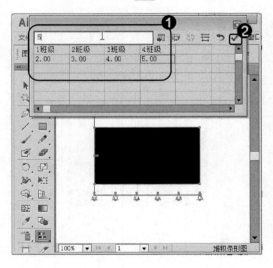

图 10-16

在绘图区中，拖动鼠标以定义堆积条形图所占的区域面积，如图 10-15 所示。

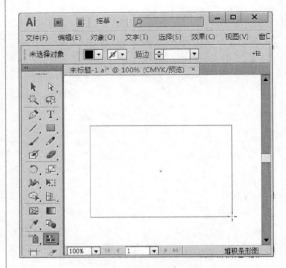

图 10-15

通过以上步骤即可完成创建堆积条形图表的操作，效果如图 10-17 所示。

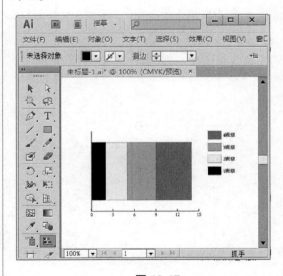

图 10-17

10.1.5 折线图

折线图能够显示出随时间变化的发展趋势，并帮助用户把握事物的发展过程，识别主要的变换特性。下面将介绍创建折线图表的操作方法。

step 1 使用鼠标双击【柱形图工具】 ，① 在弹出的【图表类型】对话框中，单击【折线图】按钮 ，② 单击【确定】按钮，如图 10-18 所示。

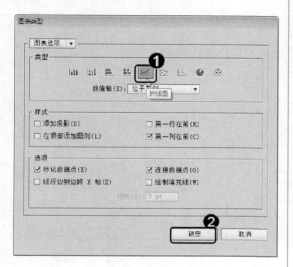

图 10-18

step 3 释放鼠标，在弹出的对话框中，① 输入图表的精确数据和名称等，② 单击【应用】按钮 ，如图 10-20 所示。

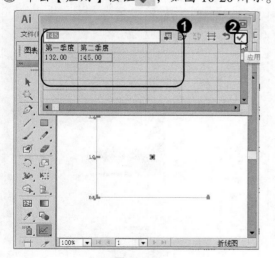

图 10-20

step 2 在绘图区中，拖动鼠标以定义折线图所占的区域面积，如图 10-19 所示。

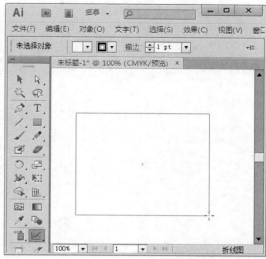

图 10-19

step 4 通过以上步骤即可完成创建折线图表的操作，效果如图 10-21 所示。

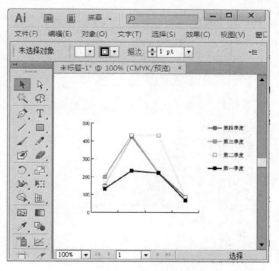

图 10-21

10.1.6 面积图

面积图可以用来表示一组或多组数据。通过不同折线连接图表中所有的点，形成面积区域，并且折线内部可填充为不同的颜色。下面将详细介绍创建面积图的操作方法。

第一〇章 图表编辑

257

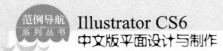

step 1 使用鼠标双击【柱形图工具】 ，① 在弹出的【图表类型】对话框中，单击【面积图】按钮 ，② 单击【确定】按钮，如图 10-22 所示。

图 10-22

step 3 释放鼠标，在弹出的对话框中，① 输入图表的精确数据和名称等，② 单击【应用】按钮 ，如图 10-24 所示。

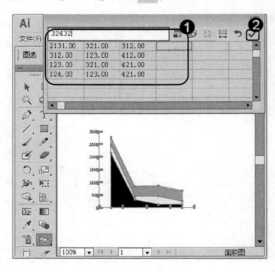

图 10-24

step 2 在绘图区中，拖动鼠标以定义面积图所占的区域面积大小，如图 10-23 所示。

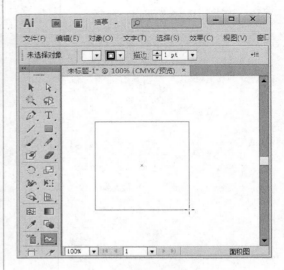

图 10-23

step 4 通过以上步骤即可完成创建面积图表的操作，效果如图 10-25 所示。

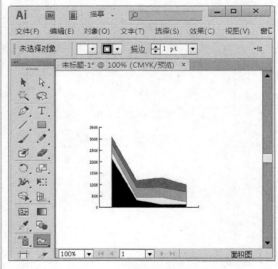

图 10-25

10.1.7 散点图

散点图是一种比较特殊的数据图表。横坐标和纵坐标都是数据坐标，两组数据的交叉点形成了坐标点。下面将详细介绍创建散点图的操作方法。

step 1 使用鼠标双击【柱形图工具】，① 在弹出的【图表类型】对话框中，单击【散点图】按钮，② 单击【确定】按钮，如图 10-26 所示。

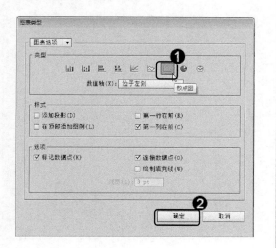

图 10-26

step 2 在绘图区中，拖动鼠标以定义散点图所占的区域面积大小，如图 10-27所示。

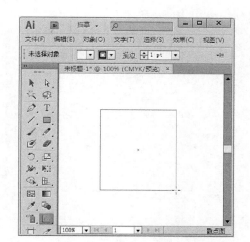

图 10-27

step 3 释放鼠标，在弹出的对话框中，① 输入图表的精确数据和名称等，② 单击【应用】按钮，如图 10-28 所示。

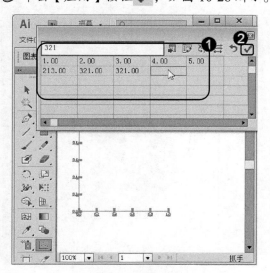

图 10-28

step 4 通过以上步骤即可完成创建散点图的操作，效果如图 10-29 所示。

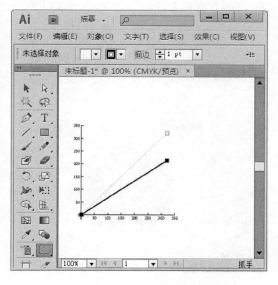

图 10-29

10.1.8 饼图

饼图把数据总和作为一个圆饼状进行显示，其中各组数据所占比例用不同的颜色表示，适合显示各种内部数据的比较。下面将介绍创建饼图的操作方法。

第二□章 图表编辑

step 1　　　使用鼠标双击【柱形图工具】 ，① 在弹出的【图表类型】对话框中，单击【饼图】按钮 ，② 单击【确定】按钮，如图 10-30 所示。

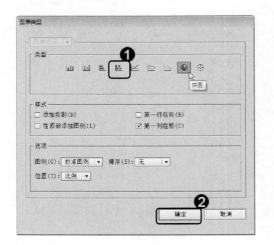

图 10-30

step 3　　　释放鼠标，在弹出的对话框中，① 输入图表的精确数据和名称等，② 单击【应用】按钮 ，如图 10-32 所示。

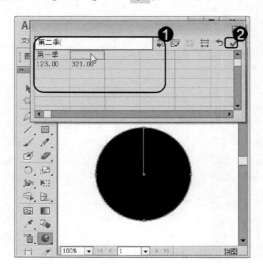

图 10-32

step 2　　　在绘图区中，拖动鼠标以定义饼图所占的区域面积，如图 10-31 所示。

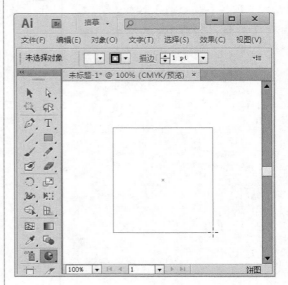

图 10-31

step 4　　　通过以上步骤即可完成创建饼图的操作，效果如图 10-33 所示。

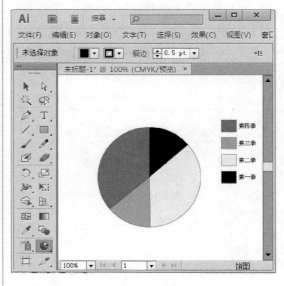

图 10-33

10.1.9　雷达图

雷达图是以一种环形的形式对图表中的各组数据进行比较，形成比较明显的数据对比。下面将详细介绍创建雷达图的操作方法。

Step 1 使用鼠标双击【柱形图工具】 ，
① 在弹出的【图表类型】对话框
中，单击【雷达】按钮 ，② 单击【确定】
按钮，如图 10-34 所示。

图 10-34

Step 3 释放鼠标，在弹出的对话框中，
① 输入图表的精确数据和名称等，
② 单击【应用】按钮 ，如图 10-36 所示。

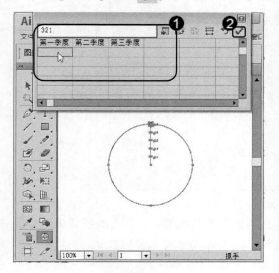

图 10-36

Step 2 在绘图区中，拖动鼠标以定义雷达
图所占的区域面积大小，如图 10-35
所示。

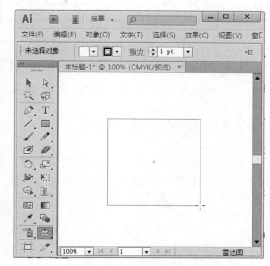

图 10-35

Step 4 通过以上步骤即可完成创建雷达
图的操作，效果如图 10-37 所示。

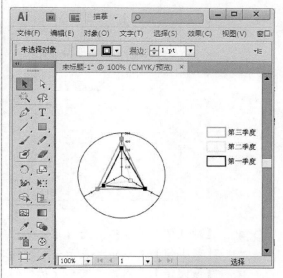

图 10-37

知识精讲 雷达图是一种比较特殊的图表，适合表现一些变换悬殊的数据。

第二〇章 图表编辑

261

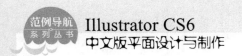

10.2 编辑图表

在 Illustrator CS6 中创建完图表后，可以根据实际需求对图表进行定义坐标轴、互换不同图表类型等编辑，以达到最满意的效果。本节将详细介绍编辑图表的相关知识及操作方法。

10.2.1 定义坐标轴

双击任意图表，弹出【图表类型】对话框，在左上方选项的下拉列表框中选择【数值轴】选项，用户可以根据需要设置相应的选项，进行定义坐标轴的操作，如图 10-38 所示。

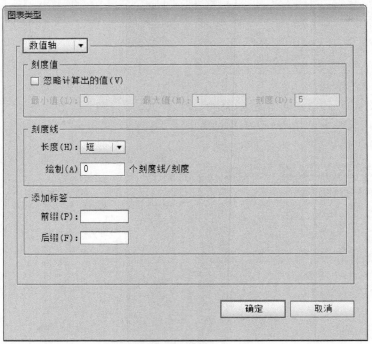

图 10-38

- 【刻度值】选项组：选中【忽略计算出的值】复选框后，3 个文本框将被激活。
- 【最小值】文本框：表示坐标轴的起始值，不能大于最大值的数值。
- 【最大值】文本框：表示坐标轴的最大刻度值。
- 【刻度】文本框：用于决定将坐标轴上、下分为多少个部分。
- 【长度】下拉列表框：其中包括 3 个选项。选择【无】选项，代表不使用刻度标记；选择【短】选项，表示使用短的刻度标记；选择【全宽】选项，表示刻度线将贯穿整个图表。
- 【前缀】文本框：是指在数值前加符号。
- 【后缀】文本框：是指在数值后加符号。

10.2.2 不同图表类型的互换

在绘制完成图表后，可以根据实际需要改变图表的类型。下面以将"雷达图"转换为"柱形图"为例，来详细介绍不同图表类型互换的操作方法。

step 1 选中图表，在工具箱中双击任意图表工具选项，如图 10-39 所示。

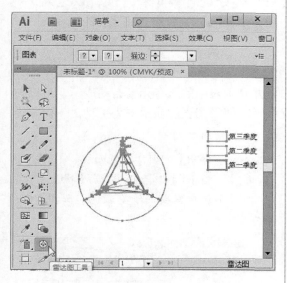

图 10-39

step 3 这样即可完成互换不同图表类型的操作，效果如图 10-41 所示。

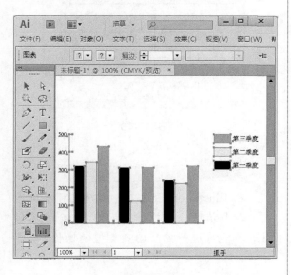

图 10-41

step 2 弹出【图表类型】对话框，① 选择需要的类型选项，② 单击【确定】按钮，如图 10-40 所示。

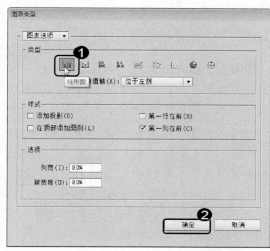

图 10-40

智慧锦囊

在 Illustrator CS6 中，用户可以双击工具箱中的任意图表工具进行设置，也可以通过菜单栏中的【对象】→【图表】→【类型】菜单项，打开【图表类型】对话框。

考考您

请您根据上述方法，进行不同图表类型的互换操作，测试一下您的学习效果。

10.3 自定义图表工具

在 Illustrator CS6 中，一个创建好的图表相当于一个图形的组合体，用户可以根据实际需求对其中的任何部分进行编辑和修改，以达到满意的效果。本节将详细介绍自定义图表工具的相关知识及操作方法。

10.3.1 改变图表中的部分显示

图表创建完成之后，会自动处于选中状态，并且图表中的所有元素自动成组。可以使用直接选择工具选中图表的一部分，对它进行编辑，使得图表的显示更为生动。下面将详细介绍改变图表中部分显示的操作。

 创建一个图表，① 在工具箱中，单击【直接选择工具】，② 选择需要改变颜色显示的柱形，如图 10-42 所示。

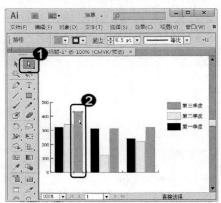

图 10-42

 这样即可完成改变图表中部分显示的操作，效果如图 10-44 所示。

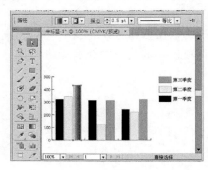

图 10-44

 弹出【渐变】控制面板，① 在【类型】下拉列表框中选择【线性】选项，② 为柱形选取需要的渐变颜色，如图 10-43 所示。

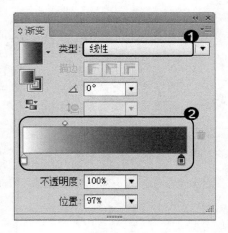

图 10-43

智慧锦囊

在 Illustrator CS6 中，用户也可以对图表进行取消组合的操作，但取消组合之后的图表不能再进行更改图表类型的操作。

考考您

请您根据上述方法，进行改变图表中的部分显示的操作，测试一下您的学习效果。

10.3.2　调换图表的行/列

调换图表的行/列就是将【图表数据】窗口中的数据的行/列互换，然后再应用调整后的数据生成图表。下面将详细介绍调换图表的行/列的操作方法。

step 1 在绘图区中，① 选中需要调换的图表，并单击鼠标右键，② 在弹出的快捷菜单中选择【数据】菜单项，如图10-45所示。

step 2 打开【图表数据】窗口，① 单击【换位行/列】按钮，② 单击【应用】按钮，如图10-46所示。

图 10-46

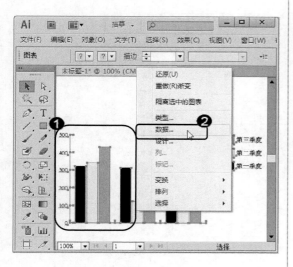

图 10-45

step 3 这样即可完成调换图表行/列的操作，效果如图10-47所示。

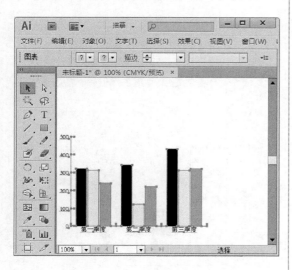

图 10-47

智慧锦囊

调换图表的行/列与左边纵轴与横轴的互换不同，调整行/列前后使用的还是同样的数据，并且坐标纵轴仍然表示比较数值。

 考考您

请您根据上述方法，进行调换图表的行/列的操作，测试一下您的学习效果。

第一〇章　图表编辑

10.3.3 使用图案来表现图表

在 Illustrator CS6 中，用户不仅可以给图表的一部分应用单色填充和渐变填充，还可以使用图案图形来表现图表。下面将详细介绍使用图案来表现图表的操作方法。

step 1 在工具箱中，① 选择矩形工具绘制一个矩形，② 在矩形框中绘制出需要应用的图案，如图 10-48 所示。

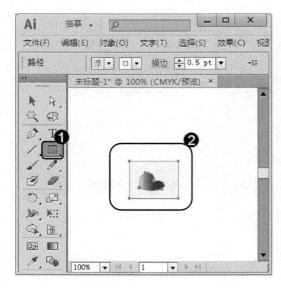

图 10-48

step 2 选中矩形框和图形，① 在菜单栏中选择【对象】菜单，② 选择【图表】菜单项，③ 选择【设计】子菜单项，如图 10-49 所示。

图 10-49

step 3 弹出【图表设计】对话框，① 单击【新建设计】按钮，② 根据需要给图案重命名，单击【确定】按钮，如图 10-50 所示。

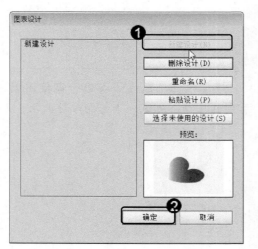

图 10-50

step 4 使用柱形图工具制作一个图表，效果如图 10-51 所示。

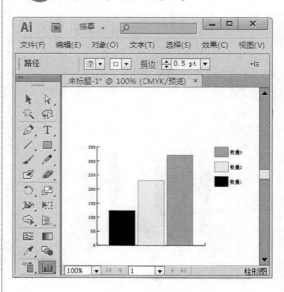

图 10-51

step 5 选中在前面设计的图形和图表，在菜单栏中，① 选择【对象】菜单，② 选择【图表】菜单项，③ 选择【柱形图】菜单项，如图 10-52 所示。

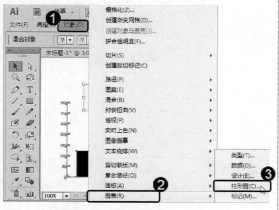

图 10-52

step 7 这样即可完成使用图案来表现图表的操作，效果如图 10-54 所示。

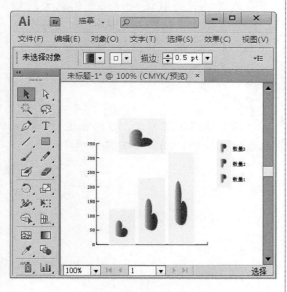

图 10-54

step 6 弹出【图表列】对话框，① 选中刚刚设计的图案名称，② 设置相应的选项，单击【确定】按钮，如图 10-53 所示。

图 10-53

智慧锦囊

　　调换图表的行/列与左边纵轴与横轴的互换不同，调整行/列前后使用的还是同样的数据，并且坐标纵轴仍然表示比较数值。

考考您

　　请您根据上述方法，进行调换图表的行/列的操作，测试一下您的学习效果。

10.3.4　取消组合图表

　　在 Illustrator CS6 中生成图表之后，其中的各个元素，如坐标轴、柱形数值条、图例等将会自动组合成为一个整体。可以用选择工具选择整体，也可以用直接选择工具或组选择工具选择图形的一部分。一个图表就相当于若干个图形元素的组合。下面将详细介绍对图表进行取消组合的操作方法。

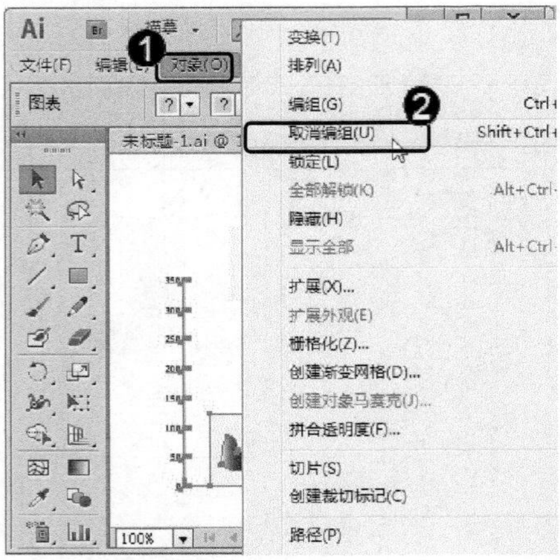

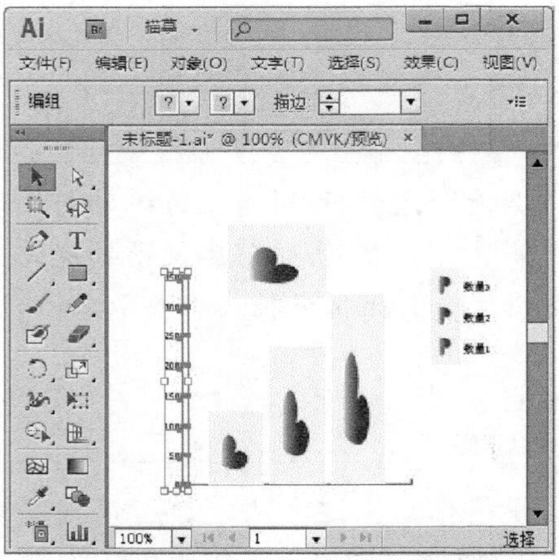

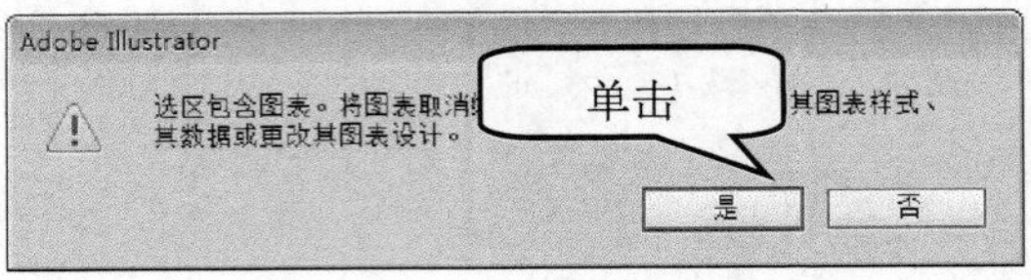

step 1 选中图表，① 在菜单栏中选择【对象】菜单，② 选择【取消编组】菜单项，如图 10-55 所示。

图 10-55

step 3 通过以上步骤即可完成对图表进行取消编组的操作，效果如图 10-57 所示。

图 10-57

step 2 弹出 Adobe Illustrator 对话框，单击【是】按钮，如图 10-56 所示。

图 10-56

智慧锦囊

在柱形图的【图表列】对话框中，有 4 个列类型选项。垂直缩放：是根据数据的大小对图表的自定义图案进行垂直方向的放大或缩小；一致缩放：是根据数据的大小对图表的自定义图案进行按比例的放大或缩小；重复堆叠：选择此复选框后，【每个设计表示】和【对于分数】两个选项将被激活。

考考您

请您根据上述方法，对图表进行“取消组合”的操作，测试一下您的学习效果。

10.4　范例应用与上机操作

通过本章的学习，读者基本可以掌握图表编辑的基本知识以及一些常见的操作方法，下面通过练习操作两个实践案例，以达到巩固学习、拓展提高的目的。

10.4.1 制作分数图表

本章学习了图表编辑的相关知识，本例将详细介绍制作分数图表，来巩固和提高本章学习的内容。

 素材文件 ❖ 第 10 章\素材文件\01.ai
效果文件 ❖ 第 10 章\效果文件\制作分数图表.ai

step 1 选择【饼图工具】 ，然后在绘图区中单击鼠标，如图 10-58 所示。

图 10-58

step 2 弹出【图表】对话框，① 进行设置高度和宽度，② 单击【确定】按钮，如图 10-59 所示。

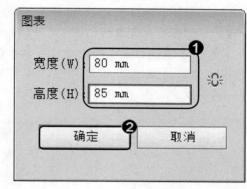

图 10-59

step 3 弹出【图表数据】对话框，在该对话框中输入需要的参数值，如图 10-60 所示。

	语文	数学	英语	政治
初中一班	71.00	80.00	89.00	89.50
初中二班	75.00	65.00	85.00	90.00
初中三班	85.00	78.50	60.00	80.00
初中四班	70.00	79.00	79.00	97.00

图 10-60

step 4 输入完成后，关闭【图表数据】对话框，建立饼形图表，效果如图 10-61 所示。

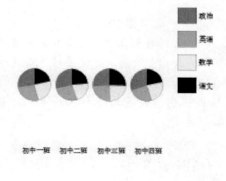

图 10-61

step 5 打开本例的素材文件，选择【选择工具】 ，选取图形将其粘贴到页面中，效果如图 10-62 所示。

step 6 选择【选择工具】 ，选取需要的图形，选择【对象】→【排列】→【置于顶层】菜单项，将饼形图表置于最顶层，效果如图 10-63 所示。

第二口章 图表编辑

269

图 10-62

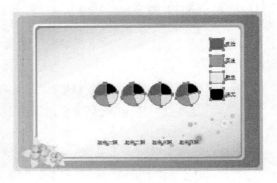

图 10-63

step 7　选择【文字工具】 T ，在适当的位置输入需要的文字。选择【选择工具】 ，在属性栏中选择合适的字体并设置文字大小，并填充文字为黑色，效果如图 10-64 所示。

step 8　使用相同的方法输入需要的文字，在属性栏中选择合适的字体并设置文字大小，填充文字为黑色，效果如图 10-65 所示。

图 10-64

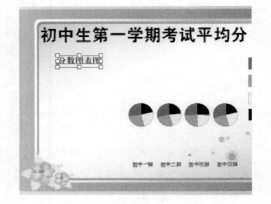

图 10-65

step 9　选择矩形工具，在页面文字左侧拖曳出一个矩形，设置填充颜色为橘黄色(C、M、Y、K 的值分别为 0、35、85、0)，填充图形，设置描边颜色为无，效果如图 10-66 所示。

step 10　这样即可完成制作分数图表，最终效果如图 10-67 所示。

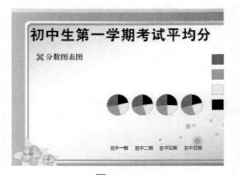

图 10-66

图 10-67

10.4.2 制作图案图表

素材文件※ 无

效果文件※ 第 10 章\效果文件\制作图案图表.ai

step 1 选择【柱形图工具】 ，在绘图区中单击鼠标，如图 10-68 所示。

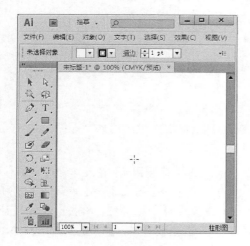

图 10-68

step 3 弹出【图表数据】对话框，在该对话框中输入需要的参数值，如图 10-70 所示。

	第一天	第二天	第三天	
第1小组	20.00	45.00	30.00	
第2小组	15.00	36.00	20.00	
第3小组	45.00	25.00	35.00	
第4小组	20.00	50.00	45.00	

图 10-70

step 5 在菜单栏中，① 选择【窗口】菜单，② 选择【符号库】菜单项，③ 选择【提基】子菜单项，如图 10-72 所示。

step 2 弹出【图表】对话框，① 进行设置高度和宽度，② 单击【确定】按钮，如图 10-69 所示。

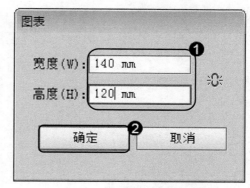

图 10-69

step 4 输入完成后，关闭【图表数据】对话框，建立柱形图表，效果如图 10-71 所示。

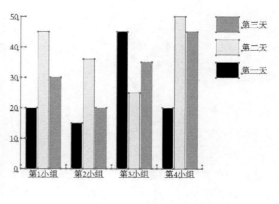

图 10-71

step 6 打开【提基】控制面板，选择【植物】符号，如图 10-73 所示。

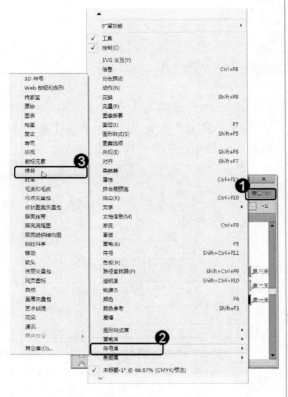

图 10-72

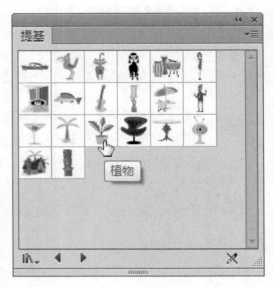

图 10-73

step 7　拖曳符号到绘图页面中，效果如图 10-74 所示。

step 8　选择符号图形，在菜单栏中选择【对象】→【图表】→【设计】菜单项，弹出【图表设计】对话框，单击【新建设计】按钮，显示植物图案的预览，如图 10-75 所示。

图 10-74

图 10-75

step 9　应用【重命名】按钮更改图案的名称，单击【确定】按钮，完成图表图案的定义，如图 10-76 所示。

step 10　利用选择工具，使用框选的方法将图表和图案同时选择，效果如图 10-77 所示。

图 10-76

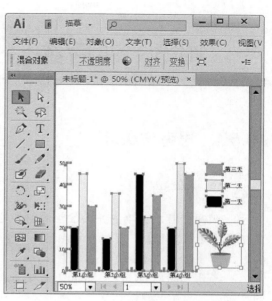

图 10-77

step 11　在菜单栏中选择【对象】→【图表】→【柱形图】菜单项，弹出【图表列】对话框，选择新定义的图案名称，并在对话框中进行详细的参数设置，单击【确定】按钮，如图 10-78 所示。

step 12　通过以上步骤即可完成制作图案图表的操作方法，最终的效果如图 10-79 所示。

图 10-78

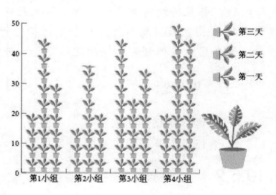

图 10-79

10.5 课后练习

10.5.1 思考与练习

一、填空题

1. 使用鼠标左键单击并按住柱形图工具，即可弹出图表工具组，其中有 9 种图表工具，包括【柱形图工具】、【堆积柱形图工具】、_____、【堆积条形图工具】、【折线图工具】、_____、【散点图工具】、_____和【雷达图工具】。

2. 条形图是以_____方向上的矩形来显示图表中的数据；堆积条形图是以水平方向的_____来显示数据总量。

3. 图表创建完成之后，会自动处于_____状态，并且图表中的所有元素_____。

二、判断题

1. 柱形图是较为常用的一种图表类型，它使用一些竖排的、高度可变的矩形柱来表示各种数据，矩形的高度与数据大小成反比。   （   ）

2. 堆积柱形图与柱形图类似，但显示的方式不同，堆积柱形图表能够显示出全部表目的总数，并将其比较。   （   ）

3. 面积图可以用来表示一组或多组数据。通过不同折线连接图表中所有的点，形成面积区域，并且折线内部可填充为不同的颜色。   （   ）

4. 饼图把数据总和作为一个圆饼状进行显示，其中各组数据所占比例用不同的颜色表示，适合显示各种外部数据的比较。   （   ）

三、思考题

1. 如何创建柱形图表？
2. 如何进行不同图表类型的互换？

10.5.2 上机操作

1. 打开"配套素材\第 10 章\素材文件\服装销售统计表.xlsx"文件，使用矩形工具、【符号】面板、图表命令等进行制作服装销量统计表的操作。效果文件可参考"配套素材\第 10 章\效果文件\制作服装销量统计表.ai"。

2. 打开"配套素材\第 10 章\素材文件\制作汽车宣传单"文件，使用置入命令置入本例的素材图片，然后使用剪切蒙版命令、【对齐】控制面板、字形命令和折线图工具，进行制作汽车宣传单的操作。效果文件可参考"配套素材\第 10 章\效果文件\制作汽车宣传单.ai"。

第**11**章

图层与蒙版常见应用

本章主要介绍了图层的使用、创建与编辑图层、制作图像蒙版、制作文本蒙版、【透明度】控制面板和应用"链接"面板方面的知识与技巧，同时还讲解了动作的操作方法与技巧。通过本章的学习，读者可以掌握图层与蒙版常见应用方面的知识，为深入学习 Illustrator CS6 中文版平面设计与制作奠定基础。

范 例 导 航

1. 图层的使用

2. 创建与编辑图层

3. 制作图像蒙版

4. 制作文本蒙版

5. 【透明度】控制面板

6. 应用【链接】面板

7. 动作

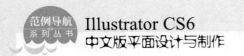

11.1　图层的使用

在平面设计中，特别是包含复杂图形的设计中，常常需要在页面上创建多个对象。由于每个对象的大小不一致，小的对象可能隐藏在大的对象下面，这样，选择和查看对象就很不方便。使用图层来管理对象，就可以很好地解决这个问题。本节将详细介绍图层的使用方面的相关知识。

11.1.1　什么是图层

在 Illustrator CS6 中的图层是透明层，每个文件至少包含一个图层，在每一层中可以放置不同的图像，上面的图层将影响下面的图层，修改其中的某一图层，将不会改动其他图层，所有图层叠加在一起就形成了一幅完整的图像，如图 11-1 所示。

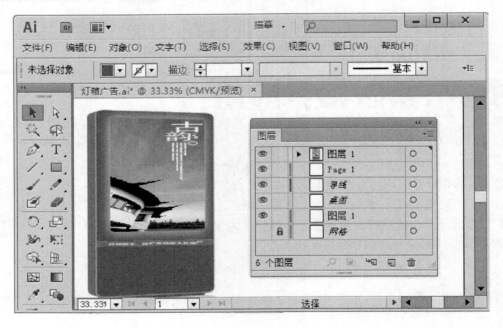

图 11-1

11.1.2　【图层】面板

在 Illustrator CS6 中，【图层】面板是进行图层编辑不可缺少的工具之一，用户可以在打开一个图像后，选择菜单栏中的【窗口】→【图层】菜单项，打开【图层】面板，对图层进行创建与编辑。在【图层】面板中，右上方有两个系统按钮，分别是【折叠为图标】按钮和【关闭】按钮，中间显示的是图层名称，单击图层名称前的三角按钮，可将其展开或折叠，如图 11-2 所示。

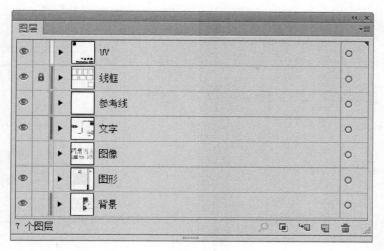

图 11-2

- 眼睛图标👁：用于显示或隐藏图层。
- 锁定图标🔒：表示当前图层和透明区域被锁定，不能进行编辑。
- 【定位对象】按钮🔍：单击此按钮后，可以选中所选对象所在的图层。
- 【建立/释放剪切蒙版】按钮▣：选择后可以在当前图层上建立或释放一个蒙版。
- 【创建新子图层】按钮⁴▢：单击此按钮后，可以为当前图层新建一个子图层。
- 【创建新图层】按钮▢：单击此按钮后，可以在当前图层上面新建一个图层。
- 【删除所选图层】按钮🗑：单击此按钮后，可以将不需要的图层删除。

在 Illustrator CS6 的【图层】面板中，图层颜色标记是显示图层中默认时使用的颜色色样，该色样在创建时没有命名，系统将会自动依照顺序进行命名。

11.2　创建与编辑图层

　　在 Illustrator CS6 中，用户可以使用【图层】面板中的功能对图层进行创建和编辑，如新建图层、新建子图层、合并图层等操作，本节将详细介绍创建与编辑图层的相关知识及操作方法。

11.2.1　创建图层

　　图层的最大优点就是可以方便地修改绘制的图形，下面将介绍创建图层的操作方法。

 打开【图层】面板，① 单击右上方的展开图标▤，② 在弹出的下拉菜单中，选择【新建图层】菜单项，如图 11-3 所示。

step 2　弹出【图层选项】对话框，① 根据需要设置名称和颜色等选项，② 单击【确定】按钮，如图 11-4 所示。

第二章　图层与蒙版常见应用

图 11-3

 step 3 通过以上步骤即可完成创建图层的操作，效果如图 11-5 所示。

图 11-5

图 11-4

智慧锦囊

在 Illustrator CS6 中，用户可以使用多种方法进行创建图层的操作，可以单击【图层】面板中的【创建新图层】按钮，也可以使用菜单命令。

考考您

请您根据上述方法，创建一个图层，测试一下您的学习效果。

11.2.2 创建子图层

在 Illustrator CS6 中，用户可以创建子图层以方便绘制图像的操作，可以单击【图层】面板中的按钮，也可以使用菜单命令。下面将详细介绍创建子图层的操作方法。

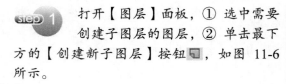 **step 1** 打开【图层】面板，① 选中需要创建子图层的图层，② 单击最下方的【创建新子图层】按钮，如图 11-6 所示。

 step 2 通过以上步骤即可完成创建子图层的操作，效果如图 11-7 所示。

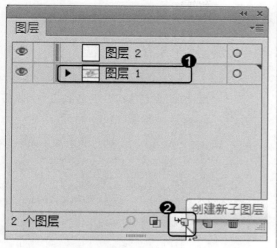

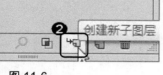

图 11-6

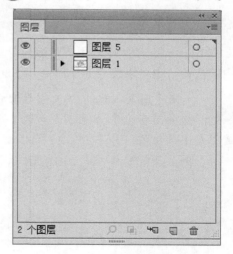

图 11-7

11.2.3 合并图层

在 Illustrator CS6 中，允许用户将两个或者多个图层合并到一个图层上，可以使用展开菜单中的【合并所选图层】菜单项进行合并图层的操作。下面将详细介绍合并图层的操作方法。

step 1 打开【图层】面板，① 选中需要合并的图层，② 单击右上方的展开图标，③ 在弹出的下拉菜单中选择【合并所选图层】菜单项，如图 11-8 所示。

step 2 通过以上步骤即可完成合并图层的操作，效果如图 11-9 所示。

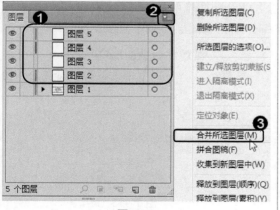

图 11-8

图 11-9

11.2.4 复制与删除图层

在 Illustrator CS6 中，用户也可以复制和删除图层。可以单击【图层】面板中的按钮，也可以使用菜单命令，使编辑图像更加方便快捷。下面将分别详细介绍复制与删除图层的操作方法。

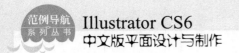

1. 复制图层

在 Illustrator CS6 中，复制图层时，将复制图层中所包含的所有对象，包括路径、编组等。下面将详细介绍复制图层的操作方法。

step 1 打开【图层】面板，① 选中需要复制的图层，② 单击右上方的展开图标 ，③ 在弹出的下拉菜单中选择【复制 "图像"】菜单项，如图 11-10 所示。

step 2 通过以上步骤即可完成复制图层的操作，如图 11-11 所示。

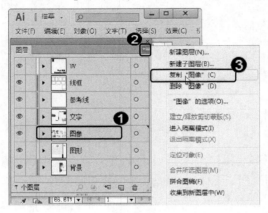

图 11-10

图 11-11

2. 删除图层

在 Illustrator CS6 中，用户可以删除图层以方便绘制图像的操作，可以单击【图层】面板中的按钮，也可以使用菜单命令。下面将详细介绍删除图层的操作方法。

step 1 打开【图层】面板，① 选中需要删除的图层，② 单击最下方的【删除所选图层】按钮 ，如图 11-12 所示。

step 2 在弹出的 Adobe Illustrator 对话框中，单击【是】按钮，如图 11-13 所示。

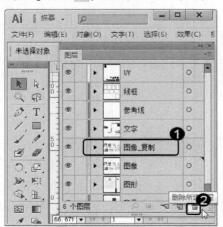

图 11-12

图 11-13

step 3 通过以上步骤即可完成删除图层的操作，效果如图 11-14 所示。

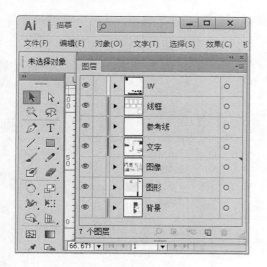

图 11-14

智慧锦囊

用鼠标将需要删除的图层拖曳到【删除所选图层】按钮上，也可以删除图层。

考考您

请您根据上述方法，进行复制与删除图层的操作，测试一下您的学习效果。

11.2.5 锁定与解锁图层

如果图层被锁定，光标在该页上时将变为打叉的铅笔，同时在编辑列中也将出现打叉的铅笔。如果图层没有锁定，那么编辑列将为空，下面将分别详细介绍锁定与解锁图层的相关知识及操作方法。

1. 锁定图层

如果对于一层中的图形对象已经修改完毕，为了避免不小心再更改了其中的某些信息，那么可以采用锁定图层的方法使图层上的图形对象处于锁定状态，下面将介绍其操作方法。

step 1 打开【图层】面板，选择需要锁定的图层，单击其左侧的空方格，如图 11-15 所示。

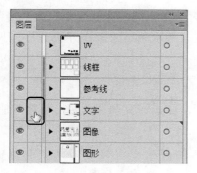

图 11-15

step 2 通过以上步骤即可完成锁定图层的操作，如图 11-16 所示。

图 11-16

第二章 图层与蒙版常见应用

281

2. 解锁图层

在 Illustrator CS6 中，锁定图层后，用户还可以再将图层进行解锁，从而方便编辑图像。下面将详细介绍解锁图层的操作方法。

step 1 打开【图层】面板，选择需要解锁的图层，单击其左侧的锁定图标 🔒，如图 11-17 所示。

step 2 通过以上步骤即可完成解锁图层的操作，如图 11-18 所示。

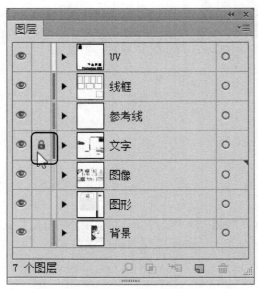

图 11-17

图 11-18

 当处理多个图层时，经常可能会无意修改了非当前活动图层中的图形对象。为了限制选择范围，并且只编辑当前活动图层，可以选择【图层】面板菜单中的【锁定其他图层】菜单项将其锁定。

11.2.6 显示与隐藏图层

当在 Illustrator CS6 中处理具有多个图层的图像时，常常需要查看某个层或者某些层，而把其他层暂时隐藏起来，下面将分别详细介绍隐藏与显示图层的操作方法。

1. 隐藏图层

隐藏图层后，图层中的对象将不在绘图区中显示，在设计复杂图形时，可将其快速隐藏。下面将详细介绍隐藏图层的操作方法。

step 1 打开【图层】面板，选择需要隐藏的图层，单击其左侧的眼睛图标 👁，如图 11-19 所示。

step 2 通过以上步骤即可完成隐藏图层的操作，如图 11-20 所示。

图 11-19

图 11-20

2. 显示图层

在 Illustrator CS6 中，隐藏图层后，图层中的对象将不在绘图区中显示，用户可再将其显示出来并进行绘制。下面将详细介绍显示图层的操作方法。

step 1 打开【图层】面板，选择需要显示的图层，单击其最左侧的空格处，如图 11-21 所示。

step 2 通过以上步骤即可完成显示图层的操作，如图 11-22 所示。

图 11-21

图 11-22

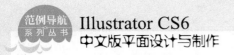
11.2.7　改变图层顺序

在 Illustrator CS6 中，用户可以改变图层的顺序，从而方便编辑所绘制的图形。下面将详细介绍改变图层顺序的操作方法。

step 1 打开【图层】面板，选择需要改变顺序的图层，按住鼠标并将其拖动至适当的图层之上，如图 11-23 所示。

step 2 释放鼠标即可看到图层顺序已经改变，这样即可完成改变图层顺序的操作，如图 11-24 所示。

图 11-23

图 11-24

用户在 Illustrator CS6 中改变图层顺序时，随着图层的移动，层上所有物体也将随之移动，同一层物体的前后顺序不会被改变，不同层的物体顺序随着层的顺序的改变而发生改变，同时显示顺序也会改变。用户还可以打开【图层】面板，执行面板中的【复制图层】命令，复制所需的图层，使绘制图像更加方便快捷。

11.3　制作图像蒙版

在 Illustrator CS6 中，用户可以将一个对象制作为蒙版，使其内部变得完全透明，这样即可显示出下面的被蒙版对象，从而使图像达到满意的效果。本节将详细介绍制作图像蒙版的相关知识及操作方法。

11.3.1　制作图像蒙版

使用图像蒙版可以在视图中控制对象的显示区域，蒙版的形状可以是在 Illustrator CS6 中绘制的任意形状。下面将详细介绍制作图像蒙版的操作方法。

step 1 打开一个图像，① 在工具箱中单击【椭圆工具】 ，② 在绘图区绘制一个椭圆形作为蒙版，如图 11-25 所示。

step 2 在工具箱中，① 选择【直接选择工具】 ，② 选中图像和制作的椭圆形，如图 11-26 所示。

图 11-25

图 11-26

step 3 在菜单栏中，① 选择【对象】菜单，② 选择【剪切蒙版】菜单项，③ 选择【建立】子菜单项，如图 11-27 所示。

step 4 通过以上步骤即可完成制作图像蒙版的操作，效果如图 11-28 所示。

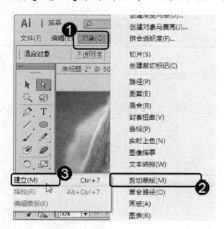

图 11-27

图 11-28

11.3.2 编辑图像蒙版

在 Illustrator CS6 中，用户在制作图像蒙版后，还可根据实际需要进行编辑和修改图像蒙版的操作。下面将详细介绍编辑图像蒙版的操作方法。

1. 查看蒙版

在 Illustrator CS6 中，用户制作图像蒙版后，可对其进行编辑查看，从而使绘制图像更

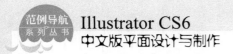
加方便快捷。下面将详细介绍查看蒙版的操作方法。

step 1 　①　单击【选择工具】，②　选中需要查看的图像蒙版，③　单击【图层】面板，如图 11-29 所示。

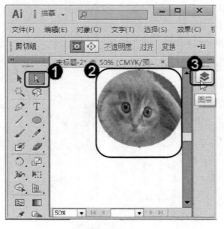

图 11-29

step 2 　通过以上步骤即可完成查看图像蒙版的操作，如图 11-30 所示。

图 11-30

2. 锁定蒙版

在 Illustrator CS6 中，用户制作图像蒙版后，可对其进行编辑锁定的操作，从而使绘制图像更加方便快捷。下面将详细介绍锁定蒙版的操作方法。

step 1 　选中需要锁定的蒙版，在菜单栏中，①　选择【对象】菜单，②　选择【锁定】菜单项，③　选择【所选对象】子菜单项，如图 11-31 所示。

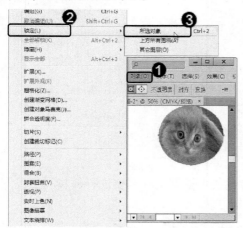

图 11-31

step 2 　通过以上步骤即可完成锁定图像蒙版的操作，如图 11-32 所示。

图 11-32

3. 添加对象到蒙版

在 Illustrator CS6 中，用户制作图像蒙版后，可添加新的对象到蒙版，从而使绘制的图像更加丰富多彩。下面将详细介绍添加对象到蒙版的操作方法。

step 1 选中需要添加的对象，在菜单栏中，① 选择【编辑】菜单，② 选择【剪切】菜单项，如图 11-33 所示。

step 2 ① 使用直接选择工具框选蒙版，在菜单栏中选择【编辑】菜单，② 选择【贴在前面】菜单项，如图 11-34 所示。

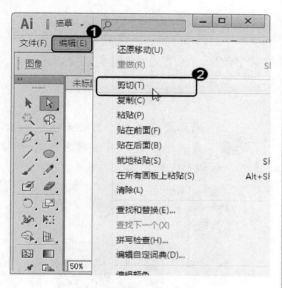

图 11-33

图 11-34

step 3 通过以上步骤即可完成添加对象到蒙版的操作，如图 11-35 所示。

图 11-35

智慧锦囊

选中被蒙版的对象，在菜单栏中选择【编辑】→【清除】菜单项，或者按下键盘上的 Delete 键，即可删除被蒙版的对象。

考考您

请您根据上述方法，进行编辑图像蒙版的操作，测试一下您的学习效果。

第二章 图层与蒙版常见应用

287

11.4　制作文本蒙版

在 Illustrator CS6 中，可以将文本制作为蒙版。根据设计需要来制作文本蒙版，可以使文本产生丰富的效果。本节将详细介绍制作文本蒙版的相关知识及操作方法。

11.4.1　制作文本蒙版

使用文字作剪切蒙版可以创建出很多奇妙的文字效果。在用文本创建剪切蒙版之前，可以首先把文本转换为路径，也可以直接将文本作为剪切蒙版。下面将详细介绍制作文本蒙版的操作方法。

step 1　绘制一个矩形并选中，打开【图形样式】面板，选择需要的图形样式，如图 11-36 所示。

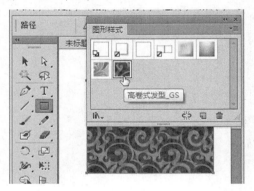

图 11-36

step 2　选择文字工具，在矩形上输入需要的文字，然后使用选择工具选中文字和矩形，如图 11-37 所示。

图 11-37

step 3　在菜单栏中，① 选择【对象】菜单，② 选择【剪切蒙版】菜单项，③ 选择【建立】子菜单项，如图 11-38 所示。

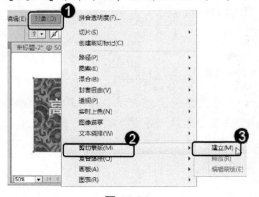

图 11-38

step 4　通过以上步骤即可完成制作文本蒙版的操作，如图 11-39 所示。

图 11-39

11.4.2 编辑文本蒙版

在 Illustrator CS6 中，用户可以根据实际需要编辑制作好的文本蒙版，从而使绘制的图形对象更加丰富多彩。下面将详细介绍编辑文本蒙版的操作方法。

step 1 在工具箱中，单击选择工具，选中需要编辑的文本蒙版，如图 11-40 所示。

图 11-40

step 3 创建轮廓后，选择直接选择工具，单击文字路径上需要编辑的锚点，用鼠标拖动锚点即可进行编辑修改，如图 11-42 所示。

图 11-42

step 2 在菜单栏中，① 选择【文字】菜单，② 选择【创建轮廓】菜单项，如图 11-41 所示。

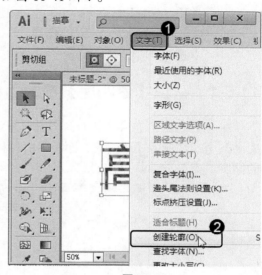

图 11-41

step 4 通过以上步骤即可完成编辑文本蒙版的操作，如图 11-43 所示。

图 11-43

第二章 图层与蒙版常见应用

289

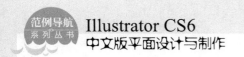

 # 11.5 【透明度】控制面板

透明度是 Illustrator CS6 中对象的一个重要外观属性。通过设置 Illustrator CS6 的透明度，绘图页面上的对象可以是完全透明、半透明或者不透明 3 种状态。在【透明度】控制面板中，可以给对象添加不透明度，还可以改变混合模式，从而制作出新的效果。本节将详细介绍有关【透明度】控制面板方面的知识。

11.5.1 认识【透明度】控制面板

在 Illustrator CS6 中，用户可以在菜单栏中选择【窗口】→【透明度】菜单项，打开【透明度】面板，使用【透明度】面板中的各种表面属性和下拉菜单中的菜单项进行编辑图像的操作，如图 11-44 所示。

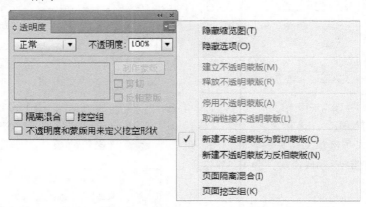

图 11-44

- 【隔离混合】复选框：可以使不透明度设置只影响当前组合或图层中的其他对象。
- 【挖空组】复选框：可以使不透明度设置不影响当前组合或图层中的其他对象，但背景对象仍然受影响。
- 【不透明度和蒙版用来定义挖空形状】复选框：可以使用不透明度蒙版来定义对象的不透明度所产生的效果。
- 【建立不透明蒙版】菜单项：可将蒙版的不透明度设置应用至所覆盖的所有对象中。
- 【释放不透明蒙版】菜单项：可将制作的不透明蒙版释放，将其恢复至原来的效果。
- 【停用不透明蒙版】菜单项：可以将不透明蒙版禁用。
- 【取消链接不透明蒙版】菜单项：可将蒙版对象和被蒙版对象之间的链接关系取消。

11.5.2 【透明度】控制面板中的混合模式

在 Illustrator CS6 中，【透明度】面板提供了 16 种混合模式，其中包括【正常】、【变暗】、【正片叠底】、【颜色加深】、【变亮】、【滤色】、【颜色减淡】、【叠加】、【柔光】、【强光】、【差值】、【排除】、【色相】、【饱和度】、【混色】、【明度】模式，用户可以根据实际需求选择混合模式，使图像达到最满意的效果，如图 11-45 所示。

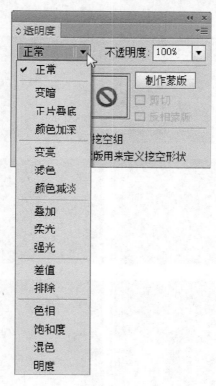

图 11-45

在图像上绘制一个星形并保持选择状态，如图 11-46 所示。

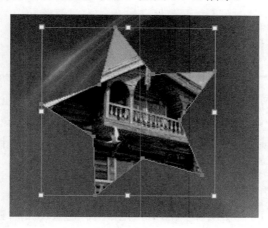

图 11-46

第二章 图层与蒙版常见应用

291

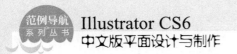

分别选择不同的混合模式，可以观察图像的不同变化，效果如图 11-47 所示。

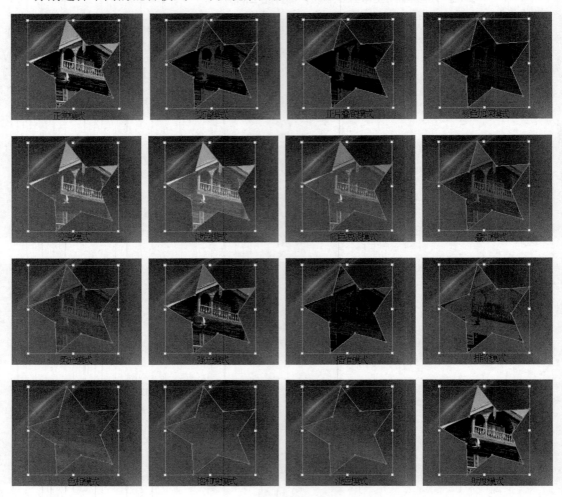

图 11-47

11.6 应用【链接】面板

用户还可以使用【链接】面板来查看和管理 Illustrator CS6 文档中所有链接或嵌入的图稿。选择菜单栏中的【窗口】→【链接】菜单项，即可打开【链接】面板。本节将详细介绍【链接】面板的设置及操作方法。

11.6.1 在源文件更改时更新链接的图稿

【链接】面板如图 11-48 所示。从图中可见，所有链接的文件都以列表方式显示在【链接】面板中，可以通过【链接】面板来选择、识别、监控和更新链接文件。

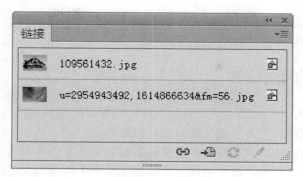

图 11-48

如果要隐藏或更改缩览图大小，从【链接】面板菜单中选择【面板选项】菜单项，如图 11-49 所示。然后选择一个用来显示缩览图的选项即可，如图 11-50 所示。

图 11-49

图 11-50

在 Illustrator CS6 中，用户可以根据实际需要在源文件更改时更新链接图稿。下面将详细介绍在源文件更改时更新链接图稿的两种操作方法。

- 在插图窗口中选择链接的图稿，在【链接】控制面板中，单击文件名并选择【更新链接】菜单项即可。
- 在【链接】面板中，选择显示感叹号图表的一个或多个链接。单击【更新链接】按钮，或者从面板菜单中选择【更新链接】菜单项即可。

11.6.2 重新链接至缺失的链接图稿

在 Illustrator CS6 中，用户可以根据实际需要重新链接至缺失的链接图稿。下面将详细介绍重新链接至缺失的链接图稿的两种操作方法。

- 在插图窗口中选择链接的图稿，在【链接】控制面板中，单击文件名并选择【重新链接】菜单项，或者在【链接】面板中，选择显示停止符号的链接。单击【重新链接】按钮，或者在【链接】面板中选择【重新链接】菜单项。

第二章 图层与蒙版常见应用

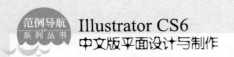

■ 选择文件替换【置入】对话框中的链接图稿，单击【确定】按钮。新图稿将保留所替换图稿的大小、位置和变换特征。

11.6.3　将链接的图稿转换为嵌入的图稿

在 Illustrator CS6 中，用户可以根据实际需要将链接的图稿转换为嵌入的图稿。下面将详细介绍将链接的图稿转换为嵌入图稿的两种操作方法。
■ 在插图窗口中选择链接的图稿，在【链接】控制面板中，单击【嵌入】按钮即可。
■ 在【链接】面板中，选择链接选项，在面板菜单中选择【嵌入图像】菜单项即可将链接的图稿转换为嵌入的图稿。

11.6.4　编辑链接图稿的源文件

在 Illustrator CS6 中，用户可以根据实际需要编辑链接图稿的源文件。下面将详细介绍编辑链接图稿的源文件的几种操作方法。
■ 在插图窗口中选择链接的图稿，在【链接】控制面板中，单击【编辑原稿】按钮即可完成编辑链接图稿的源文件的操作。
■ 在【链接】面板中，选择链接选项，单击【编辑原稿】按钮，或者从面板菜单中选择【编辑原稿】菜单项。
■ 选择链接的图稿，然后选择菜单栏中的【编辑】→【编辑原稿】菜单项，即可完成编辑链接图稿的源文件的操作。

11.7　动作

利用【动作】面板可以记录用户所做的一系列操作，方便在以后的操作过程中再次遇到重复操作时，直接将记录的操作应用于满足条件的操作对象。本节将详细介绍动作的相关知识及操作方法。

11.7.1　认识动作

在菜单栏中选择【窗口】→【动作】菜单项，即可打开【动作】面板，如图 11-51 所示。

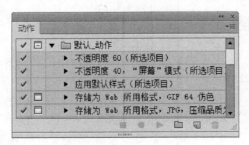

图 11-51

单击"默认_动作"文件夹左侧的三角形按钮，可以展开动作文件夹。下面将分别详细介绍有关【动作】面板的一些功能。

1. 播放动作中的某一命令

如果用户只想播放动作中的某一个命令，应该先在【动作】面板中选择需要播放的命令，然后按住 Ctrl 键单击【播放当前所选动作】按钮 ▶，若是单击【播放当前所选动作】按钮 ▶ 时没有按住 Ctrl 键，系统将会以该命令为开始，播放下面的命令。

2. 播放动作过程中跳过某个命令

播放动作时，如果想跳过动作中的某个命令，可以单击此命令名称左侧的【切换项目开/关】图标 ✔，取消图标中的 ✔ 符号。

3. 播放动作过程中对某个命令重新设置

单击【切换项目开/关】图标 ✔ 右侧，在该位置显示出 ☐ 图标，动作播放到此命令时就会弹出相应的选项设置对话框，允许用户对该命令的选项及参数重新设置。

4. 播放某个文件夹中的所有动作

要播放某个文件夹中的所有动作，首先在【动作】面板中选择需要播放的动作文件夹，然后单击【播放当前所选动作】按钮 ▶，系统即会连续播放该动作文件夹中的所有动作。

5. 设置动作播放速度

利用【回放选项】菜单项可以设置动作的播放速度。在【动作】面板的下拉菜单中选择【回放选项】菜单项，将会弹出如图 11-52 所示的【回放选项】对话框，在此对话框中选择相应的选项，可以指定动作的播放速度。

图 11-52

第二章 图层与蒙版常见应用

295

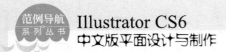

- 【加速】单选按钮：选中此单选按钮，系统将以正常的速度播放动作，默认情况下该单选按钮处于选择状态。
- 【逐步】单选按钮：选中此单选按钮，在播放动作时，系统会一步一步地完成每个命令操作。
- 【暂停】单选按钮：选中此单选按钮，并在右侧的数值框中设置一个时间值，可以控制在播放动作时，播放每个动作后暂停的时间。

6. 动作文件夹

为了便于创建、保存、查找不同类型的动作，可以将动作保存在不同的动作文件夹中。在【动作】面板中单击底部的【创建新动作集】按钮 ，或在下拉菜单中选择【新建动作集】菜单项，系统将会弹出【新建动作集】对话框，在此对话框中输入新动作文件夹的名称，然后单击【确定】按钮，即可完成新动作文件夹的创建，如图 11-53 所示。

图 11-53

11.7.2 创建动作

虽然【动作】面板中为用户提供了许多默认的动作，但在实际的工作过程中，系统中提供的动作是远远不够的，这就需要用户在工作时创建新的动作，下面将介绍其操作方法。

 在【动作】面板中单击【创建新动作集】按钮 ，如图 11-54 所示。

 弹出【新建动作集】对话框，设置名称，单击【确定】按钮，如图 11-55 所示。

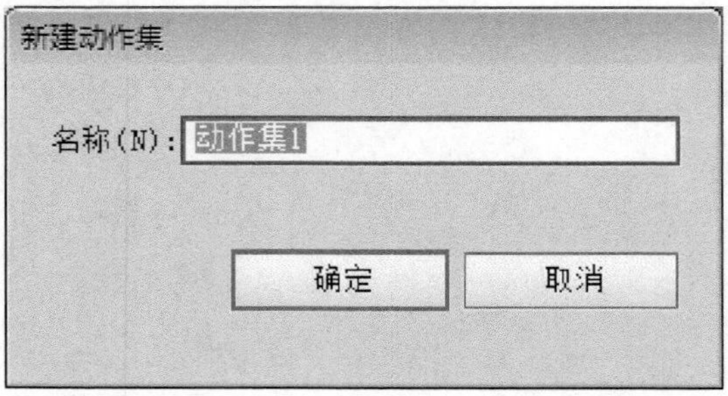

图 11-54

图 11-55

step 3　返回【动作】面板中，单击【创建新动作】按钮⬚，如图 11-56 所示。

图 11-56

step 5　创建【动作 1】并开始录制动作，如图 11-58 所示。

图 11-58

step 7　选择旋转工具，同时按住 Shift 键和 Alt 键拖曳，进行旋转复制，然后按两次 Ctrl+D 组合键，重复旋转复制出如图 11-60 所示的图形。

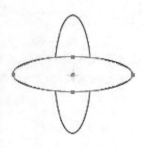

图 11-60

step 4　弹出【新建动作】对话框，设置名称及相关参数，单击【记录】按钮，如图 11-57 所示。

图 11-57

step 6　选择椭圆工具，绘制如图 11-59 所示的图形。

图 11-59

step 8　单击【动作】面板下的【停止播放/记录】按钮■，停止动作记录，此时记录的动作如图 11-61 所示。单击【播放当前所选动作】按钮▶，系统会播放该动作。

图 11-61

11.8 范例应用与上机操作

通过本章的学习，读者基本可以掌握图层与蒙版常见应用的基本知识以及一些常见的操作方法，下面通过练习操作两个实践案例，以达到巩固学习、拓展提高的目的。

11.8.1 使用图层制作重叠效果

在 Illustrator CS6 中，用户可以使用【复制图层】菜单项，制作出重叠效果的图像，使设计的图像更加丰富多彩。下面将详细介绍使用图层制作重叠效果的操作方法。

素材文件※ 第 11 章\素材文件\使用图层.ai
效果文件※ 第 11 章\效果文件\使用图层制作重叠效果.ai

step 1 打开素材文件，使用选择工具选中图像，在键盘上按下 Ctrl+Alt+↑ 组合键，不断复制图像至其厚度适中，如图 11-62 所示。

step 2 在绘图区中，① 将复制的图像全部选中并单击鼠标右键，② 在弹出的快捷菜单中选择【编组】菜单项，将图像进行编组，如图 11-63 所示。

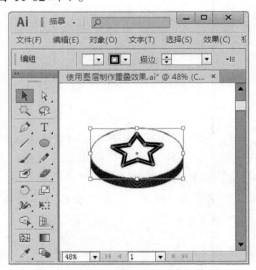

图 11-62

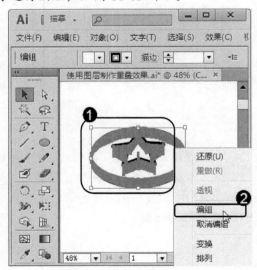

图 11-63

step 3 打开【图层】面板，① 选中需要复制的图层，② 单击展开按钮，在弹出的下拉菜单中选择【复制"图层1"】菜单项，并重复操作至满意的重叠效果为止，如图 11-64 所示。

step 4 通过以上步骤即可完成使用图层制作重叠效果的操作，效果如图 11-65 所示。

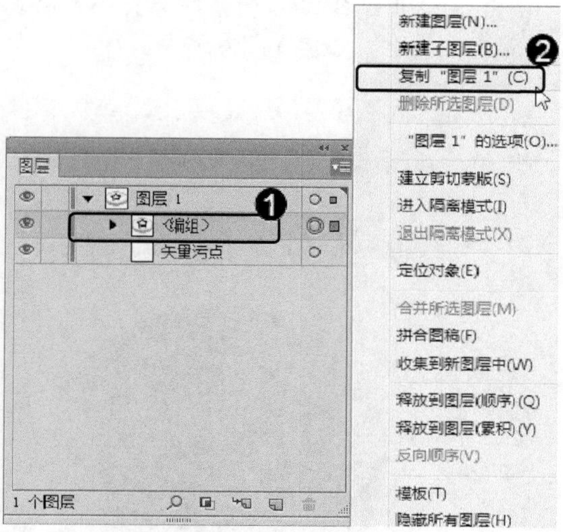

图 11-64

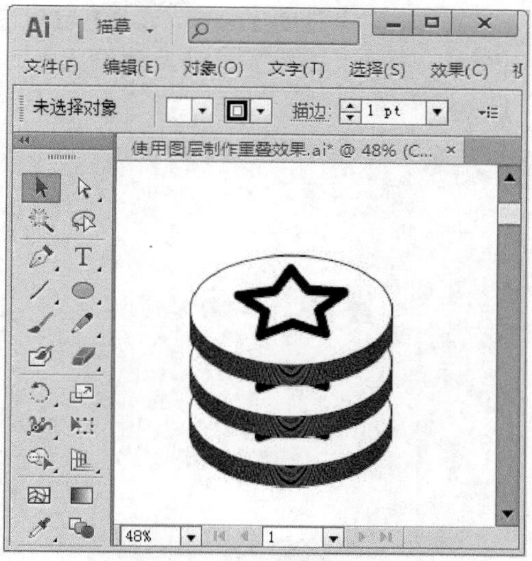

图 11-65

11.8.2 使用蒙版制作标志

本章学习了图层与蒙版常见应用的操作的相关知识，本例将详细介绍使用蒙版制作标志，来巩固和提高本章学习的内容。

素材文件 第 11 章\素材文件\制作标志.ai

效果文件 第 11 章\效果文件\使用蒙版制作标志.ai

step 1 打开素材文件，使用椭圆工具绘制一个圆形作为蒙版，然后使用直接选择工具将素材和圆形选中，如图 11-66 所示。

step 2 在菜单栏中，① 选择【对象】菜单，② 选择【剪切蒙版】菜单项，③ 选择【建立】子菜单项，如图 11-67 所示。

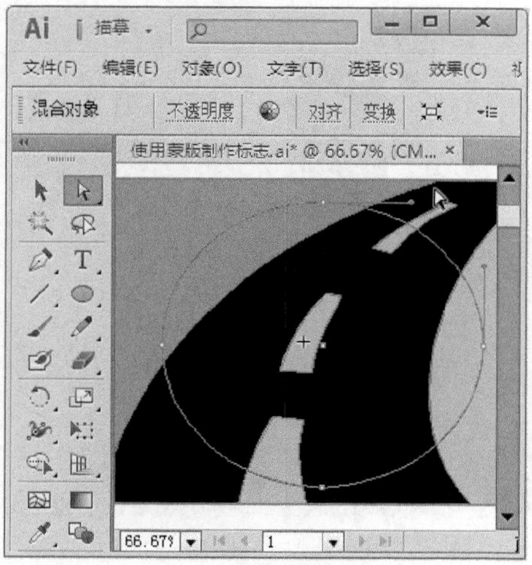

图 11-66

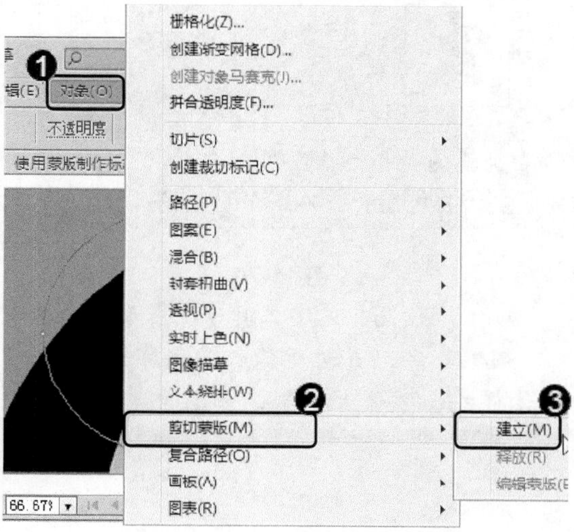

图 11-67

step 3 打开【符号】面板，选择【跑步者】符号，并将其拖动至绘图区中，如图 11-68 所示。

step 4 使用选择工具调整符号大小并将其选中，如图 11-69 所示。

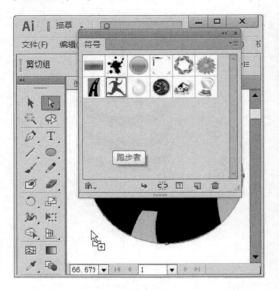

图 11-68

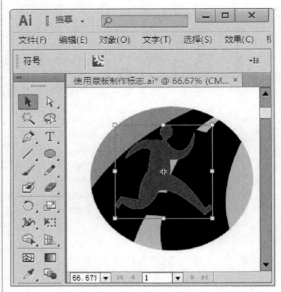

图 11-69

step 5 打开【透明度】面板，将混合模式调整为【变亮】模式，如图 11-70 所示。

step 6 绘制一个矩形并选中，然后在【图形样式】面板中选择需要的样式，如图 11-71 所示。

图 11-70

step 7 使用【文字工具】在矩形上输入文字，并对所输入的文字设置字体、字体样式、字体大小等，如图 11-72 所示。

图 11-71

step 8 使用选择工具将矩形和文字框选，然后在键盘上按下 Ctrl+7 组合键，给文字建立剪切蒙版，如图 11-73 所示。

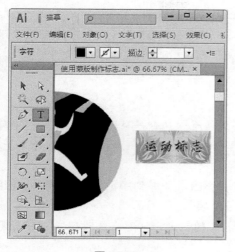

图 11-72

图 11-73

 将文字移动调整至图像的适当位置，这样即可完成使用蒙版制作标志的操作，最终效果如图 11-74 所示。

图 11-74

11.9 课后练习

11.9.1 思考与练习

一、填空题

1. 在 Illustrator CS6 中，用户可以将一个对象制作为_____，使其内部变得_____，这样即可显示出下面的被蒙版对象，从而使图像达到满意的效果。

2. 利用_____面板可以记录用户所做的一系列操作，以便在以后的操作过程中再次遇到重复操作时，直接将记录的操作应用于满足条件的操作对象。

二、判断题

1. 在 Illustrator CS6 中的图层是透明层，每个文件至少包含一个图层，在每一层中可以放置不同的图像，上面的图层将影响下面的图层，修改其中的某一图层，将会改动其他图层，所有图层叠加在一起就形成了一幅完整的图像。　　　　　　　　　　　（　　）

2. 在 Illustrator CS6 中，允许用户将两个或者多个图层合并到一个图层上，可以使用展开菜单中的【合并所选图层】菜单项进行合并图层的操作。　　　　　　（　　）

3. 如果图层被锁定，光标在该页上时将变为打叉的铅笔，同时在编辑列中也将出现打叉的铅笔。如果图层没有锁定，那么编辑列将为空。　　　　　　　　　　　（　　）

4. 使用图像蒙版可以在视图中控制对象的显示区域，蒙版的形状可以是在 Illustrator CS6 中绘制的任意形状。　　　　　　　　　　　　　　　　　　　　　　（　　）

三、思考题

1. 如何创建图层？
2. 如何制作图像蒙版？
3. 如何制作文本蒙版？

11.9.2　上机操作

1. 使用圆角矩形工具、【透明度】控制面板、钢笔工具、路径文字工具和符号库的自然界命令，进行制作婚纱卡片的操作，效果文件可参考"配套素材\第 11 章\效果文件\制作婚纱卡片.ai"。

2. 使用矩形工具、剪切蒙版命令、投影命令、羽化命令、画笔命令和徽标元素符号库命令，练习制作饭店折页。效果文件可参考"配套素材\第 11 章\效果文件\制作饭店折页.ai"。

第12章

混合与封套效果

本章主要介绍了混合效果和混合与渐变的区别方面的知识与技巧，同时还讲解了封套效果的操作方法与技巧。通过本章的学习，读者可以掌握混合与封套效果方面的知识，为深入学习 Illustrator CS6 中文版平面设计与制作奠定基础。

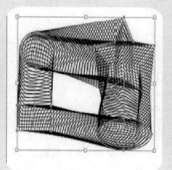

范 例 导 航

1. 混合效果
2. 混合与渐变的区别
3. 封套效果

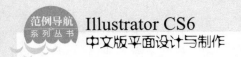

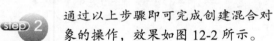

12.1　混合效果

混合命令可以创建一系列处于两个自由形状之间的路径，也就是一系列样式递变的过渡图形，该命令可以在两个或两个以上的图形对象之间使用。本节将详细介绍混合效果的相关知识及操作方法。

12.1.1　创建混合对象

在 Illustrator CS6 中，使用混合工具可以对整个图形和部分路径或控制点进行混合。混合对象后，中间各级路径上的点的数量、位置以及点之间线段的性质取决于起始对象和终点对象上的点的数目，同时还取决于在每个路径上指定的点。

1. 创建混合对象的方法

混合命令试图匹配起始对象和终点对象上的所有点，并在每对相邻的点间画条线段。起始对象和终点对象最好包含相同数目的控制点。如果两个对象含有不同数目的控制点，Illustrator CS6 将在中间级中增加或减少控制点。下面将详细介绍创建混合对象的方法。

step 1 选取要进行混合的两个对象，① 在工具箱中，单击【混合工具】，② 用鼠标单击需要混合的起始对象，③ 单击需要混合的终点对象，如图 12-1 所示。

step 2 通过以上步骤即可完成创建混合对象的操作，效果如图 12-2 所示。

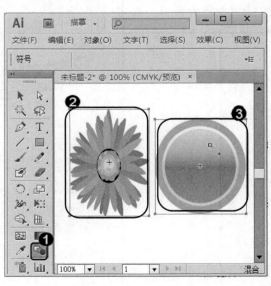

图 12-1

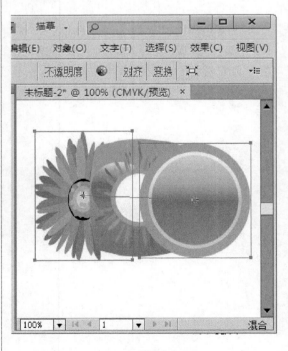

图 12-2

2. 创建混合路径的方法

在 Illustrator CS6 中，用户可以使用混合工具进行创建混合路径的操作。下面将详细介绍创建混合路径的操作方法。

step 1 选取要进行混合路径的两个对象，① 在工具箱中，单击【混合工具】 ，② 用鼠标单击需要混合的起始对象，③ 单击需要混合的终点对象，如图 12-3 所示。

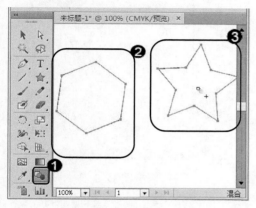

图 12-3

step 2 通过以上步骤即可完成创建混合路径的操作，效果如图 12-4 所示。

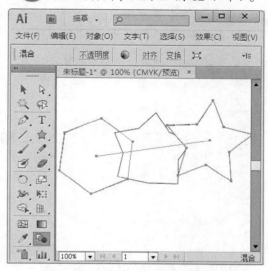

图 12-4

3. 继续混合其他对象

在 Illustrator CS6 中，用户在使用混合工具创建混合对象后，可以继续混合其他对象。下面将详细介绍继续混合其他对象的操作方法。

step 1 在工具箱中，① 单击【混合工具】 ，② 用鼠标单击混合路径中终点对象路径上的一点，③ 单击需要添加的其他对象路径上的一点，如图 12-5 所示。

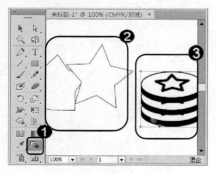

图 12-5

step 2 这样即可完成继续混合其他对象的操作，效果如图 12-6 所示。

图 12-6

第12章 混合与封套效果

305

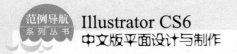

Illustrator CS6
中文版平面设计与制作

4. 释放混合对象

在 Illustrator CS6 中，用户在使用混合工具创建混合对象后，还可以释放混合的对象。下面将详细介绍释放混合对象的操作方法。

step 1 选择一个需要释放的混合对象，① 在菜单栏中选择【对象】菜单，② 选择【混合】菜单项，③ 选择【释放】子菜单项，如图 12-7 所示。

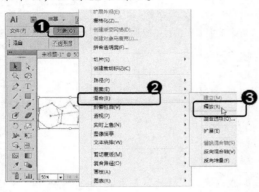

图 12-7

step 2 通过以上步骤即可完成释放混合对象的操作，效果如图 12-8 所示。

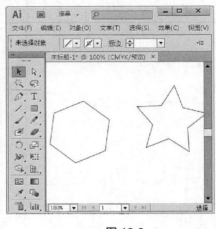

图 12-8

5. 使用【混合选项】对话框

在 Illustrator CS6 中，用户可以使用【混合选项】命令设置更精确的创建混合对象的选项。下面将详细介绍使用【混合选项】对话框的操作方法。

step 1 在工具箱中，① 单击【选择工具】，② 选择需要混合的两个对象，如图 12-9 所示。

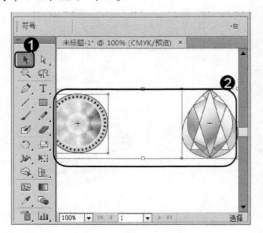

图 12-9

step 2 在菜单栏中，① 选择【对象】菜单，② 选择【混合】菜单项，③ 选择【混合选项】子菜单项，如图 12-10 所示。

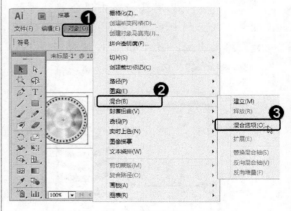

图 12-10

step 3 弹出【混合选项】对话框，① 单击【间距】下拉按钮，② 选择【平滑颜色】选项，可以使混合的颜色保持平滑，如图 12-11 所示。

step 4 在【混合选项】对话框中，① 在【间距】下拉列表中选择【指定的步数】选项，② 在右侧的文本框中可以设置混合对象的步数，如图 12-12 所示。

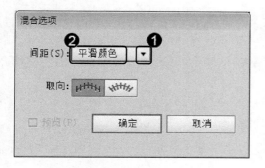

图 12-11

图 12-12

step 5 在【混合选项】对话框中，① 在【间距】下拉列表框中选择【指定的距离】选项，② 在右侧的文本框中可以设置混合对象间的距离，如图 12-13 所示。

step 6 在【混合选项】对话框中，① 在【取向】组中选择需要的取向，② 单击【确定】按钮，如图 12-14 所示。

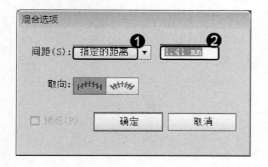

图 12-13

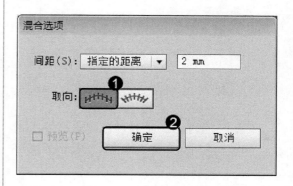

图 12-14

step 7 按下键盘上的 Alt+Ctrl+B 组合键，创建混合对象，这样即可完成使用【混合选项】对话框进行创建混合对象选项的操作，如图 12-15 所示。

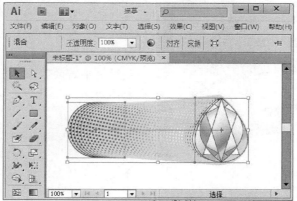

图 12-15

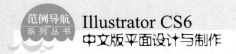
12.1.2 混合的形状

在 Illustrator CS6 中，用户可以使用混合命令将一种形状的图形变为另一种形状。下面将详细介绍有关混合形状的操作。

1. 多个对象的混合变形

在 Illustrator CS6 中，用户可以使用混合命令将多个对象进行混合变形。下面将详细介绍使用将多个对象进行混合变形的操作方法。

 在绘图区中，绘制 4 个不同形状的对象并选中，如图 12-16 所示。

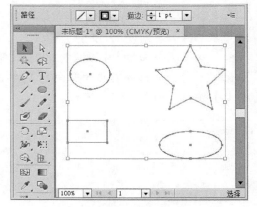

图 12-16

step 3 通过以上步骤即可完成将多个对象混合变形的操作，效果如图 12-18所示。

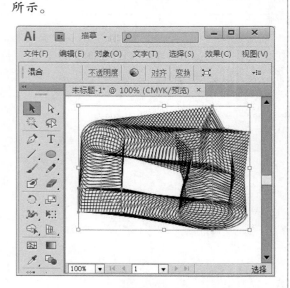

图 12-18

step 2 在工具箱中，① 单击【混合工具】，② 用鼠标按照顺时针的方向依次单击每个对象的一点，如图 12-17 所示。

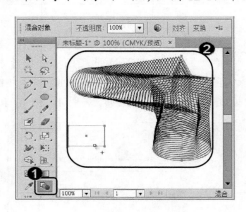

图 12-17

智慧锦囊

在 Illustrator CS6 中，混合命令试图匹配起始对象和终点对象上的所有点，并且在每对相邻的点之间画条线段。起始对象和终点对象最好包含相同数目的控制点。如果两个对象含有不同数目的控制点，系统将在中间级中增加或减少控制点。起始路径和目标路径上单击的节点不同，所得出的混合效果也不相同。

考考您

请您根据上述方法，进行多个对象的混合变形操作，测试一下您的学习效果。

2. 绘制立体效果

在 Illustrator CS6 中，用户可以使用混合命令绘制具有立体效果的图像。下面将详细介绍绘制立体效果的操作方法。

step 1 在绘图区中，绘制出灯笼形状的图形，单击选择工具，框选中灯笼图形的左右两条边缘线，如图 12-19 所示。

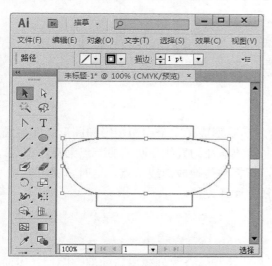

图 12-19

step 3 弹出【混合选项】对话框，① 在【间距】下拉列表框中选择【指定的步数】选项，在右侧的文本框中输入数值，② 在【取向】组中选中【对齐页面】选项，③ 单击【确定】按钮，如图 12-21 所示。

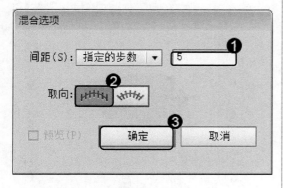

图 12-21

step 2 在菜单栏中，① 选择【对象】菜单，② 选择【混合】菜单项，③ 选择【混合选项】子菜单项，如图 12-20 所示。

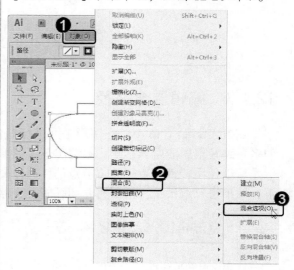

图 12-20

step 4 在菜单栏中，① 选择【对象】菜单，② 选择【混合】菜单项，③ 选择【建立】子菜单项，如图 12-22 所示。

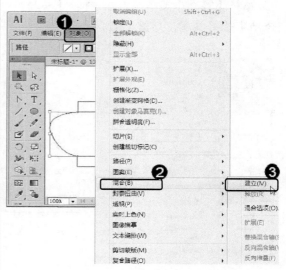

图 12-22

step 5　通过以上步骤即可完成绘制立体效果的操作，效果如图 12-23 所示。

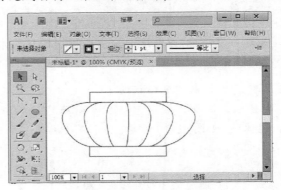

图 12-23

12.1.3　编辑混合路径

在 Illustrator CS6 中，在图形之间进行混合之后就形成了一个由源图形和图形之间形成的多条路径组成的整体。在一般情况下，图形之间的路径为直线，两端的节点为直线节点。但是可以使用转换锚点工具将节点的性质改变，可将其转换成曲线节点。这时，就可以对混合图形进行编辑了。下面将介绍编辑混合路径的操作方法。

1. 将混合图形和路径相结合

在 Illustrator CS6 中，用户可以将混合图形和路径相结合，创建出新的混合图形。下面将详细介绍将混合图形和路径相结合的操作方法。

step 1　选中混合图形和另一个路径，① 在菜单栏中选择【对象】菜单，② 选择【混合】菜单项，③ 选择【替换混合轴】子菜单项，如图 12-24 所示。

step 2　通过以上步骤即可完成将混合图形和路径相结合的操作，如图 12-25 所示。

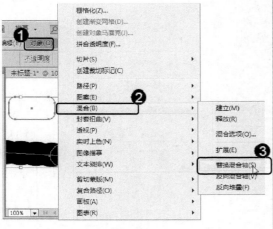

图 12-24

图 12-25

2. 点与开放路径之间的混合

在 Illustrator CS6 中，用户可以将点与开放路径相混合，创建出新的混合路径。下面将详细介绍将点与开放路径相混合的操作方法。

step 1 选择钢笔工具，① 绘制一个点并设置填色和轮廓色，② 绘制一条开放路径并将其填充为无色，如图 12-26 所示。

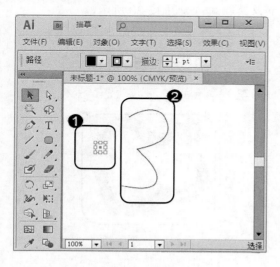

图 12-26

step 2 单击选择工具，① 选中点和开放路径，② 在工具箱中选择混合工具选项，③ 在点和开放路径上分别单击一点，如图 12-27 所示。

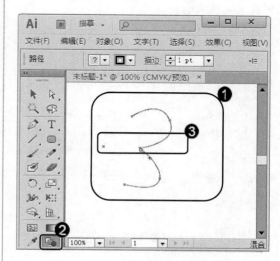

图 12-27

step 3 通过以上步骤即可完成将点与开放路径相混合的操作，效果如图 12-28 所示。

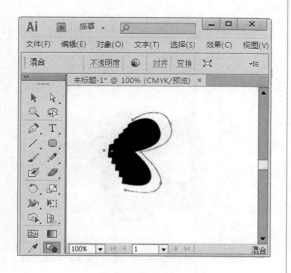

图 12-28

智慧锦囊

用户也可以使用直接选择工具来编辑混合图形，使用该工具选择需要移动的点进行移动即可。

考考您

请您根据上述方法，进行点与开放路径之间的混合操作，测试一下您的学习效果。

3. 虚线与混合工具的结合使用

在 Illustrator CS6 中，用户可以将虚线与混合工具相结合进行使用，创建出丰富多彩的图形。下面将详细介绍将虚线与混合工具结合使用的操作。

step 1 使用铅笔工具绘制路径并选中，① 打开【描边】面板，增加粗细数值，选中【圆头端点】和【圆角结合】图标，② 选中【虚线】复选框并进行设置，如图 12-29 所示。

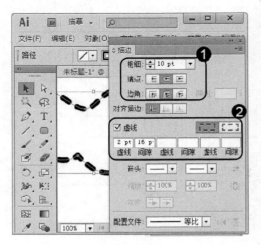

图 12-29

step 2 选中路径，① 将其填色设置为无色，设置描边颜色，② 按下键盘上的 Ctrl+Alt+↓ 组合键，复制虚线并调整颜色和改变粗细，如图 12-30 所示。

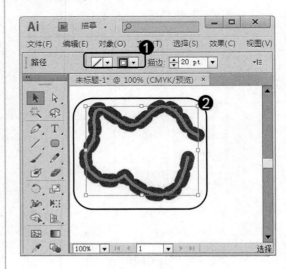

图 12-30

step 3 在工具箱中，① 单击【混合工具】 ，② 使用鼠标分别在两条路径上单击，如图 12-31 所示。

图 12-31

step 4 这样即可完成将虚线和混合工具结合使用的操作，最终效果如图 12-32 所示。

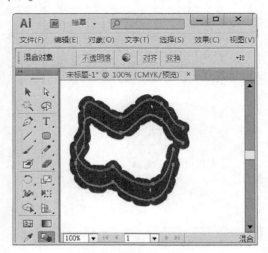

图 12-32

12.1.4 操作混合对象

在 Illustrator CS6 中，用户可以使用混合命令操作混合对象，能够改变混合图像的重叠顺序或将其扩展。下面将分别详细介绍操作混合对象的方法。

1. 改变混合对象的重叠顺序

在 Illustrator CS6 中，用户可以使用混合命令改变混合对象的重叠顺序。下面将详细介绍改变混合对象重叠顺序的操作方法。

 选择需要改变顺序的混合对象，在菜单栏中，① 选择【对象】菜单，② 选择【混合】菜单项，③ 选择【反向堆叠】子菜单项，如图 12-33 所示。

step 2 通过以上步骤即可完成改变混合对象重叠顺序的操作，效果如图 12-34 所示。

图 12-33

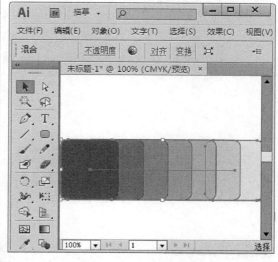

图 12-34

知识精讲

> "反向堆叠"就是转换进行混合的两个图形的前后位置。跟"反向混合轴"命令相比，"反向混合轴"转换的是两个混合图形的坐标位置，而"反向堆叠"转换的是混合图形的图层的前后位置。

2. 扩展混合对象

在 Illustrator CS6 中，把图形混合之后生成的新图形，由原始图形和图形之间的连接路径组成。在连接路径上，包含了一系列逐渐变化的颜色与性质都不相同的图形。这些图形是一个整体，不能单独被选中。如果将混合图形展开，就可以单独选中路径上的图形了。下面将详细介绍扩展混合对象的操作方法。

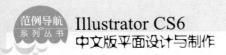

 选择需要扩展的混合对象，在菜单栏中，① 选择【对象】菜单，② 选择【混合】菜单项，③ 选择【扩展】子菜单项，如图 12-35 所示。

 通过以上步骤即可完成扩展混合对象的操作，效果如图 12-36 所示。

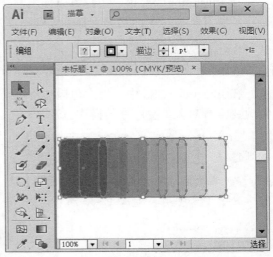

图 12-36

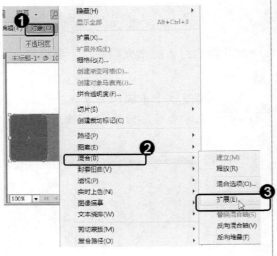

图 12-35

 混合图形展开后，还是一组对象。这时可以利用直接选择工具选择其中的任何图形进行复制、移动、删除等操作。

12.2 混合与渐变的区别

在 Illustrator CS6 中，混合效果与渐变效果类似，混合效果是把一种形状转换为另一种形状，而渐变效果仅提供填充的线性和放射状效果，经过渐变填充的对象外形不会发生任何改变。渐变只能使颜色以同样的角度进行变化，混合可以生产三维效果，如图 12-37 所示。

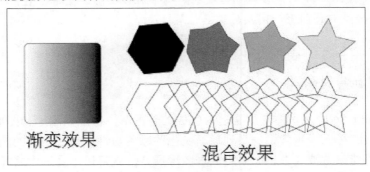

图 12-37

12.3 封套效果

Illustrator CS6 中提供了多种形状的封套效果，用户可以利用不同的封套效果改变选定对象的形状，封套不仅可以应用到选定的图形中，还可以应用于路径、复合路径、文本对象、网格、混合或导入的位图当中。本节将详细介绍封套效果的相关知识及操作方法。

12.3.1 创建封套

【封套扭曲】命令可以应用程序所预设的封套图形，或者使用网格工具调整对象，还可以使用自定义图形作为封套。下面将详细介绍两种创建封套的操作方法。

1. 从应用程序预设的形状创建封套

在 Illustrator CS6 中，用户可以从应用程序预设的形状来创建封套，从而达到需要的效果。下面将详细介绍从应用程序预设的形状创建封套的操作方法。

step 1 选中需要创建封套的对象，在菜单栏中，① 选择【对象】菜单，② 选择【封套扭曲】菜单项，③ 选择【用变形建立】子菜单项，如图 12-38 所示。

step 2 弹出【变形选项】对话框，① 单击【样式】下拉按钮，其中提供了15 种封套类型，② 根据需要选择样式，如图 12-39 所示。

图 12-38

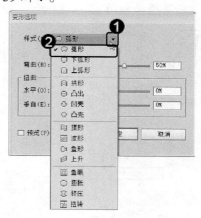

图 12-39

step 3 在【变形选项】对话框中，① 选中【水平】单选按钮，设置指定封套类型的放置位置，② 设置对象的弯曲程度和扭曲程度，③ 选中【预览】复选框，可以查看设置的封套效果，④ 单击【确定】按钮，如图 12-40 所示。

step 4 通过以上步骤即可完成从应用程序预设的形状创建封套的操作，最终效果如图 12-41 所示。

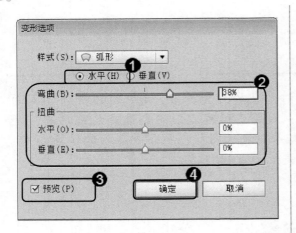

图 12-40

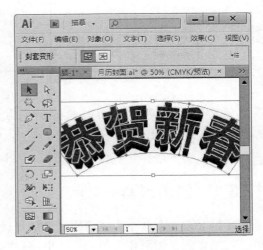

图 12-41

2. 使用网格建立封套

在 Illustrator CS6 中，用户可以使用网格来创建封套，从而达到需要的效果。下面将详细介绍使用网格建立封套的操作方法。

step 1 选中需要创建封套的对象，在菜单栏中，① 选择【对象】菜单，② 选择【封套扭曲】菜单项，③ 选择【用网格建立】子菜单项，如图 12-42 所示。

step 2 弹出【封套网格】对话框，① 在【行数】和【列数】文本框中设置需要的数值，② 单击【确定】按钮，如图 12-43 所示。

图 12-42

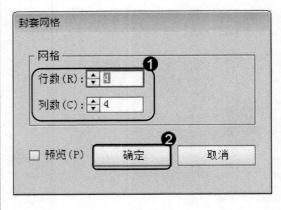

图 12-43

step 3 为图形添加的封套网格效果如图 12-44 所示。

step 4 选择直接选择工具，在封套网格控制点上按住鼠标进行拖曳，会出现控制柄，拖曳控制柄可以把图形调整成用户想要的形状，效果如图 12-45 所示。

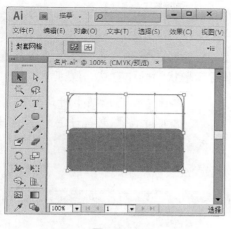

图 12-44

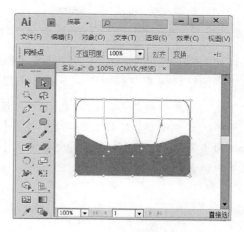

图 12-45

3. 使用路径建立封套

在 Illustrator CS6 中，用户可以使用路径来创建封套，从而达到需要的效果。下面将详细介绍使用路径进行建立封套的操作方法。

step 1　选中对象和作为封套的路径，在菜单栏中，① 选择【对象】菜单，② 选择【封套扭曲】菜单项，③ 选择【用顶层对象建立】子菜单项，如图 12-46 所示。

step 2　这样即可完成使用路径建立封套的操作方法，效果如图 12-47 所示。

图 12-47

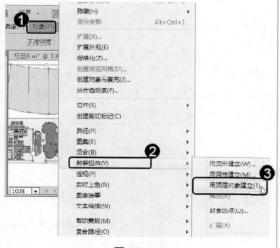

图 12-46

12.3.2　编辑封套

用户可以对创建的封套进行编辑。由于创建的封套是将封套和对象组合在一起的，所以，既可以编辑封套，也可以编辑对象，但是两者不能同时进行编辑。

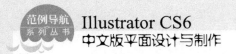
1. 编辑封套形状

利用封套扭曲变形操作可以使被选择的对象按封套的形状变形，从而获得使用普通绘图工具无法获得的变形效果。下面将详细介绍编辑封套形状的操作方法。

 选中创建封套后的对象，① 在菜单栏中选择【对象】菜单，② 选择【封套扭曲】菜单项，③ 选择【用变形重置】子菜单项，如图 12-48 所示。

 弹出【变形选项】对话框，① 根据实际需要重新设置封套选项，② 单击【确定】按钮，如图 12-49 所示。

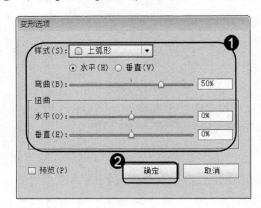

图 12-49

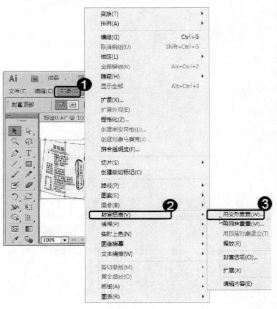

图 12-48

 通过以上步骤即可完成编辑封套形状的操作，如图 12-50 所示。

智慧锦囊

【用变形重置】命令的组合键是 Alt+Shift+Ctrl+W，【用网格重置】命令的组合键是 Alt+Ctrl+M，【用顶层对象建立】命令的组合键是 Alt+Ctrl+C。

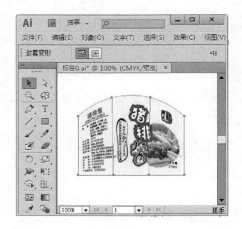

图 12-50

考考您

请您根据上述方法，进行编辑封套形状的操作，测试一下您的学习效果。

2. 编辑封套内的对象

在 Illustrator CS6 中，用户在创建封套后，可以对封套内的对象进行编辑，从而达到需要的效果。下面将详细介绍编辑封套内的对象的操作方法。

step 1 选中创建封套后的对象，① 在菜单栏中选择【对象】菜单，② 选择【封套扭曲】菜单项，③ 选择【编辑内容】子菜单项，组合键为 Shift+Ctrl+V，如图 12-51 所示。

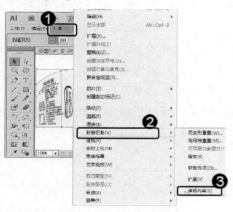

图 12-51

step 2 此时将显示出对象的选择框，可以将其按需要进行调整。通过以上步骤即可完成编辑封套内的对象的操作，如图 12-52 所示。

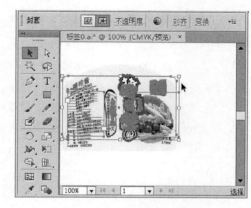

图 12-52

12.3.3 设置封套属性

在 Illustrator CS6 中，用户可以对封套的设置进行操作，以便使封套达到最满意的效果。选中一个封套对象，选择菜单栏中的【对象】→【封套扭曲】→【封套选项】菜单项，即可弹出【封套选项】对话框，如图 12-53 所示。

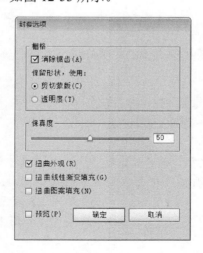

图 12-53

- **【消除锯齿】复选框**：选中此复选框后，可以在使用封套变形的时候防止锯齿的产生，保持图形的清晰度。
- **【剪切蒙版】单选按钮**：在编辑非直角封套时，可以选择此方式保护图形。
- **【透明度】单选按钮**：在编辑非直角封套时，可以选择此方式保护图形。
- **【保真度】选项**：设置对象适合封套的保真度。
- **【扭曲外观】复选框**：选中此复选框后，下方的两个选项将被激活，可以使对象具有外观属性，对象在应用特殊效果后，也将随着发生扭曲变形。
- **【扭曲线性渐变填充】复选框**：选中此复选框后，将用于扭曲对象的直线渐变填充。
- **【扭曲图案填充】复选框**：选中此复选框后，将用于扭曲对象的图案填充。

知识精讲

在 Illustrator CS6 中，封套不仅可以应用到选定的图形中，还可以应用于路径、复合路径、文本对象、网格、混合或导入的位图当中。当对一个对象使用封套时，对象将类似于被放置在一个特定形状的容器中，封套使对象的本身发生相应的变化。同时，对于应用封套后的对象，可以根据需要对其进行一定的编辑修改等。

12.4　范例应用与上机操作

通过本章的学习，读者基本可以掌握混合与封套效果的基本知识以及一些常见的操作方法，下面通过练习操作两个实践案例，以达到巩固学习、拓展提高的目的。

12.4.1　设计名片

本章学习了混合与封套效果的操作的相关知识，本例将详细介绍设计名片，来巩固和提高本章学习的内容。

素材文件 第 12 章\素材文件\ logo.psd
效果文件 第 12 章\效果文件\设计名片 .ai

step 1　利用矩形工具绘制两个矩形，大矩形填充白色，小矩形填充绿色，如图 12-54 所示。

step 2　选中这两个矩形，① 在菜单栏中选择【对象】菜单，② 选择【封套扭曲】菜单项，③ 选择【用网格建立】子菜单项，如图 12-55 所示。

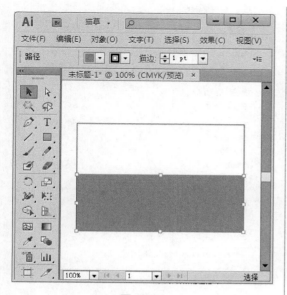

图 12-54

step 3　弹出【封套网格】对话框，① 设置行数和列数参数，② 单击【确定】按钮，如图 12-56 所示。

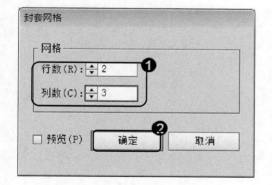

图 12-56

step 5　选择直接选择工具，在封套网格控制点上按住鼠标进行拖曳，会出现控制柄，拖曳控制柄把图形调整成如图 12-58 所示的形状。

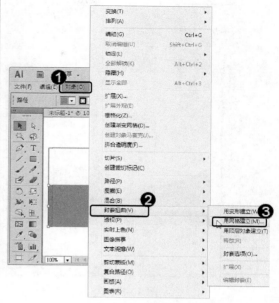

图 12-55

step 4　图形添加的封套网格效果如图 12-57 所示。

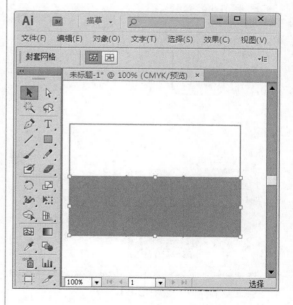

图 12-57

step 6　在菜单栏中，① 选择【文件】菜单，② 选择【置入】菜单项，如图 12-59 所示。

第 12 章　混合与封套效果

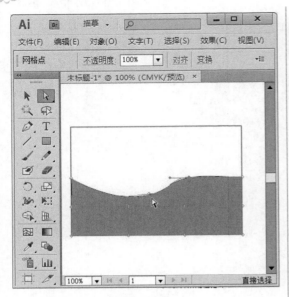

图 12-58

step 7 弹出【置入】对话框，① 选择本例的素材文件，② 单击【置入】按钮，如图 12-60 所示。

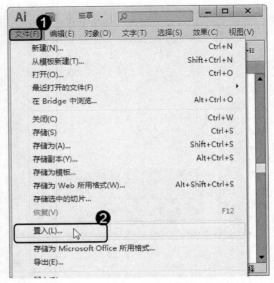

图 12-59

step 8 弹出【Photoshop 导入选项】对话框，直接单击【确定】按钮，如图 12-61 所示。

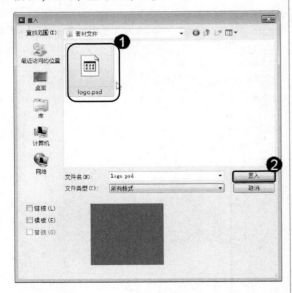

图 12-60

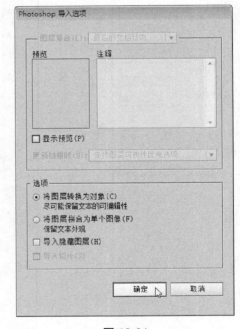

图 12-61

step 9 置入素材文件后，用户需要调整大小和位置，放置到合适的位置，如图 12-62 所示。

step 10 利用文字工具输入文字，并适当地调整其大小、字体样式等，这样即可完成设计名片的操作，效果如图 12-63 所示。

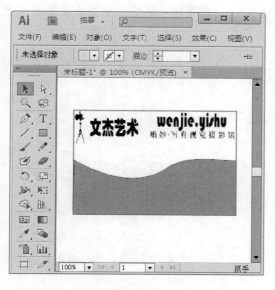

图 12-62

图 12-63

12.4.2 制作轨迹效果

本章学习了混合与封套效果的操作的相关知识，本例将详细介绍制作轨迹效果，来巩固和提高本章学习的内容。

素材文件 第 12 章\素材文件\篮球架.ai
效果文件 第 12 章\效果文件\篮球轨迹效果.ai

step 1 打开本例的配套素材文件"篮球架.ai"，如图 12-64 所示。

step 2 选择素材中的篮球，按住 Alt 键拖曳复制篮球，并调整大小后放置到如图 12-65 所示的位置。

图 12-64

图 12-65

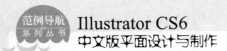

 step 3　按下 F7 键，打开【图层】面板，选择如图 12-66 所示的图层。

 step 4　将篮球网图层调整到篮球图层的上面，如图 12-67 所示。

图 12-66

图 12-67

 step 5　在绘图区中可以看到篮球被调整到了篮球网的后面，效果如图 12-68 所示。

step 6　选择【混合工具】，将两个篮球进行混合，效果如图 12-69 所示。

图 12-68

图 12-69

 step 7　选择【直接选择工具】，选择混合图形之间的路径，如图 12-70 所示。

step 8　选择【转换锚点工具】调整路径右边的锚点，拖拉出两条控制柄，如图 12-71 所示。

图 12-70

 step 9 再使用相同的方法调整路径左边的锚点，如图 12-72 所示。

图 12-71

step 10 双击【混合工具】，弹出【混合选项】对话框，设置参数和选项，这样即可完成制作轨迹效果的操作，效果如图 12-73 所示。

图 12-72

图 12-73

12.5 课后练习

12.5.1 思考与练习

一、填空题

1. _____命令可以创建一系列处于两个自由形状之间的路径，也就是一系列样式递变的_____图形，该命令可以在两个或两个以上的图形对象之间使用。

2. 在 Illustrator CS6 中，把图形混合之后生成的新图形，由原始图形和图形之间的____组成。在连接路径上，包含了一系列逐渐变化的颜色与性质都不相同的图形。这些图形是一个整体，不能单独被选中。如果将混合图形_____，就可以单独选中路径上的图形了。

3. 利用_____操作可以使被选择的对象按封套的形状变形，从而获得使用普通绘图工具无法获得的变形效果。

二、判断题

1. 混合对象后，中间各级路径上的点的数量、位置以及点之间线段的性质取决于起始对象和终点对象上的点的数目，同时还取决于在每个路径上指定的点。　　　　　（　　）

2. 混合命令试图匹配起始对象和终点对象上的所有点，并在每对相邻的点间画条线段。起始对象和终点对象最好包含相同数目的控制点。如果两个对象含有相同数目的控制点，Illustrator CS6 将在中间级中增加或减少控制点。　　　　　　　　　　　　（　　）

3. 在一般情况下，图形之间的路径为直线，两端的节点为直线节点。但是可以使用转换锚点工具将节点的性质改变，可将其转换成曲线节点。这时就可以对混合图形进行编辑了。　　　　　　　　　　　　　　　　　　　　　　　　　　　　　　　（　　）

4. 混合效果与渐变效果类似，混合效果是把一种形状转换为另一种形状，而渐变效果仅提供填充的线性和放射状效果，经过渐变填充的对象外形不会发生任何改变。渐变只能使颜色以同样的角度进行变化，混合可以产生三维效果。　　　　　　　　　　（　　）

5. 由于创建的封套是将封套和对象组合在一起的，所以，既可以编辑封套，也可以编辑对象，两者可以同时编辑。　　　　　　　　　　　　　　　　　　　　　　（　　）

三、思考题

1. 如何创建混合对象？

2. 如何从应用程序预设的形状创建封套？

12.5.2　上机操作

1. 使用混合工具、高斯模糊命令和变形命令，练习制作立体效果文字。效果文件可参考 "配套素材\第 12 章\效果文件\立体效果文字.ai"。

2. 使用椭圆工具、羽化命令、钢笔工具、混合工具、相加命令和粗糙化命令，练习绘制太阳插画。效果文件可参考 "配套素材\第 12 章\效果文件\绘制太阳插画.ai"。

第13章

滤镜和效果的应用

　　本章主要介绍了滤镜和效果简介、重复应用效果命令和矢量滤镜方面的知识与技巧，同时还讲解了位图滤镜的操作方法与技巧。通过本章的学习，读者可以掌握滤镜和效果应用方面的知识，为深入学习 Illustrator CS6 中文版平面设计与制作奠定基础。

范 例 导 航

1. 滤镜和效果简介
2. 重复应用效果命令
3. 矢量滤镜
4. 位图滤镜

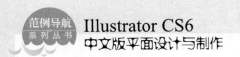
13.1 滤镜和效果简介

在 Illustrator CS6 中，用户可以使用滤镜和效果命令快速地处理图像，并通过对图像的变形和变色使图像更加丰富多彩。所有的效果命令都放置在【效果】菜单下，如图 13-1 所示。在【效果】菜单中包括 3 个部分，第 1 部分是重复应用上一个效果命令；第 2 部分是应用于矢量图的效果命令；第 3 部分是应用于位图的效果命令。

图 13-1

13.2 重复应用效果命令

在【效果】菜单中，包含了两个重复应用的效果命令，分别是【应用上一个效果】命令和【上一个效果】命令。当没有使用过任何效果时，这两个命令显示为灰色不可用的状态，当使用效果后，这两个命令将显示为上次所使用的效果命令，如图 13-2 所示。

| 应用 "弧形(A)" (A) | Shift+Ctrl+E | 应用上一个效果 | Shift+Ctrl+E |
| 弧形(A)... | Alt+Shift+Ctrl+E | 上一个效果 | Alt+Shift+Ctrl+E |

图 13-2

 ## 13.3　矢量滤镜

　　Illustrator CS6 中的矢量滤镜，不但使用方便，而且其使用范围也很广泛，几乎可以模拟和制作摄影、印刷与数字图像中的多种特殊效果。合理地使用 Illustrator CS6 中的矢量类滤镜，可以制作出绚丽多彩的画面效果。本节将详细介绍矢量滤镜的相关知识及操作方法。

13.3.1　3D 效果

　　3D 效果可以将开放路径、封闭路径或位图对象转换为可以旋转、灯光和投影的三维对象，有 3 种方法可以创建 3D 效果，分别为凸出和斜角、绕转和旋转。下面将分别详细介绍这 3 种命令创建 3D 对象的操作方法。

 1. 凸出和斜角

　　凸出和斜角效果用于将平面图形沿 Z 轴伸出一定的厚度，从而形成 3D 效果。下面将详细介绍使用【凸出和斜角】命令创建 3D 对象的操作方法。

step 1 在工具箱中，选择【矩形工具】▭，绘制出一个矩形，如图 13-3 所示。

step 2 在菜单栏中，① 选择【效果】菜单，② 选择 3D 菜单项，③ 选择【凸出和斜角】子菜单项，如图 13-4 所示。

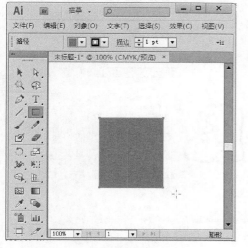

图 13-3

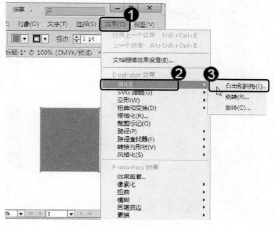

图 13-4

step 3　　弹出【3D 凸出和斜角选项】对话
　　　　框，① 根据实际需要设置选项参
数，② 单击【确定】按钮，如图 13-5 所示。

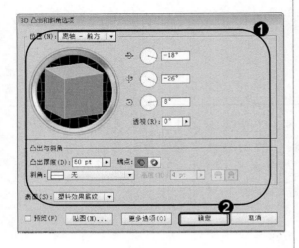

图 13-5

step 4　　这样即可完成使用【凸出和斜角】
　　　　命令创建 3D 对象的操作，效果如
图 13-6 所示。

图 13-6

2. 绕转

在 Illustrator 中，使用【绕转】命令可以使平面对象沿 Y 轴进行旋转，从而形成 3D 效
果。下面将详细介绍使用【绕转】命令创建 3D 对象的操作方法。

step 1　　在工具箱中，选择【画笔工具】，
　　　　在绘图区中，绘制出一条路径或图
像的剖面，如图 13-7 所示。

图 13-7

step 2　　在菜单栏中，① 选择【效果】菜单，
　　　　② 选择 3D 菜单项，③ 选择【绕
转】子菜单项，如图 13-8 所示。

图 13-8

step 3　弹出【3D 绕转选项】对话框,① 根据实际需要设置选项参数,② 单击【确定】按钮,如图 13-9 所示。

step 4　这样即可完成使用【绕转】命令创建 3D 对象的操作,效果如图 13-10 所示。

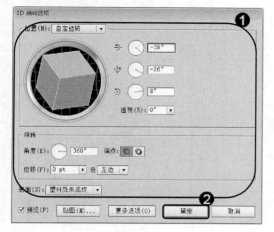

图 13-9

图 13-10

知识精讲

　　注意用于绕转的平面最好不要有轮廓线,因为有轮廓线会增加 3D 效果的形成时间。

3. 旋转

　　在 Illustrator CS6 中,用户可以使用【旋转】命令使 2D 图形在 3D 空间中进行旋转,从而模拟出透视的立体效果。下面将详细介绍使用【旋转】命令的操作方法。

step 1　在工具箱中,选择【星形工具】,在绘图区中,绘制一个星形图形,如图 13-11 所示。

step 2　在菜单栏中,① 选择【效果】菜单,② 选择 3D 菜单项,③ 选择【旋转】子菜单项,如图 13-12 所示。

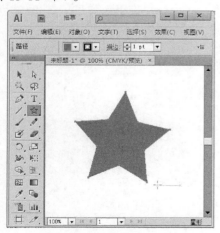

图 13-11

图 13-12

step 3　　弹出【3D 旋转选项】对话框，① 根据实际需要设置选项参数，② 单击【确定】按钮，如图 13-13 所示。

step 4　　这样即可完成使用【旋转】命令创建 3D 对象的操作，效果如图 13-14 所示。

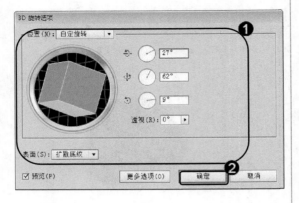

图 13-13

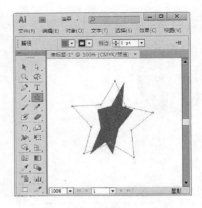

图 13-14

13.3.2 【SVG 滤镜】效果

SVG 是将图像描述为形状、路径、文本和滤镜效果的矢量格式，其生成的文件很小，用户可在不损失图像的锐利程度、细节和清晰度的情况下，放大 SVG 图像的视图。在 Illustrator CS6 中，【SVG 滤镜】子菜单中包含很多命令，使用后可以创建出特殊的效果，比如暗调、木纹、磨蚀和高斯模糊等，如图 13-15 所示。

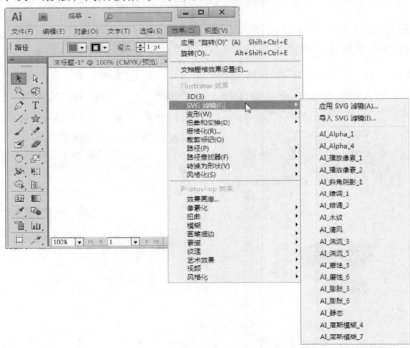

图 13-15

1. 暗调

使用暗调滤镜可以创建出阴影的效果。该效果的操作比较简单，创建或者选择图形后，在【效果】菜单中选择该滤镜即可，应用 AI_暗调_1 滤镜前后的效果如图 13-16 所示。

图 13-16

2. 木纹

在 Illustrator 中，使用木纹滤镜可以创建出类似木纹的效果。该效果的操作比较简单，创建或者选择图形后，在【效果】菜单中选择该滤镜即可，效果如图 13-17 所示。

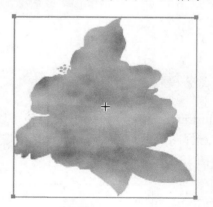

图 13-17

3. 湍流

在 Illustrator 中，使用湍流滤镜可以创建出类似噪波或者杂纹的效果。该效果的操作比较简单，创建或者选择图形后，在【效果】菜单中选择该滤镜即可。应用 AI_湍流_3 滤镜前后的效果如图 13-18 所示。

图 13-18

4. 磨蚀

在 Illustrator 中，使用磨蚀滤镜可以创建出类似油墨画的效果。该效果的操作比较简单，创建或者选择图形后，在【效果】菜单中选择该滤镜即可。应用 AI_磨蚀_3 滤镜前后的效果如图 13-19 所示。

图 13-19

5. 高斯模糊

在 Illustrator 中，使用高斯模糊滤镜可以创建出模糊的效果。该效果的操作比较简单，创建或者选择图形后，在【效果】菜单中选择该滤镜即可。应用 AI_高斯模糊_4 滤镜前后的效果如图 13-20 所示。

图 13-20

关于 SVG 滤镜组中的其他滤镜的应用与前面介绍的几种滤镜应用操作相同，在本书中就不再赘述了，用户可以自己进行尝试应用。

13.3.3 【变形】效果

在 Illustrator CS6 中，【变形】命令的效果可以使对象扭曲或变形，可作用的对象有路径、文本、网格、混合和栅格图像。【变形】组中的效果包括【弧形】、【拱形】、【凸出】、【凹壳】、【旗形】、【波形】、【鱼形】、【扭转】等，如图 13-21 所示。

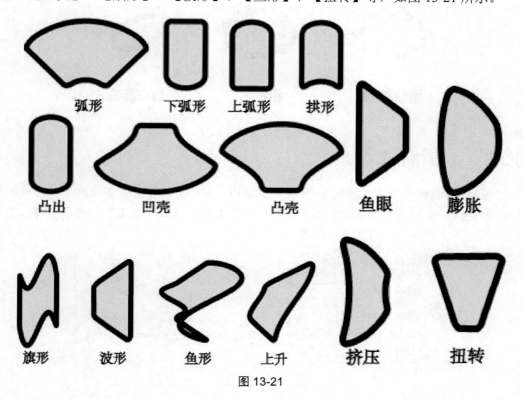

弧形　　下弧形　　上弧形　　拱形

凸出　　凹壳　　凸壳　　鱼眼　　膨胀

旗形　　波形　　鱼形　　上升　　挤压　　扭转

图 13-21

知识精讲

在 Illustrator CS6 中，SVG 提供对文本和颜色的高级支持，可以确保用户看到的图像和 Illustrator 画板中显示的图像一样清晰。SVG 效果是一系列描述各种数学运算的 XML 属性，生成的效果会应用于目标对象而不失去源图像，如果对象需要使用多个效果，SVG 效果则必须是最后一个效果。

13.3.4 【扭曲和变换】效果

在 Illustrator CS6 中，【扭曲和变换】命令效果组可以使图像产生各种扭曲变形的效果，其中包括 7 个命令，有【变换】、【扭拧】、【扭转】、【收缩和膨胀】、【波纹效果】、【粗糙化】、【自由扭曲】命令，效果如图 13-22 所示。

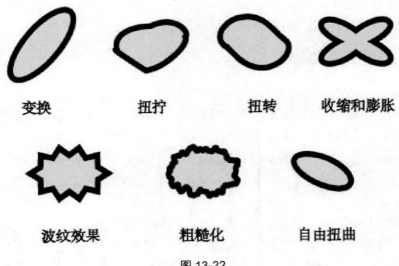

图 13-22

13.3.5 【栅格化】效果

　　【栅格化】效果是用来生成像素(非矢量数据)的效果，可以将矢量图像转换为像素图像，打开或者选择好需要进行栅格化的图形，然后在菜单栏中选择【效果】→【栅格化】菜单项，即可打开【栅格化】对话框，如图 13-23 所示。

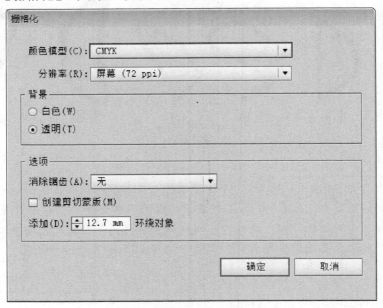

图 13-23

- 　【颜色模型】下拉列表框：用于确定在栅格化过程中所用的颜色模型。可以产生 RGB 或 CMYK 颜色的图像(这取决于文档的颜色模式)、灰度图像或 1 位图像(黑白位图或是黑色和透明色，这取决于所选的背景选项)。
- 　【分辨率】下拉列表框：用于确定栅格化图像中的每英寸像素数(ppi)。栅格化矢量对象时，选择【使用文档栅格效果分辨率】来使用全局分辨率设置。

- 【背景】选项组：用于确定矢量图形的透明区域如何转换为像素。选中【白色】
单选按钮可用白色像素填充透明区域，选中【透明】单选按钮可以使背景透明。
如果选中【透明】单选按钮，则会创建一个 Alpha 通道(适用于除 1 位图像以外的
所有图像)。如果图像被导出到 Photoshop 中，则 Alpha 通道将被保留。(该选项消
除锯齿的效果要比【创建剪切蒙版】选项的效果好)。

- 【消除锯齿】下拉列表框：使用消除锯齿效果，以改善栅格化图像的锯齿边缘外
观。设置文档的栅格化选项时，若把该选项设置为【无】，则保留细小线条和细小
文本的尖锐边缘。

> 栅格化矢量对象时，若选择【无】，则不会使用消除锯齿效果，而线稿图
> 在栅格化时也将保留其尖锐边缘。选择【优化图稿】，可使用最适合无文字图
> 稿的消除锯齿效果。选择【优化文字】，可使用最适合文字的消除锯齿效果。

- 【创建剪切蒙版】复选框：创建一个使栅格化图像的背景显示为透明的蒙版。如
果已在【背景】选项组中选择了【透明】单选按钮，则不需要再创建剪切蒙版。

- 【添加】微调框：围绕栅格化图像添加指定数量的像素。

13.3.6 【裁剪标记】效果

裁剪标记指示了所需的打印纸张剪切的位置，源图像和使用该命令后的图像效果如
图 13-24 所示。

图 13-24

13.3.7 【路径】效果

路径效果可以将对象路径相对于对象的原始位置进行偏移，也可以将文字转换为同其
他图形对象一样可以进行编辑和操作的一组复合路径，将所选对象的描边更改为与原始描
边相同粗细的填色对象。路径效果的子菜单项如图 13-25 所示。

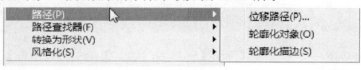

图 13-25

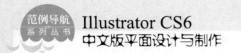

应用【位移路径】命令后的前后效果如图 13-26 所示。

图 13-26

13.3.8 【路径查找器】效果

在 Illustrator CS6 中，【路径查找器】效果可以将组、图层或子图层合并到单一的可编辑对象中，【路径查找器】效果子菜单项如图 13-27 所示。

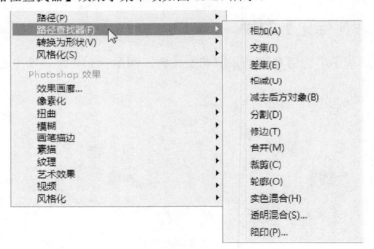

图 13-27

13.3.9 【转换为形状】效果

在 Illustrator CS6 中，【转换为形状】菜单中包含 3 种命令，有【矩形】、【圆角矩形】、【椭圆】命令，使用这 3 种命令可以把一些简单的形状转换为这 3 种形状。下面将分别详细介绍【转换为形状】效果。

1. 矩形

在 Illustrator CS6 中，用户可以使用【转换为形状】菜单中的【矩形】命令来转换对象的形状。下面将详细介绍使用【矩形】命令转换对象形状的操作方法。

step 1 在绘图区中，随意绘制几个图形并选中，如图 13-28 所示。

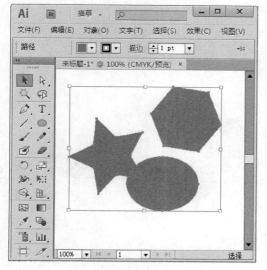

图 13-28

step 3 弹出【形状选项】对话框，① 根据实际需要设置选项参数，② 单击【确定】按钮，如图 13-30 所示。

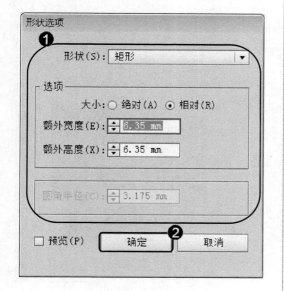

图 13-30

step 2 在菜单栏中，① 选择【效果】菜单，② 选择【转换为形状】菜单项，③ 选择【矩形】子菜单项，如图 13-29 所示。

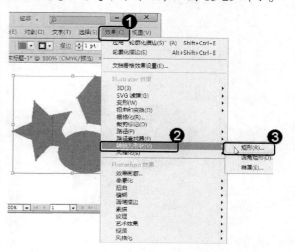

图 13-29

step 4 这样即可完成使用【矩形】命令转换对象形状的操作，效果如图 13-31 所示。

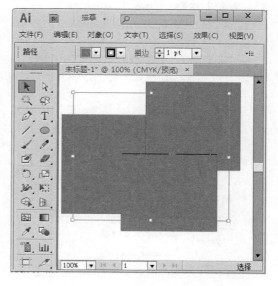

图 13-31

2. 圆角矩形

在 Illustrator CS6 中，用户可以使用【转换为形状】菜单中的【圆角矩形】命令来转换对象的形状。下面将详细介绍使用【圆角矩形】命令转换对象形状的操作方法。

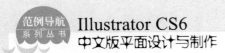
step 1　在绘图区中,随意绘制几个图形并选中,如图 13-32 所示。

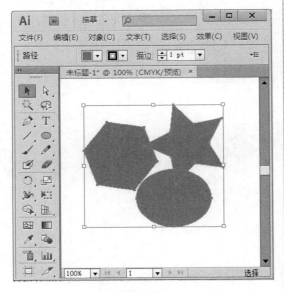

图 13-32

step 2　在菜单栏中,① 选择【效果】菜单,② 选择【转换为形状】菜单项,③ 选择【圆角矩形】子菜单项,如图 13-33 所示。

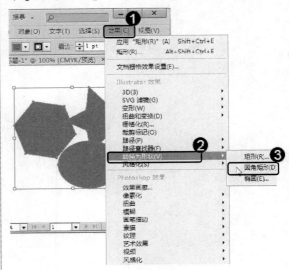

图 13-33

step 3　弹出【形状选项】对话框,① 根据实际需要设置选项参数,② 单击【确定】按钮,如图 13-34 所示。

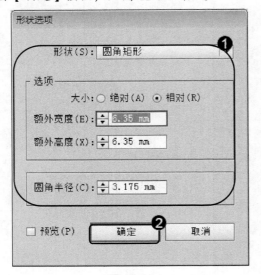

图 13-34

step 4　这样即可完成使用【圆角矩形】命令转换对象形状的操作,效果如图 13-35 所示。

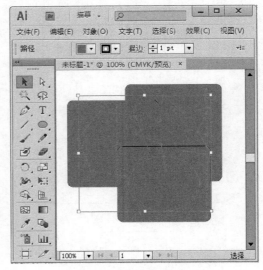

图 13-35

3. 椭圆

　　在 Illustrator CS6 中,用户可以使用【转换为形状】菜单中的【椭圆】命令来转换对象的形状。下面将详细介绍使用【椭圆】命令转换对象形状的操作方法。

step 1 在绘图区中,随意绘制几个图形并选中,如图 13-36 所示。

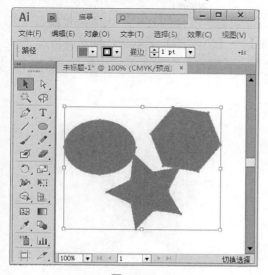

图 13-36

step 2 在菜单栏中,① 选择【效果】菜单,② 选择【转换为形状】菜单项,③ 选择【椭圆】子菜单项,如图 13-37 所示。

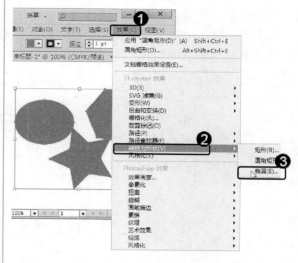

图 13-37

step 3 弹出【形状选项】对话框,① 根据实际需要设置选项参数,② 单击【确定】按钮,如图 13-38 所示。

图 13-38

step 4 这样即可完成使用【椭圆】命令转换对象形状的操作,效果如图 13-39 所示。

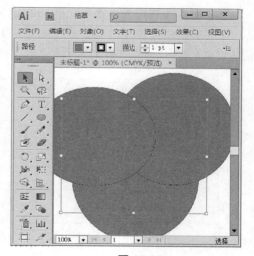

图 13-39

13.3.10 【风格化】效果

在 Illustrator CS6 中,【风格化】效果组可以增强对象的外观效果,其子菜单中包含 6 种命令,有【内发光】、【圆角】、【外发光】、【投影】、【涂抹】、【羽化】命令,可以创建出不同的特殊效果。下面将分别详细介绍【风格化】效果的操作方法。

341

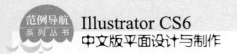
1. 内发光

用户使用【内发光】命令可以模拟在对象内部或边缘发光的效果。选中需要设置内发光的对象，在菜单栏中选择【效果】→【风格化】→【内发光】菜单项，即可打开【内发光】对话框，如图 13-40 所示。设置选项参数，单击【确定】按钮即可完成操作，对象的内发光效果如图 13-41 所示。

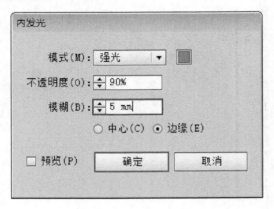

图 13-40

图 13-41

2. 圆角

用户使用【圆角】命令可以使带有锐角的图形生成圆角效果。选中需要设置圆角的对象，在菜单栏中选择【效果】→【风格化】→【圆角】菜单项，即可打开【圆角】对话框，如图 13-42 所示设置选项参数后，单击【确定】按钮即可完成操作，效果如图 13-43 所示。

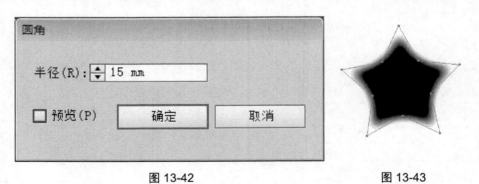

图 13-42   图 13-43

3. 外发光

用户使用【外发光】命令可以使对象的外部生成发光的效果。选中需要设置外发光的对象，在菜单栏中选择【效果】→【风格化】→【外发光】菜单项，即可打开【外发光】对话框，如图 13-44 所示。设置选项参数后，单击【确定】按钮即可完成操作，对象的外发光效果如图 13-45 所示。

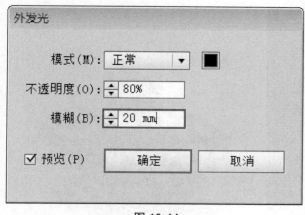

图 13-44

图 13-45

4. 投影

　　用户使用【投影】命令可以使一个图形的下方生成真实的投影效果。选中需要设置投影的对象，在菜单栏中选择【效果】→【风格化】→【投影】菜单项，即可打开【投影】对话框，如图 13-46 所示。设置选项参数后，单击【确定】按钮即可完成操作，对象的投影效果如图 13-47 所示。

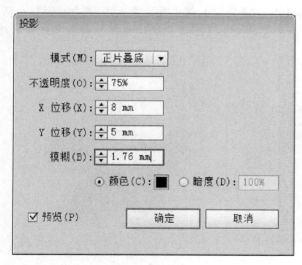

图 13-46

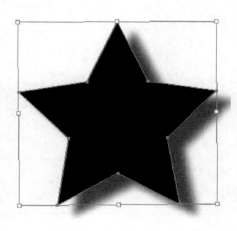

图 13-47

5. 涂抹

　　用户使用【涂抹】命令可以使图形转换为各种形式的草图或涂抹效果。选中需要设置涂抹的对象，在菜单栏中选择【效果】→【风格化】→【涂抹】菜单项，即可打开【涂抹选项】对话框，如图 13-48 所示。设置选项参数后，单击【确定】按钮即可完成操作，对象的涂抹效果如图 13-49 所示。

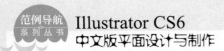
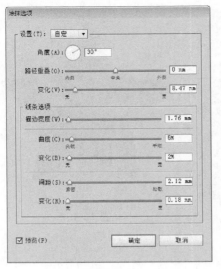

图 13-48

图 13-49

6. 羽化

用户使用【羽化】命令可以制作出图形边缘虚化或过渡的效果。选中需要设置羽化的对象,在菜单栏中选择【效果】→【风格化】→【羽化】菜单项,即可打开【羽化】对话框,如图 13-50 所示。设置选项参数后,单击【确定】按钮即可完成操作,对象的羽化效果如图 13-51 所示。

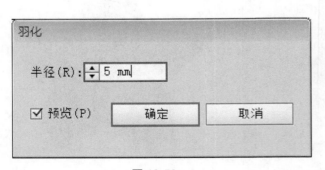

图 13-50

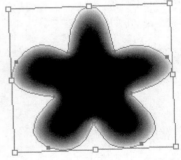

图 13-51

13.4 位图滤镜

在 Illustrator CS6 中,用户不仅可以为矢量图应用多种效果,还可以为位图应用多种效果,从而获得用户需要的多种设计效果。本节将详细介绍位图滤镜的相关知识及操作方法。

13.4.1 【像素化】效果

【像素化】效果组包含 4 个效果命令，分别为【彩色半调】、【晶格化】、【点状化】、【铜版雕刻】命令。这组效果主要应用于将图片中相似颜色对应的像素合并起来，以产生明确的轮廓或特殊的视觉效果。下面将分别介绍【像素化】效果的操作方法。

1. 彩色半调

用户可以使用【彩色半调】命令使图像产生类似丝网印花的特殊效果，从而使图像更加丰富多彩。下面将详细介绍使用【彩色半调】命令改变图像效果的操作方法。

step 1 在工具箱中，单击【选择工具】▶️，选中图像，如图 13-52 所示。

step 2 在菜单栏中，① 选择【效果】菜单，② 选择【像素化】菜单项，③ 选择【彩色半调】子菜单项，如图 13-53 所示。

图 13-52

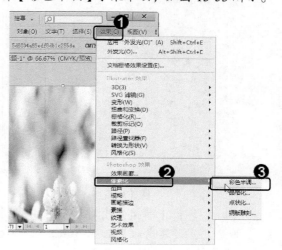

图 13-53

step 3 弹出【彩色半调】对话框，① 根据实际需要设置选项参数，② 单击【确定】按钮，如图 13-54 所示。

step 4 这样即可完成使用【彩色半调】命令改变图像效果的操作，效果如图 13-55 所示。

图 13-54

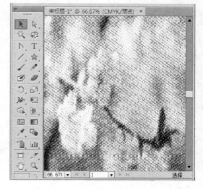

图 13-55

第13章 滤镜和效果的应用

345

范例导航
系列丛书

2. 晶格化

【晶格化】效果生成的色块是紧密连接在一起的，它会自动改变色块的形状以适应填充空隙的要求。下面将详细介绍使用【晶格化】命令改变图像效果的操作方法。

step 1 在工具箱中，单击【选择工具】，选中图像，如图 13-56 所示。

step 2 在菜单栏中，① 选择【效果】菜单，② 选择【像素化】菜单项，③ 选择【晶格化】子菜单项，如图 13-57 所示。

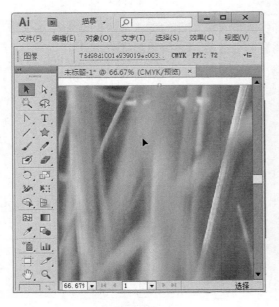

图 13-56

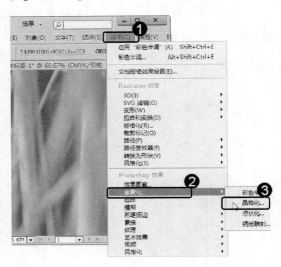

图 13-57

step 3 弹出【晶格化】对话框，① 根据实际需要设置选项参数，② 单击【确定】按钮，如图 13-58 所示。

step 4 这样即可完成使用【晶格化】命令改变图像效果的操作，效果如图 13-59 所示。

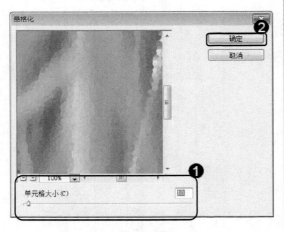

图 13-58

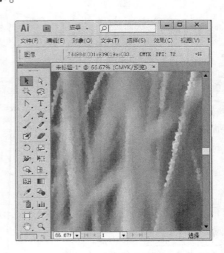

图 13-59

3. 点状化

用户可以使用【点状化】命令使图像产生类似结晶化的特殊效果，【点状化】效果将图像中颜色相近的像素合并为不规则的小块，从而使图像更加丰富多彩。下面将详细介绍使用【点状化】命令改变图像效果的操作方法。

step 1 在工具箱中，单击【选择工具】 ，选中图像，如图 13-60 所示。

step 2 在菜单栏中，① 选择【效果】菜单，② 选择【像素化】菜单项，③ 选择【点状化】子菜单项，如图 13-61 所示。

图 13-60

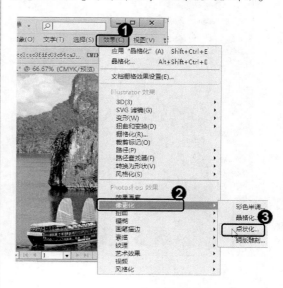

图 13-61

step 3 弹出【点状化】对话框，① 根据实际需要设置选项参数，② 单击【确定】按钮，如图 13-62 所示。

step 4 这样即可完成使用【点状化】命令改变图像效果的操作，效果如图 13-63 所示。

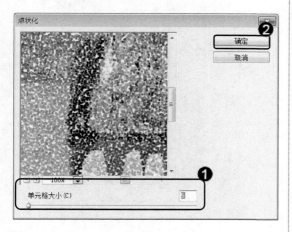

图 13-62

图 13-63

4. 铜版雕刻

【铜版雕刻】效果也是一个针对像素进行处理的操作，它可以根据图片情况产生各种不规则的点或线，从而模拟【铜版雕刻】效果。下面将详细介绍使用【铜版雕刻】命令改变图像效果的操作方法。

step 1 在工具箱中，单击【选择工具】，选中图像，如图 13-64 所示。

step 2 在菜单栏中，① 选择【效果】菜单，② 选择【像素化】菜单项，③ 选择【铜版雕刻】子菜单项，如图 13-65 所示。

图 13-64

图 13-65

step 3 弹出【铜版雕刻】对话框，① 根据实际需要设置选项参数，② 单击【确定】按钮，如图 13-66 所示。

step 4 这样即可完成使用【铜版雕刻】命令改变图像效果的操作，效果如图 13-67 所示。

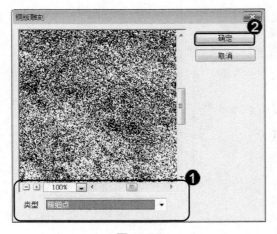

图 13-66

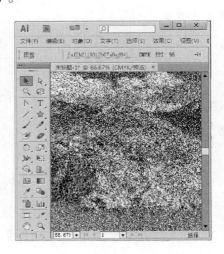

图 13-67

13.4.2 【扭曲】效果

【扭曲】效果组包含3个效果命令，分别为【扩散亮光】、【海洋波纹】、【玻璃】命令。这组效果大多是通过对像素进行位移或插值等操作来实现对图像的扭曲。下面将分别介绍【扭曲】效果命令的操作方法。

1. 扩散亮光

用户可以使用【扩散亮光】命令给图像制造出一种光芒四射的效果，从而使图像的明暗对比更加明显。下面将详细介绍使用【扩散亮光】命令改变图像效果的操作方法。

step 1 在工具箱中，单击【选择工具】，选中图像，如图 13-68 所示。

step 2 在菜单栏中，① 选择【效果】菜单，② 选择【扭曲】菜单项，③ 选择【扩散亮光】子菜单项，如图 13-69 所示。

图 13-68

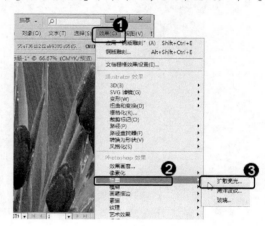

图 13-69

step 3 弹出【扩散亮光】对话框，① 根据实际需要设置选项参数，② 单击【确定】按钮，如图 13-70 所示。

step 4 这样即可完成使用【扩散亮光】命令改变图像效果的操作，效果如图 13-71 所示。

图 13-70

图 13-71

第13章 滤镜和效果的应用

349

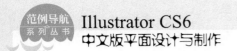
2. 海洋波纹

用户可以使用【海洋波纹】命令使图像模拟出海洋波纹的效果，从而使图像更加生动形象。下面将详细介绍使用【海洋波纹】命令改变图像效果的操作方法。

step 1　在工具箱中，单击【选择工具】▶，选中图像，如图 13-72 所示。

step 2　在菜单栏中，① 选择【效果】菜单，② 选择【扭曲】菜单项，③ 选择【海洋波纹】子菜单项，如图 13-73 所示。

图 13-72

图 13-73

step 3　弹出【海洋波纹】对话框，① 根据实际需要设置选项参数，② 单击【确定】按钮，如图 13-74 所示。

step 4　这样即可完成使用【海洋波纹】命令改变图像效果的操作，效果如图 13-75 所示。

图 13-74

图 13-75

3. 玻璃

　　用户可以使用【玻璃】命令在图像上制造出一系列细小的纹理效果，从而使图像产生一种透过玻璃观察的效果。下面将详细介绍使用【玻璃】命令改变图像效果的操作方法。

step 1　在工具箱中，单击【选择工具】，选中图像，如图 13-76 所示。

step 2　在菜单栏中，① 选择【效果】菜单，② 选择【扭曲】菜单项，③ 选择【玻璃】子菜单项，如图 13-77 所示。

图 13-76

图 13-77

step 3　弹出【玻璃】对话框，① 根据实际需要设置选项参数，② 单击【确定】按钮，如图 13-78 所示。

step 4　这样即可完成使用【玻璃】命令改变图像效果的操作，效果如图 13-79 所示。

图 13-78

图 13-79

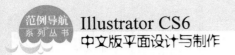
13.4.3 【模糊】效果

　　【模糊】效果组包含 3 个效果命令，分别为【径向模糊】、【特殊模糊】、【高斯模糊】命令。其中，【特殊模糊】效果是在 Illustrator CS6 中新增加的。【高斯模糊】效果是一种传统的模糊效果，而【径向模糊】效果则可以提供带有方向性的模糊效果。下面将分别详细介绍【模糊】效果命令的操作方法。

1. 径向模糊

　　【径向模糊】效果可以使对象产生旋转模糊或中心辐射的效果，最终得到的图像类似于拍摄旋转物体所产生的照片。下面将介绍使用【径向模糊】命令改变图像效果的方法。

 1 在工具箱中，单击【选择工具】 ，选中图像，如图 13-80 所示。

Step 2 在菜单栏中，① 选择【效果】菜单，② 选择【模糊】菜单项，③ 选择【镜像模糊】子菜单项，如图 13-81 所示。

图 13-80

图 13-81

Step 3 弹出【径向模糊】对话框，① 根据实际需要设置选项参数，② 单击【确定】按钮，如图 13-82 所示。

Step 4 这样即可完成使用【径向模糊】命令改变图像效果的操作，效果如图 13-83 所示。

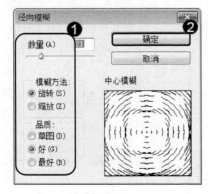

图 13-82

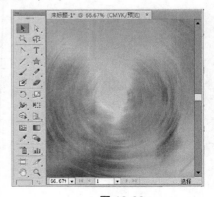

图 13-83

2. 特殊模糊

【特殊模糊】效果可以使对象产生特殊的模糊效果，比如在特定的对象边缘或者其他某一区域产生模糊效果。下面将详细介绍使用【特殊模糊】命令改变图像效果的操作方法。

step 1　在工具箱中，单击【选择工具】，选中图像，如图 13-84 所示。

图 13-84

step 2　在菜单栏中，① 选择【效果】菜单，② 选择【模糊】菜单项，③ 选择【特殊模糊】子菜单项，如图 13-85 所示。

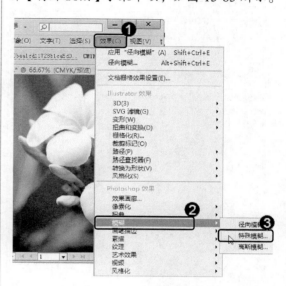

图 13-85

step 3　弹出【特殊模糊】对话框，① 根据实际需要设置选项参数，② 单击【确定】按钮，如图 13-86 所示。

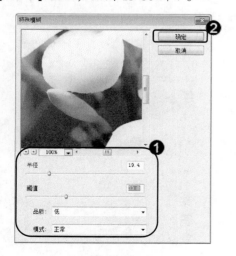

图 13-86

step 4　这样即可完成使用【特殊模糊】命令改变图像效果的操作，效果如图 13-87 所示。

图 13-87

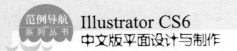
3. 高斯模糊

【高斯模糊】效果的作用原理是通过高斯曲线的分布模式来有选择地模糊图像。在 Illustrator 中，【高斯模糊】效果使用的是钟形高斯曲线，这种曲线的特点是中间高，两边低，呈尖峰状。下面将详细介绍使用【高斯模糊】命令改变图像效果的操作方法。

step 1 在工具箱中，单击【选择工具】▶，选中图像，如图 13-88 所示。

step 2 在菜单栏中，① 选择【效果】菜单，② 选择【模糊】菜单项，③ 选择【高斯模糊】子菜单项，如图 13-89 所示。

图 13-88

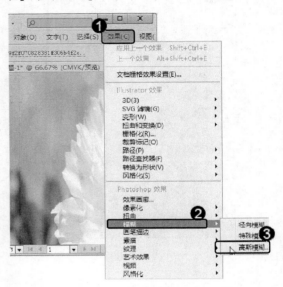

图 13-89

step 3 弹出【高斯模糊】对话框，① 根据实际需要设置选项参数，② 单击【确定】按钮，如图 13-90 所示。

step 4 这样即可完成使用【高斯模糊】命令改变图像效果的操作，效果如图 13-91 所示。

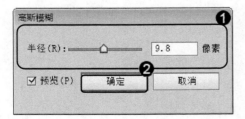

图 13-90

图 13-91

13.4.4 【画笔描边】效果

【画笔描边】效果组中共有 8 个效果，它们分别是【喷溅】、【喷色描边】、【墨水轮廓】、【强化的边缘】、【成角的线条】、【深色线条】、【烟灰墨】和【阴影线】，如图 13-92 所示。【画笔描边】效果组中的效果用于对对象的边缘进行处理以产生特殊的效果，对边缘可以产生凸显、线条化、模糊化、强化黑色、阴影或是油墨等效果。

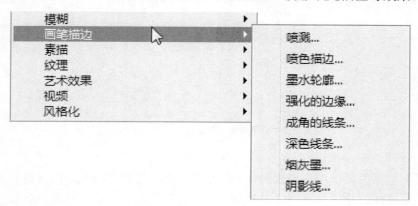

图 13-92

应用【画笔描边】效果组中的各个效果后的图案如图 13-93 所示。

喷溅　　　喷色描边　　　墨水轮廓　　　强化的边缘

成角的线条　深色线条　　烟灰墨　　　阴影线

图 13-93

第13章　滤镜和效果的应用

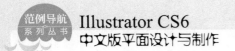
13.4.5 【素描】效果

【素描】效果组一共提供了 14 个效果，如图 13-94 所示。

图 13-94

【素描】效果组可以用于模拟现实中的素描、速写等美术手法对图像进行处理，使图像的当前背景色或前景色代替图像中的颜色，并在图像中加入底纹从而产生凹凸的立体效果，应用【素描】效果组中的各个效果后的图案如图 13-95 所示。

图 13-95

13.4.6 【纹理】效果

　　【纹理】效果组中共有 6 个效果。它们是【拼缀图】、【染色玻璃】、【纹理化】、
【颗粒】、【马赛克拼贴】、【龟裂缝】，如图 13-96 所示。

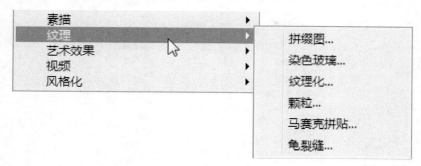

图 13-96

　　这些效果可以使图像产生各种纹理效果，还可以使用前景色在空白的图像上制作纹理
图，应用【纹理】效果组中的各个效果后的图案如图 13-97 所示。

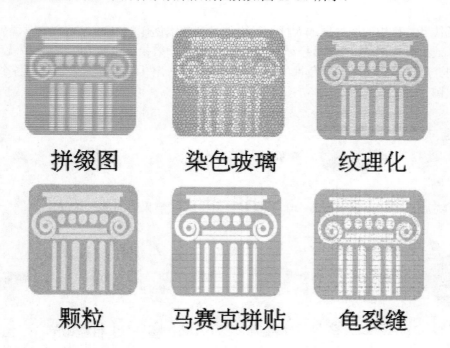

图 13-97

　　　　在 Illustrator CS6 中，【纹理】效果组中的【拼缀图】效果可以产生类似于
瓦片的自由拼贴效果；【龟裂缝】效果可以产生裂纹效果，还可以在空白画面
上直接生成裂纹效果；【马赛克拼贴】效果能够产生分布均匀、形状不规则的
马赛克效果，其作用之后的效果与【龟裂缝】效果相似，但【龟裂缝】效果的
立体感较强。

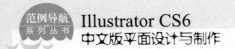

13.4.7 【艺术效果】效果

在 Illustrator CS6 中，【艺术效果】效果组中共包含 15 种效果，如图 13-98 所示。

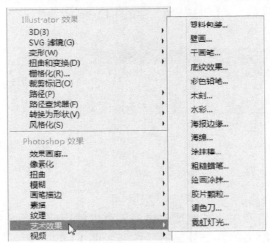

图 13-98

为了使计算机中的图像更加人性化，更加具有艺术创作的痕迹，Illustrator 提供了【艺术效果】效果组，这是最重要的一个效果组。使用这个效果组，在 Illustrator 中就可以模拟使用不同介质作画时得到的特色性的"艺术"作品。应用【纹理】效果组中的各个效果后的图案如图 13-99 所示。

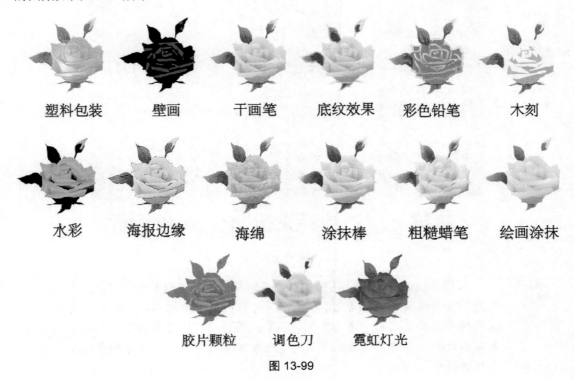

图 13-99

13.4.8 【视频】效果

【视频】效果组可以从摄像机输入图像或将 Illustrator 格式的图像输出到录像带上。可以用来解决 Illustrator 格式图像与视频图像交换时产生的系统差异的问题。实际上【视频】效果组是 Illustrator CS6 的一个外部接口程序。

【视频】效果组中包括【NTSC 颜色】效果和【逐行】效果，选择菜单栏中的【效果】→【视频】菜单项即可打开效果组，如图 13-100 所示。

图 13-100

1. 【NTSC 颜色】效果

NTSC 是 National Television Standards Committee 的缩写，翻译成中文的意思就是：国家电视标准委员会，通常指的是美国的电视标准委员会。

【NTSC 颜色】效果的作用原理是将颜色限制在电视再现所能接受的范围内，防止由于电视扫描线之间的渗漏导致颜色过度饱和。【NTSC 颜色】的色彩范围比 RGB 色彩模式的范围小，如果一个 RGB 图像需要转换为视频，可先对其使用【NTSC 颜色】效果。

2. 【逐行】效果

【逐行】效果的作用原理是通过隔行删去一幅视频图像的奇数行或偶数行，来平滑从视频上获得的移动位图图像。在【逐行】对话框中，包括【消除】和【创建新场方式】两个选项组，如图 13-101 所示。

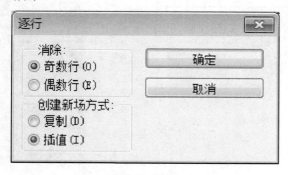

图 13-101

13.4.9 【风格化】效果

【风格化】效果组中只有一个效果，即【照亮边缘】效果，其工作原理是通过置换像素以及查找和提高图像的对比度，而产生一幅具有写实或印象派效果的图像。下面将详细介绍使用【照亮边缘】效果的操作方法。

step 1　在工具箱中,单击【选择工具】按钮,选中图像,如图 13-102 所示。

step 2　在菜单栏中,① 选择【效果】菜单,② 选择【风格化】菜单项,③ 选择【照亮边缘】子菜单项,如图 13-103 所示。

图 13-102

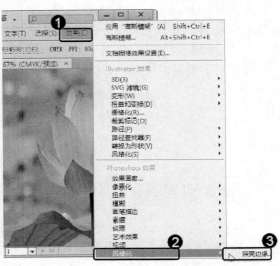

图 13-103

step 3　弹出【照亮边缘】对话框,① 根据实际需要设置选项参数,② 单击【确定】按钮,如图 13-104 所示。

step 4　这样即可完成使用【照亮边缘】命令改变图像效果的操作,效果如图 13-105 所示。

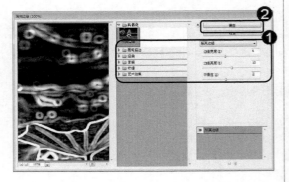

图 13-104

图 13-105

　　在 Illustrator CS6 中,【照亮边缘】效果只能照亮图像中颜色对比度比较大的区域的边缘,为得到更好的效果,处理的图像应是边缘轮廓较清晰的。

13.5   范例应用与上机操作

通过本章的学习，读者基本可以掌握滤镜和效果的基本知识以及一些常见的操作方法。下面通过练习操作两个实践案例，以达到巩固学习、拓展提高的目的。

13.5.1   制作爆炸效果

本章学习了滤镜和效果应用的操作的相关知识，本例将详细介绍制作爆炸效果，来巩固和提高本章学习的内容。

素材文件❀ 无
效果文件❀ 第 13 章\效果文件\制作爆炸效果.ai

step 1 按下键盘上的 F7 键，打开【图层】面板，单击面板右下角的【创建新图层】按钮，新建【图层 1】，如图 13-106 所示。

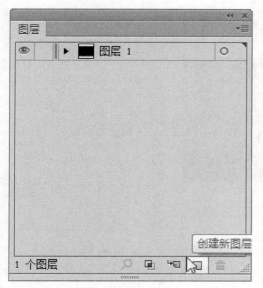

图 13-106

step 3 新建【图层 2】，将工具箱中的填充色设置为无,描边颜色设置为黑色。利用钢笔工具绘制如图 13-108 所示的路径。

step 2 利用矩形工具绘制一个黑色矩形，在绘图区空白位置单击取消选择图形，如图 13-107 所示。

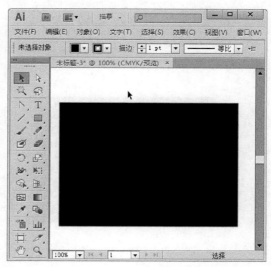

图 13-107

step 4 利用【锚点工具】 将路径调整至如图 13-109 所示的形态。

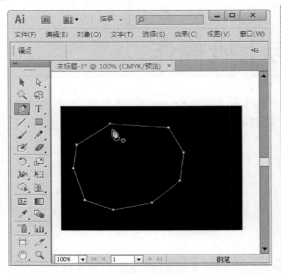

图 13-108

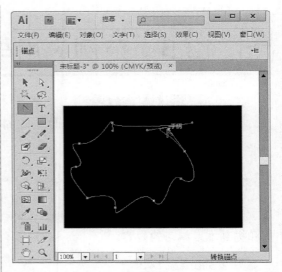

图 13-109

step 5　按下键盘上的 Ctrl+C 组合键，将调整后的路径复制到剪贴板中，然后按 F6 键，在【颜色】面板中给图形填充红色，效果如图 13-110 所示。

step 6　在菜单栏中，① 选择【效果】菜单，② 选择【风格化】菜单项，③ 选择【羽化】子菜单项，如图 13-111 所示。

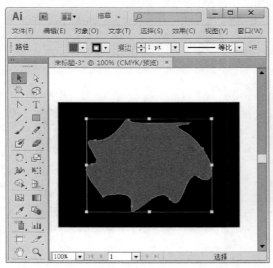

图 13-110

图 13-111

step 7　在弹出的【羽化】对话框中设置详细的参数，效果如图 13-112 所示。

step 8　按键盘上的 Ctrl+F 组合键，将剪贴板中的图形粘贴到当前图形的前面，并将填充色设置为白色，描边颜色设置为【无】，效果如图 13-113 所示。

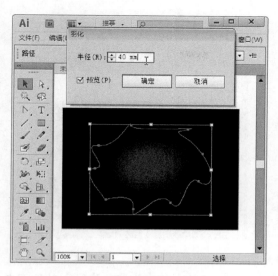

图 13-112

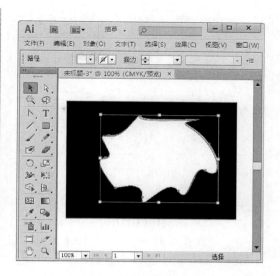

图 13-113

step 9 按住 Shift+Alt 组合键，将图形以中心等比例缩小至如图 13-114 所示的大小。

step 10 在菜单栏中，① 选择【效果】菜单，② 选择【扭曲和变换】菜单项，③ 选择【粗造化】子菜单项，如图 13-115 所示。

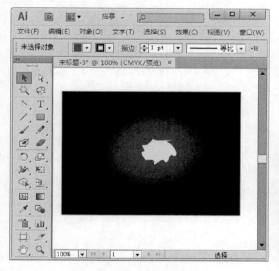

图 13-114

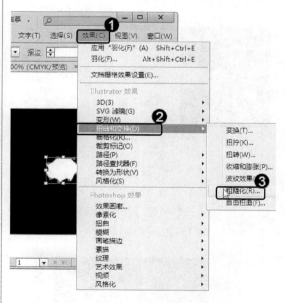

图 13-115

step 11 在弹出的【粗糙化】对话框中设置各项参数，如图 13-116 所示。

step 12 设置完成粗糙化后的图形效果如图 13-117 所示。

第 13 章 滤镜和效果的应用

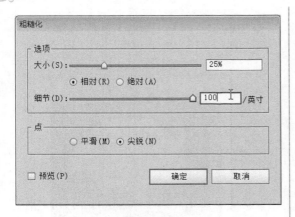

图 13-116

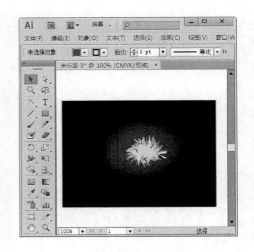

图 13-117

step 13　在菜单栏中，① 选择【效果】菜单，② 选择【扭曲和变换】菜单项，③ 选择【收缩和膨胀】子菜单项，如图 13-118 所示。

step 14　在弹出的【收缩和膨胀】对话框中详细设置各项参数，如图 13-119 所示。

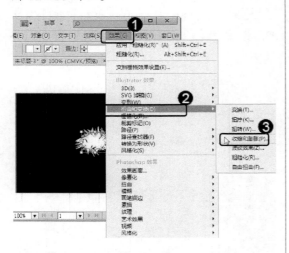

图 13-118

图 13-119

step 15　单击【确定】按钮后的图形效果如图 13-120 所示。

step 16　按住 Shift+Alt 组合键，将发射线以中心等比例放大，效果如图 13-121 所示。

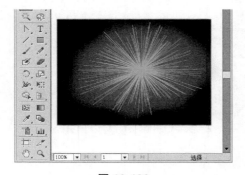

图 13-120

图 13-121

step 17 双击混合工具，在弹出的【混合选项】对话框中，① 将【间距】设置为【指定的步数】，② 将【步数】设置为"10"，③ 激活【对齐路径】按钮，④ 单击【确定】按钮，如图 13-122 所示。

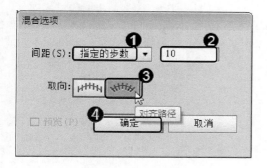

图 13-122

step 18 把发射线和下面的模糊图形制作出混合即可完成最终的爆炸效果，如图 13-123 所示。

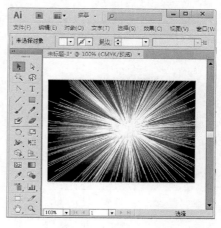

图 13-123

13.5.2 绘制菊花图案

本章学习了滤镜和效果应用的操作的相关知识，本例将详细介绍绘制菊花图案，来巩固和提高本章学习的内容。

素材文件※ 无
效果文件※ 第 13 章\效果文件\菊花图案.a

step 1 使用【钢笔工具】、【直接选择工具】和【锚点工具】绘制调整出如图 13-124 所示的图形。

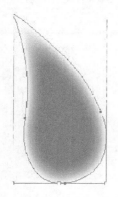

图 13-124

step 2 选中该图形，① 在菜单栏中选择【效果】菜单，② 选择【扭曲和变换】菜单项，③ 选择【变换】子菜单项，如图 13-125 所示。

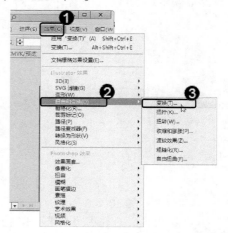

图 13-125

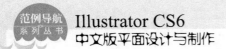

 弹出【变换效果】对话框，详细设置如图 13-126 所示的参数。

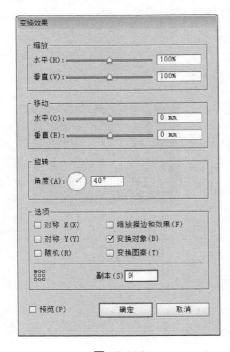

图 13-126

 选中变换完成的图形，① 在菜单栏中选择【效果】菜单，② 选择【风格化】菜单项，③ 选择【羽化】菜单项，如图 13-128 所示。

图 13-128

 羽化完成后的图形效果如图 13-130 所示。

 变换完成后的图形效果如图 13-127 所示。

图 13-127

 在弹出的【羽化】对话框中设置详细的参数，如图 13-129 所示。

图 13-129

 使用椭圆工具在花卉中心位置绘制一个黄色的圆形，如图 13-131 所示。

图 13-130

图 13-131

step 9 在菜单栏中,① 选择【效果】菜单,② 选择【风格化】菜单项,③ 选择【内发光】子菜单项,如图 13-132所示。

step 10 弹出【内发光】对话框,在其中设置如图 13-133 所示的参数。

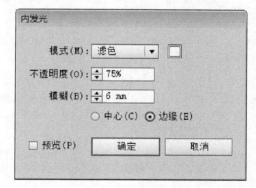

图 13-133

图 13-132

step 11 完成设置内发光的图形效果如图 13-134 所示。

step 12 通过移动复制图形,调整图形的大小并分别设置不同的颜色,组合得到最终的图案效果,如图 13-135 所示。

图 13-134

图 13-135

13.6 课后练习

13.6.1 思考与练习

一、填空题

1. 在【效果】菜单中，包含了两个重复应用效果命令，分别是_____命令和_____命令。当没有使用任何效果时，这两个命令显示为灰色不可用的状态，当使用效果后，这两个命令将显示为上次所使用的效果命令。

2. 在 Illustrator CS6 中，用户可以使用_____命令使 2D 图形在 3D 空间中进行旋转，从而模拟出透视的_____效果。

3. 【扭曲】效果组包含 3 个效果命令，分别为_____、【海洋波纹】、_____命令。这组效果大多是通过对像素进行位移或插值等操作来实现对图像的扭曲。

二、判断题

1. SVG 是将图像描述为形状、路径、文本和滤镜效果的矢量格式，其生成的文件很小，用户可在不损失图像的锐利程度、细节和清晰度的情况下，放大 SVG 图像的视图。（　　）

2. 【高斯模糊】效果是在 Illustrator CS6 中新增加的，【特殊模糊】效果是一种传统的模糊效果，而【径向模糊】效果则可以提供带有方向性的模糊效果。（　　）

3. 【画笔】效果组中的效果用于对对象的边缘进行处理以产生特殊的效果，对边缘可以产生凸显、线条化、模糊化、强化黑色、阴影或是油墨等效果。（　　）

三、思考题

1. 如何使用【扩散亮光】命令改变图像效果？
2. 如何使用【照亮边缘】效果？

13.6.2 上机操作

1. 打开"配套素材\第 13 章\素材文件\制作美食网页"文件夹，使用剪切蒙版命令、外发光命令和弧形命令来练习制作美食网页。效果文件可参考"配套素材\第 13 章\效果文件\制作美食网页.ai"。

2. 打开"配套素材\第 13 章\素材文件\制作茶品包装"文件夹，使用艺术效果命令、【透明度】面板、风格化命令、3D 命令、【符号】面板和文字工具，练习制作茶品包装。效果文件可参考"配套素材\第 13 章\效果文件\制作茶品包装.ai"。

第14章

打印与输出

　　本章主要介绍了文件的打印和输出为 Web 图形方面的知识与技巧，同时还讲解了脚本的操作方法与技巧。通过本章的学习，读者可以掌握打印与输出操作方面的知识，为深入学习 Illustrator CS6 中文版平面设计与制作奠定基础。

范 例 导 航

1. 文件的打印
2. 输出为 Web 图形
3. 脚本的应用

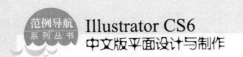
 # 14.1 文件的打印

当在 Illustrator CS6 中完成图形的绘制工作之后，接下来的工作就是将作品打印出来，在商业印刷中，Illustrator 在快速、准确地完成打印工作方面是具有很大优势的。本节将详细介绍文件打印的相关知识。

14.1.1 文档设置

Illustrator CS6 提供了专门用来设置文档页面的选项。要进行页面设置，可以在菜单栏中选择【文件】→【文档设置】菜单项，即可弹出如图 14-1 所示的【文档设置】对话框。

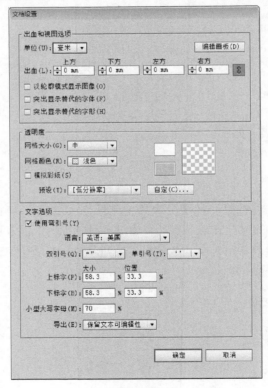

图 14-1

【文档设置】对话框共由三部分构成，用于设置不同的参数，它们分别是【出血和视图选项】、【文字选项】和【透明度】选项组。

- 在【出血和视图选项】选项组中可以设置单位和出血的大小。【单位】下拉列表框用来确定度量的单位，有磅、毫米、字符、英寸、厘米等度量单位可供选择，可以根据个人习惯进行选择。

- 在【透明度】选项组中可以设置与透明度相关的选项，比如网格大小、网格颜色以及分辨率等。

- 在【文字选项】选项组中可以设置与文字相关的选项，比如语言类型、符号、上标字、下标字以及字母的大小写等。

14.1.2　打印设置

在 Illustrator CS6 中，支持专业的 PostScript 打印机，强化"分色印刷"的"补漏白"功能。并支持 Adobe Press Ready 打印(使用普通的打印机模拟 PostScript 打印效果)。

在菜单栏中选择【文件】→【打印】菜单项，或者按下键盘上的 Ctrl+P 组合键，即可弹出如图 14-2 所示的【打印】对话框。

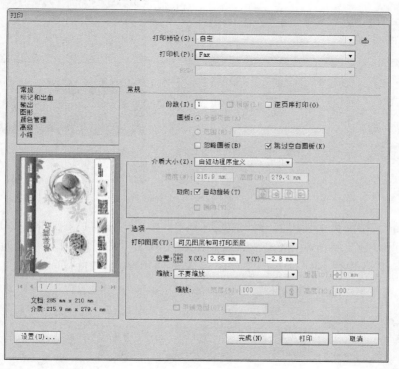

图 14-2

在【打印】对话框中，用户可以设置纸张的大小和方向、标记和出血、图形和颜色管理。在左上角的列表框中选择不同的选项，即可显示出相应的选项设置内容。设置完成之后，单击【完成】按钮即可进行打印了。

 ## 14.2　输出为 Web 图形

Illustrator 不仅可以用于矢量绘图程序，还可以用于设计网页或者网页元素，现在的 Illustrator CS6 制作 Web 图形的功能更是发挥得淋漓尽致了。本节将详细介绍输出为 Web 图形的相关知识及操作方法。

14.2.1　Web 图形文件格式

在菜单栏中选择【文件】→【存储为 Web 所用格式】菜单项，如图 14-3 所示。可以很方便地设置存储的文件格式以及各项参数。

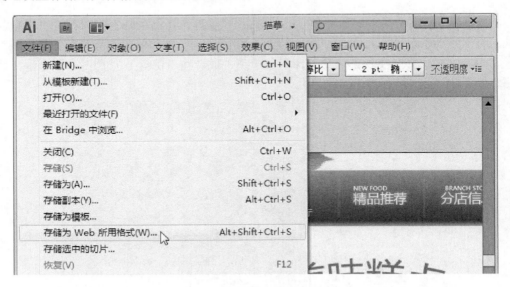

图 14-3

Illustrator 支持网页上使用的三种主要图形文件格式，分别是 GIF 格式、JPEG 格式和 PNG 格式。另外还支持 SWF 格式、SVG 格式和 WBMP 格式。选择【存储为 Web 所用格式】命令后会打开如图 14-4 所示的【存储为 Web 所用格式】对话框。

图 14-4

单击 GIF 右侧的下拉按钮，将会打开一个下拉列表，从中可以看到 Illustrator 所支持的文件格式，如图 14-5 所示。

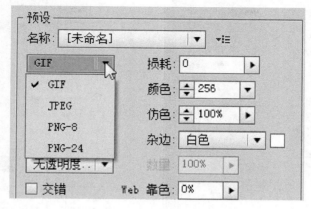

图 14-5

- GIF 格式主要用于大面积单色图像，如风格化的艺术作品和标语等，所有的网络浏览器都支持这种格式。GIF 使用一种固定压缩的格式，这种格式与 TIFF 所用的格式相似。这种压缩方案属于无损压缩，经这种压缩方案的图像质量不会下降。
- JPEG 格式主要用于照片图像，以及包含多层色彩的图像，它也可以在所有的浏览器上使用。跟 GIF 有所不同的是，JPEG 在压缩的时候删除了部分数据，从而损坏了图像的质量。用户可以选择每幅图像的压缩量，压缩量越大，存储文件时所占的空间就越少，但是图像质量下降的也就越大。
- PNG-8 格式和 GIF 文件支持 8 位颜色，因此它们可以显示 256 位的颜色。确定使用哪种颜色的过程称为索引，因此 GIF 和 PNG-8 格式中的图像称为索引颜色图像。当图像转换为索引颜色时，Illustrator 将构建一个颜色查找表，用于存储并索引图像中的颜色。如果原始图像中的颜色没有在颜色查找表中显示，则应用程序可以选择表中最接近的颜色或者使用可用颜色的组合模拟颜色。
- PNG-24 格式适合于压缩连续色调图像，但它所生成的文件比 JPEG 格式生成的文件要大得多。使用 PNG-24 格式的优点在于可在图像中保留多达 256 个透明度级别。

14.2.2 使用 JPEG 格式存储图像

当制作好图像，并需要用 JPEG 格式存储图像时，最好先以 Illustrator 格式存储文件。因为在制作原始文件时，无法在 Illustrator 中编辑位图文件。下面将详细介绍使用 JPEG 格式存储图像的操作方法。

step 1 选择准备使用 JPEG 格式存储图像的图片，① 在菜单栏中选择【文件】菜单，② 选择【存储为 Web 所用格式】菜单项，如图 14-6 所示。

step 2 弹出如图 14-4 所示的【存储为 Web 所用格式】对话框，单击【预设】左侧的下拉按钮，在打开的保存类型下拉列表中选择 JPEG 类型，如图 14-7 所示。

图 14-6

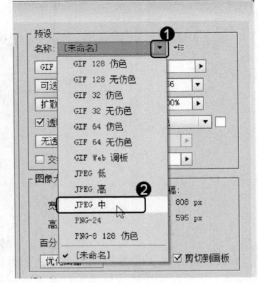

图 14-7

step 3 在【预设】选项组中，用户还可以对图片进行各种预先设置，比如品质、模糊、杂边等，如图 14-8 所示。

step 4 ① 单击【预设】对话框右侧的【优化菜单】按钮 ，② 在弹出的下拉菜单中选择【优化文件大小】菜单项，如图 14-9 所示。

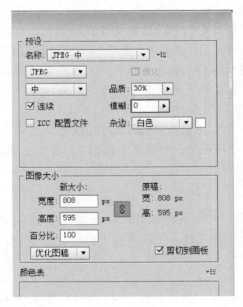

图 14-8

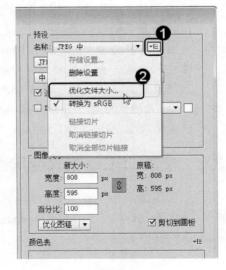

图 14-9

step 5 弹出【优化文件大小】对话框，用户可以从中选择优化设置，如图 14-10所示。

step 6 单击【存储为 Web 所用格式】对话框顶部的【双联】标签，就可以预览图片在不同质量参数设置下的质量以及下载所需的时间，如图 14-11 所示。

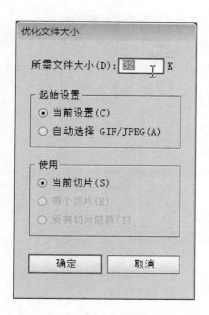

图 14-10

图 14-11

step 8 通过以上步骤即可完成使用 JPEG 格式存储图像的操作，保存的文件如图 14-13 所示。

step 7 设置完成后，单击【存储】按钮，系统即可打开【将优化结果存储为】对话框，在其中输入保存的路径和文件名称，如图 14-12 所示。

图 14-13

图 14-12

另外，用户还可以通过【导出】对话框，来将文件存储为 JPEG 格式。在菜单栏中选择【文件】→【导出】菜单项，即可打开【导出】对话框，如图 14-14 所示。在该对话框中选择保存类型为 JPEG 格式。

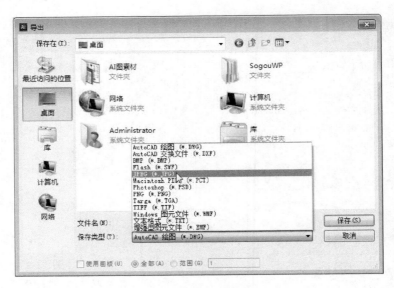

图 14-14

单击【保存】按钮后，将会弹出【JPEG 选项】对话框，如图 14-15 所示。

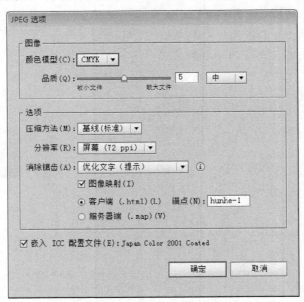

图 14-15

在【JPEG 选项】对话框中，用户可以通过在【图像】选项组中的【品质】文本框中输入 0～10 中的一个数值来决定图像的质量，也可以在后面的下拉列表框中选择【低】、【中】、【高】或【最大】，还可以用鼠标拖动左侧的滑块来完成。数值越大，图像的质量越好，所占的空间也就越大。

在【分辨率】下拉列表框中，用户可以定义输出图像的分辨率。因为 Web 图像的分辨率是 72ppi，而不是打印所需的分辨率。分辨率越低，文件越小，在 Internet 网上传输的速度就越快。

14.2.3　用 SWF 格式存储图像

　　SWF 是一种矢量动画格式，如 Flash 文件就是使用 SWF 格式，在最新的 Illustrator CS6 版本中用户不需要安装 Illustrator 插件就可以用 SWF 格式存储文件。下面将详细介绍用 SWF 格式存储图像的操作方法。

step 1 选择准备存储为 SWF 格式的图片，① 在菜单栏中选择【文件】菜单，② 选择【导出】菜单项，如图 14-16 所示。

step 2 弹出【导出】对话框，① 选择准备保存的位置，② 在【保存类型】下拉列表中选择 SWF 类型，③ 单击【保存】按钮，如图 14-17 所示。

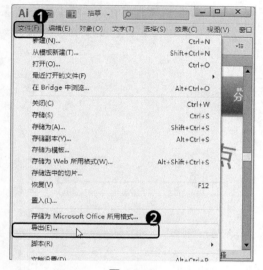

图 14-16

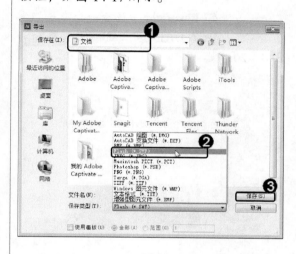

图 14-17

step 3 弹出【SWF 选项】对话框，设置好各项参数，单击【确定】按钮，如图 14-18 所示。

step 4 通过以上步骤即可完成用 SWF 格式存储图像的操作，保存的文件如图 14-19 所示。

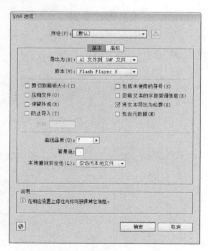

图 14-18

图 14-19

第 14 章　打印与输出

14.2.4 为图像指定 URL

URL(Uniform Resource Locator 的缩写，意为统一资源定位器)是用在 WWW 上的网址，每个 URL 都会给出网上一个文件或目录的位置，并向 Web 浏览器给出寻找该文件或目录的各种信息，将其显示在屏幕上。URL 通常如下表示：

http://www.baidu.com/

Illustrator CS6 允许用户在图像上嵌入 URL。当用户选择网页上的图像时，位于 URL 上的那一页就会显示出来。使用这项功能；用户可以将多个 URL 嵌入到图像中，单击图像的不同部分就能与不同的 URL 相连。下面将详细介绍给图像指定 URL 的操作方法。

step 1 在 Illustrator 中选择一个或一组需要与 URL 建立链接的对象，如图 14-20 所示。

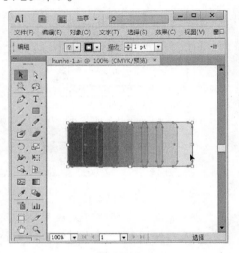

图 14-20

step 3 打开【属性】面板，在 URL 下拉列表框中输入需要链接的 URL，如图 14-22 所示。

图 14-22

step 2 在菜单栏中，① 选择【窗口】菜单，② 选择【属性】菜单项，如图 14-21 所示。

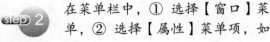
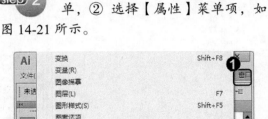
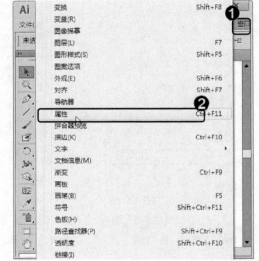

图 14-21

step 4 单击【浏览器】按钮，如图 14-23 所示。

图 14-23

14.3 脚本的应用

执行脚本时，计算机会执行一系列操作。这些操作可以只涉及 Illustrator CS6，也可以涉及其他应用程序，如文字处理、电子表格和数据库管理程序。Illustrator CS6 支持多脚本环境(包括微软的 Visual Basic、Visual C、AppleScript 和 JavaScript)。可以使用 Illustrator 自带的标准脚本，还可以自建脚本并将其添加到【脚本】子菜单。要想在 Illustrator 中运行脚本，那么用户可以选择【文件】→【脚本】菜单项，然后从子菜单中选择一个脚本命令，如图 14-24 所示。

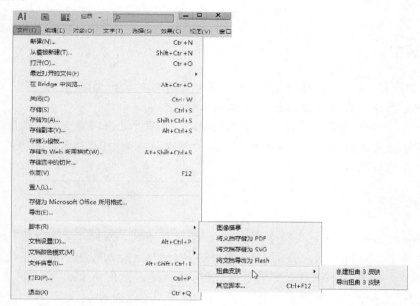

图 14-24

比如选择【文件】→【脚本】→【将文档存储为 SVG】菜单项后，将会弹出【选择文件夹】对话框，从中可以设置文件夹和名称，如图 14-25 所示。

图 14-25

如果要在系统中安装脚本，需要将该脚本复制到计算机的硬盘上。如果要把脚本放在 Adobe Illustrator 应用程序文件夹里的 Presets/Scripts 文件夹中，则该脚本会出现在【文件】→【脚本】子菜单中。

如果 Illustrator 运行时编辑脚本，必须存储更改后才能让更改生效。如果在 Illustrator 运行时将一个脚本放入【脚本】文件，必须重新启动 Illustrator 才能让该脚本出现在【脚本】菜单中。

 # 14.4　课后练习

一、填空题

1. 当制作好图像，并需要用 JPEG 格式存储图像时，最好先以＿＿＿＿存储文件。因为在制作原始文件时，无法在 Illustrator 中编辑位图文件。

2. Illustrator CS6 允许用户在图像上嵌入 URL。当用户选择网页上的图像时，位于＿＿＿＿上的那一页就会显示出来。使用这项功能，用户可以将多个 URL 嵌入到图像中，单击图像的不同部分就能与不同的 URL 相连。

二、判断题

1. 在 Illustrator CS6 中，支持专业的 PostScript 打印机，强化"分色印刷"的"补漏白"功能，并支持 Adobe Press Ready 打印(使用普通的打印机模拟 PostScript 打印效果)。（　　）

2. SWF 是一种矢量动画格式，如 Illustrator 文件就是使用的 SWF 格式，在最新的 Illustrator CS6 版本中用户不需要安装 Illustrator 插件就可以用 SWF 格式存储文件。（　　）

三、思考题

1. 如何使用 JPEG 格式存储图像？
2. 如何使用 SWF 格式存储图像？

课后练习答案

第 1 章

一、填空题

1. 工具箱、控制面板
2. 工具属性栏
3. 绘图窗口
4. 置入

二、判断题

1. √　　　2. ×　　　3. √　　　4. ×　　　5. ×　　　6. √

三、思考题

1. 在 Illustrator CS6 的菜单栏中，选择【文件】→【新建】菜单项。

弹出【新建文档】对话框，设置文件名称、大小、单位和颜色模式等，单击【确定】按钮，即可完成新建文件的操作。

2. 在 Illustrator CS6 的菜单栏中，选择【文件】→【从模板新建】菜单项。

弹出【从模板新建】对话框，选择需要的模板，单击【新建】按钮，即可完成使用模板的操作。

3. 第一次保存绘制完成的图像，选择【文件】→【导出】菜单项。

弹出【导出】对话框，选择需要导出的位置，设置文件名称和存储类型，单击【保存】按钮，即可完成输出文件的操作。

第 2 章

思考与练习

一、填空题

1. 【预览】、【叠印预览】
2. 轮廓
3. 像素预览
4. 普通参考线、智能参考线
5. 智能参考线
6. 抓手工具
7. 【导航器】

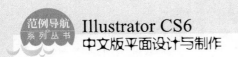
二、判断题

1. √   2. √   3. ×   4. √   5. ×

6. √   7. √

三、思考题

1. 在工具箱中，单击缩放工具，在需要放大的图像中单击。

这样即可放大显示图像。每单击一次，图像就会放大一次。如需缩小图像，再次选择缩放工具并按住 Alt 键单击图像即可。

2. 在 Illustrator CS6 的菜单栏中，选择【视图】→【轮廓】菜单项。

这样即可改变图像的显示模式。如需改变为预览模式，再次选择【视图】→【预览】菜单项即可。

上机操作

1. 使用椭圆工具绘制闹钟。使用钢笔工具绘制闹铃。使用符号库命令添加时针和分针。使用修剪命令和外发光命令绘制装饰图形即可。

2. 使用矩形工具绘制请柬背景。使用钢笔工具绘制花卉图形。使用混合工具绘制花心图形。使用镜像工具镜像郁金香图形。使用剪切蒙版命令为纹样图案添加蒙版效果。使用文字工具添加文字即可。

第 3 章

思考与练习

一、填空题

1. 直接选择工具、编组选择工具

2. 套索

二、判断题

1. ×   2. √   3. ×   4. √

三、思考题

1. 在 Illustrator CS6 的工具箱中，单击选择工具，再单击需要选中的图形，这样即可选择图像。

选中图形后，拖动鼠标即可进行图像的移动操作。

2. 在工具箱中，选择直接选择工具，用鼠标框选需要编组的所有对象，并右键单击，在弹出的快捷菜单中选择【编组】菜单项。这样即可完成创建编组的操作。

上机操作

1. 使用钢笔工具、椭圆工具、渐变工具绘制背景、树、房子效果。使用不透明度命令制作装饰图形的透明效果即可。

2. 使用置入命令置入封面图片。使用文字工具、渐变工具、描边命令、投影命令编辑文件。使用对齐命令将文字对齐即可。

第 4 章

思考与练习

一、填空题

路径查找器

二、判断题

×

三、思考题

1. 选中要剪切的对象，然后在菜单栏中选择【编辑】→【剪切】菜单项，对象即可将从页面中删除并被放置在剪贴板中。

2. 在 Illustrator CS6 的工具箱中，单击直线段工具，将鼠标指针移动至工作区中，可见鼠标箭头已变为十字标线。在工作区中，选择一个起点位置并单击，按住鼠标将其拖动至另一终点位置，释放鼠标即可完成绘制直线段的操作。

上机操作

1. 打开配套的素材文件，选择椭圆工具，在工作区上方画出月亮，在下方画一个扁椭圆形为画海浪做准备，根据喜好为图形填色。

填充图形后，单击星形工具，在月亮周围添加星星，根据喜好为星星填充颜色。

在工具箱中，选择旋转扭曲工具，选中扁椭圆形并按住拖动鼠标绘制出多个海浪形状，复制出多个海浪并填充不同层次的颜色。

通过以上步骤即可完成绘制夜晚海景图的操作。

2. 在工具箱中，选择直线段工具，在工作区下方绘制出一条直线段。

在工具箱中，选择矩形工具，在直线段上方绘制出矩形房体和矩形门。

在工具箱中，选择多边形工具，在矩形上方绘制出三角形房顶和梯形道路，再使用圆角矩形工具绘制出烟囱。

在工具箱中，使用弧线工具绘制出烟囱上的炊烟，使用椭圆工具在道路旁画满鹅卵石，再使用直线工具、弧线工具和螺旋线工具绘制出花朵的形状并复制多个布满道路两旁。

根据个人喜好将图形填充颜色，通过以上步骤即可完成绘制带花园的小房子的操作。

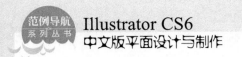

第 5 章

思考与练习

一、填空题

路径橡皮擦工具、路径橡皮擦工具

二、判断题

√

三、思考题

1. 在工具箱中，选择钢笔工具，用鼠标单击绘图区任意位置，再将鼠标移动至另一位置，调整控制柄控制曲线的弯度。

释放鼠标后，再将鼠标移动至下一位置调整并释放鼠标，重复操作可绘制出波浪线效果，这样即可完成使用钢笔工具绘制曲线的操作。

2. 在绘图区中，选择橡皮擦工具，按住键盘上的 Alt 键并在多余的图像上画一个矩形将其盖住。

释放鼠标可以发现被盖住的部分已不见而被删除，这样即可完成使用橡皮擦工具的操作。

上机操作

1. 打开配套的素材文件，选择钢笔工具，根据素材在绘图区中描绘出与数字对应的路径。

在工具箱中，选择平滑工具，修饰钢笔路径。

在工具箱中，选择椭圆工具，绘制出 4 个椭圆形并叠加在一起，单击【路径查找器】面板中的【合并】按钮。

合并图形后，选中叠加的图形，单击鼠标右键并在弹出的快捷菜单中选择【建立复合路径】命令。

通过以上步骤即可完成绘制新年图案的操作。

2. 在菜单栏中，选择【文件】→【打开】菜单项。

弹出【打开】对话框，选择需要导入的素材文件，单击【打开】按钮。

在工具箱中，选择铅笔工具，描绘出花瓣的形状，再使用直接选择工具修饰花瓣并填充颜色。

在工具箱中，选择镜像工具，复制并调整花瓣位置，将花瓣叠加在一起。

选中描绘的花朵，在【路径查找器】面板中，单击【差集】按钮。

在工具箱中，选择【填色】和【描边】选项，根据个人喜好改变花朵填充的颜色和描边。

通过以上步骤即可完成绘制花朵图案的操作。

第 6 章

思考与练习

一、填空题

1. 自由变换
2. 【水平左对齐】
3. 【所选对象】、【其它图层】

二、判断题

1. √　　　　2. √　　　　3. √

三、思考题

1. 选择一个需要进行自由变换的图案，然后在工具箱中选择自由变换工具。

在不按下鼠标键的情况下把光标移动到矩形外面，光标会变成一个弯曲的箭头↷，表示此时拖动鼠标可以实现对象的旋转。

把光标移动到矩形边界框的一个手柄上，此时光标变成了一个直箭头↗，拖动鼠标就可以缩放对象以达到想要的尺寸。

把光标移动到矩形的内部，光标再次变化成▶，这时拖动鼠标可以移动对象。

2. 在工具箱中，利用选择工具，单击页面左侧的标尺并按住鼠标向右进行拖动。

将辅助线放在需要对齐的对象左边线上即可完成操作。

上机操作

1. 使用置入命令置入封面图片。使用文字工具、渐变工具、描边命令、投影命令编辑文字。使用对齐命令将文字对齐即可。

2. 使用椭圆工具绘制一个圆形。使用钢笔工具在圆形上绘制篮球纹路。使用渐变工具使篮球高光位置的纹路颜色变得亮一些。再使用钢笔工具、渐变工具和【效果】→【风格化】→【羽化】菜单项，绘制篮球投影效果即可。

第 7 章

思考与练习

一、填空题

1. 渐变填充
2. 网格工具、创建渐变网格
3. 端点
4. 边角

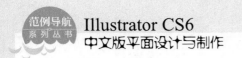

二、判断题

1. √   2. ×

三、思考题

1. 打开【颜色】面板，单击【颜色】面板右上方的展开图标，在弹出的下拉菜单中选择当前填充颜色需要使用的颜色模式。

在【颜色】面板中，将鼠标移至取色区域，光标变为吸管形状，单击即可选取颜色，拖动颜色滑块也可选择颜色，在各个数值框中输入有效的数值，也可以调制出更精确的颜色。

2. 在菜单栏中选择【窗口】→【色板库】→【图案】菜单项，并选择需要填充的图形。

系统即可自动打开用户选择的图案库，在其中选择准备应用的图案填充，如选择"孔雀"，这样即可完成使用图案填充的操作。

上机操作

1. 使用钢笔工具、渐变工具绘制背景。使用【自然】面板添加符号图形。使用【透明度】面板改变图形的混合模式即可。

2. 使用网格工具为香橙添加渐变颜色。使用钢笔工具、直线段工具绘制橙子瓣。使用羽化命令，羽化阴影图形的边缘即可。

第 8 章

思考与练习

一、填空题

书法画笔、艺术画笔

二、判断题

√

三、思考题

1. 在工具箱中，选择画笔工具，打开【画笔】面板，在其中选择一种画笔类型。

在绘图区中，拖动鼠标并绘制图形，释放鼠标即可完成使用画笔工具绘制图形的操作。

2. 在菜单栏中选择【窗口】→【符号】菜单项。

打开【符号】面板，选择需要应用的符号，按住鼠标左键将其拖动至绘图区中。

在工具箱中，选择符号喷枪工具，在绘图区中单击任意位置。

通过以上步骤即可完成创建和应用符号的操作。

上机操作

　　1. 使用矩形工具和投影命令添加投影效果。使用建立不透明蒙版命令添加图形的透明效果。使用文字工具添加文字即可。

　　2. 使用倾斜工具制作矩形的倾斜效果，使用投影命令为文字添加投影效果，使用【色板】控制面板为图形添加图案，使用符号库添加需要的符号图形即可。

第 9 章

思考与练习

一、填空题

【设置两个字符间的字距微调】、【设置所选字符的字距微调】

二、判断题

√

三、思考题

　　绘制一个图形，在工具箱中选择区域文字工具，将鼠标移动至图形边框时，指针将变为⬚形状。

　　在图形上单击，图形将转换为文本路径，输入文字即可完成使用画笔工具绘制图形的操作。

上机操作

　　1. 使用文字工具输入文字。使用直接选择工具将文字适当变形。使用置入命令置入素材图片。使用剪切蒙版命令编辑置入的图片。使用路径文字工具输入路径文字即可。

　　2. 使用文字工具输入文字。使用创建轮廓命令将文字转换为轮廓路径。使用缩放工具、旋转扭曲工具将文字变形即可。

第 10 章

思考与练习

一、填空题

　　1. 【条形图工具】、【面积图工具】、【饼图工具】

　　2. 水平、矩形条

　　3. 选中、自动成组

二、判断题

1. ✕   2. ✓   3. ✓   4. ✕

三、思考题

1. 使用鼠标双击柱形图工具，在弹出的【图表类型】对话框中，单击【柱形图】按钮，单击【确定】按钮。

在绘图区中，拖动鼠标以定义柱形图的宽度和高度。

释放鼠标，在弹出的对话框中输入图表的精确宽度和高度，单击【应用】按钮，即可完成创建柱形图表的操作。

2. 选中图表，在工具箱中双击任意图表工具。

弹出【图表类型】对话框，选择需要的类型选项，单击【确定】按钮，即可完成互换不同图表类型的操作。

上机操作

1. 在工具箱中，选择矩形工具并绘制一个矩形，打开【符号】面板并选择需要应用的图案。

选中矩形框和图形，在菜单栏中选择【对象】→【图表】→【设计】菜单项。

打开【图表设计】对话框，单击【新建设计】按钮，根据需要给图案重命名，单击【确定】按钮。

打开素材文件，单击柱形图工具，在绘图区中拖动鼠标定义需要的大小区域。

弹出【图表数据】对话框，根据素材文件在表格内填写数据，再单击【应用】按钮。

选中图形和图表，在菜单栏中，选择【对象】→【图表】→【柱形图】菜单项。

弹出【图表列】对话框，选中刚刚设计的图案名称，设置相应的选项，单击【确定】按钮。即可完成制作服装销量统计表的操作

2. 使用置入命令置入本例的素材图片。使用剪切蒙版命令为图片添加剪切蒙版效果。使用【对齐】控制面板对齐素材图片。使用字形命令在文字中插入字形。使用折线图工具制作折线图表即可。

第 11 章

思考与练习

一、填空题

1. 蒙版、完全透明
2. 【动作】

二、判断题

1. ✕   2. ✓   3. ✓   4. ✓

三、思考题

1. 打开【图层】面板，单击右上方的展开图标，在弹出的下拉菜单中，选择【新建图层】菜单项。

弹出【图层选项】对话框，根据需要设置名称和颜色等选项，单击【确定】按钮，即可完成创建图层的操作。

2. 打开一个图像，在工具箱中，单击椭圆工具，在绘图区绘制一个椭圆形作为蒙版。

在工具箱中，利用直接选择工具，选中图像和制作的椭圆形。

在菜单栏中，选择【对象】→【剪切蒙版】→【建立】菜单项，即可完成制作图像蒙版的操作。

3. 绘制一个矩形并选中，打开【图形样式】面板，选择需要的图形样式。

选择文字工具，在矩形上输入需要的文字，然后使用选择工具选中文字和矩形。

在菜单栏中，选择【对象】→【剪切蒙版】→【建立】菜单项，即可完成制作文本蒙版的操作。

上机操作

1. 使用圆角矩形工具绘制背景。使用【透明度】控制面板改变图形的透明度和混合模式。使用钢笔工具绘制路径。使用路径文字工具输入路径文字，使用符号库的自然界命令绘制装饰图形即可。

2. 使用矩形工具绘制背景效果。使用剪切蒙版命令制作图片的剪切蒙版效果。使用投影命令为图形添加投影效果。使用羽化命令羽化图形。使用画笔命令为图形添加画笔描边效果。使用徽标元素符号库命令添加符号图形即可。

第 12 章

思考与练习

一、填空题

1. 混合、过渡
2. 连接路径、展开
3. 封套扭曲变形

二、判断题

1. √   2. ×   3. √   4. √   5. ×

三、思考题

1. 选取要进行混合的两个对象，在工具箱中，单击混合工具，用鼠标单击需要混合的起始对象，再单击需要混合的终点对象，即可完成创建混合对象的操作。

2. 选中需要创建封套的对象，在菜单栏中，选择【对象】→【封套扭曲】→【用变形建立】菜单项。

课后练习答案

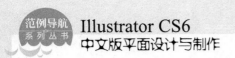

弹出【变形选项】对话框，单击【样式】选项的下拉按钮，其中提供了15种封套类型，根据需要选择样式。

在【变形选项】对话框中，选中【水平】单选按钮，设置指定封套类型的放置位置，在【弯曲】选项中设置对象的弯曲程度和扭曲程度，选中【预览】复选框，可以查看设置的封套效果，单击【确定】按钮，即可完成从应用程序预设的形状创建封套的操作。

上机操作

1. 使用混合工具制作底图效果。使用高斯模糊命令为图形添加模糊效果。使用变形命令将文字变形即可。

2. 使用椭圆工具和羽化命令制作太阳发光效果。使用钢笔工具和混合工具制作高山效果。使用与形状区域相加命令制作云效果。使用粗糙化命令制作花心效果即可。

第 13 章

思考与练习

一、填空题

1. 【应用上一个效果】、【上一个效果】
2. 【旋转】、立体
3. 【扩散亮光】、【玻璃】

二、判断题

1. √　　　2. ×　　　3. ×

三、思考题

1. 在工具箱中，单击选择工具，选中图像。在菜单栏中，选择【效果】→【扭曲】→【扩散亮光】菜单项。弹出【扩散亮光】对话框，根据实际需要设置选项参数，单击【确定】按钮。这样即可完成使用【扩散亮光】命令改变图像效果的操作。

2. 在工具箱中，单击【选择工具】，选中图像。在菜单栏中，选择【效果】→【风格化】→【照亮边缘】菜单项。弹出【照亮边缘】对话框，根据实际需要设置选项参数，单击【确定】按钮。这样即可完成使用【照亮边缘】命令改变图像效果的操作。

上机操作

1. 置入素材文件，使用剪切蒙版命令为图片添加蒙版效果，使用外发光命令为文字添加发光效果，使用弧形命令将文字变形即可。

2. 置入素材文件，使用艺术效果命令、【透明度】面板制作背景图形，使用风格化命令制作投影。使用3D命令、【符号】面板制作立体包装图效果，使用文字工具添加文字即可。

第 14 章

一、填空题

1. Illustrator 格式
2. URL

一、判断题

1. √
2. ×

三、思考题

1. 选择准备使用 JPEG 格式储存图像的图片，在菜单栏中选择【文件】→【存储为 Web 所用格式】菜单项。

弹出【存储为 Web 所用格式】对话框，单击【预设】左侧的下拉按钮，在打开的【保存类型】下拉列表中选择 JPEG 选项。

在【预设】栏中，用户还可以对图片进行各种预先设置，比如品质、模糊和杂边等。

单击对话框右侧的【优化菜单】按钮，在弹出的下拉菜单中选择【优化文件大小】菜单项。

弹出【优化文件大小】对话框，用户可以从中选择优化设置。

单击【存储为 Web 所用格式】对话框顶部的【双联】标签，就可以预览图片在不同质量参数设置下的质量以及下载所需的时间。设置完成后，单击【存储】按钮，系统即可打开【将优化结果存储为】对话框，在其中输入保存的路径和文件名称。

通过以上步骤即可完成使用 JPEG 格式储存图像的操作。

2. 选择准备储存为 SWF 格式的图片，在菜单栏中选择【文件】→【导出】菜单项。

弹出【导出】对话框，选择准备保存的位置，在【保存类型】下拉列表框中选择 SWF 选项，单击【保存】按钮。

弹出【SWF 选项】对话框，设置好各项参数，单击【确定】按钮。

通过以上步骤即可完成使用 SWF 格式储存图像的操作。